강원영동지역문학의 정체와 전망

The Identity and Vision of
Gangwon-Yeongdong Regional Literature

강원영동지역문학의 정체와 전망

The Identity and Vision of
Gangwon-Yeongdong Regional Literature

남 기 택

청운

|책머리에|

이 책은 근현대 강원영동지역의 문학적 정체에 관한 연구서이다. 필자가 시 전공자인 까닭에 주로 시문학의 양상이 다루어지고 있다. 그럼에도 불구하고 지역문학 방법론과 강원영동지역 문학매체 및 초기 텍스트에 대한 글들은 이곳 지역문학의 전반적 양상에 대한 주요 참고자료가 되리라 믿는다.

지역문학에 대한 연구는 1980년대 이래 다양한 관점에서 꾸준한 접근이 계속되고 있다. 그럼에도 불구하고 지역문학은 여전한 논구 여백을 지닌 한국문학장의 문제적 대상 중 하나이다. 현안은 다양하다. 지역문학이라는 것이 정당한 국문학 연구 단위로서의 당위성을 지니는가로부터 그 범주 설정의 문제에 이르기까지 여러 논란이 존재하는 줄 안다. 그럼에도 불구하고 강원지역, 특히 강원영동지역문학은 여전히 국문학 연구의 불모지와 다름없이 방치되고 있다. 이러한 실정적 곤란은 이 책의 구성이 아직 어설픈 수준임에도 출판을 결심하게 된 이유이기도 하다.

이 책에서 주목한 점은 강원영동지역문학 연구를 위한 기본적 배경과 조건을 파악하고자 하는 것이다. 궁극적인 문제는 강원영동지역문학의 '정체'에 해당되는 것이겠고, '전망'에 관해서는 앞으로도 지속적인 작업이 필요하리라 본다. 중요한 것은 구성적 관점에서 지역문학의 정체성을 구명하고, 한국문학의 다양성과 총량을 학술적으로 실증하고자 하는 실천적 노력에 있다. 이 책 자체가 강원지역문학에 관련된 남은 과제를 담보하기 위한 필자 스스로의 강제이기도 할 것이다.

*

책은 크게 3부로 구성되어 있다. 1부에서는 지역문학에 관한 일반론적 입장과 전반적인 내용을 개관한 글을 배치하였다. 지역문학에 대한 이 책의 기본 입장과 해당 지역에 대한 방법론적 모색이라고 보면 되겠다. 2부는 구체적인 장르와 매체의 양상에 관한 글을 수록하였다. 이곳 지역문학의 특수성에 관해 모색한 글들이 수록되어 있다. 3부는 강원영동지역의 대표적 작가에 대한 각론과 구체적인 문학 양상에 대한 접근이다. 강원지역문학사에서 주목해야 하는 작가와 작품의 양상을 분석하고자 하였다.

현단계 국문학 연구의 장에는 각 지역마다 대표적인 지역문학 연구자들이 있다. 이들의 학술적 모색이 의도와는 다르게, 어떤 면에서 또 다른 헤게모니의 구도를 형성하는 결과를 낳을 수도 있는 형국이다. 소수자로서의 지역문학이 지닌 역설이기도 할 지역이기주의는 항상적인 경계 대상이어야 할 것이다.

근대문학 100년의 역사가 지나고 새로운 세기의 전지구적 문학 양상이 전개되고 있다. 문학장의 지역 단위 구획은 이미 시의성을 상실한 복안인지도 모른다. 예술적 수월성의 성취는 소위 지역문학에 해당되는 텍스트의 가장 큰 난점으로 실재한다. 그럼에도 불구하고 보편과 특수의 변증을 통해 국문학 범주가 견실해지리라는 것은 불변하는 진리이다. 근대라는 제도가 만들어낸 미적 가치의 공준은 상대적인 것이다. 구체적 장소에서의 삶은 문학 이전에 존재하는 현실이다. 삶이 문학에 선행하는 한 문학은 늘 지역의 문학이다. 이 책은 한국사회 내 가장 변방의 삶과 문학에 대한 소장 연구자의 입장과 태도일 것이다.

*

이 책이 나오기까지 도움을 준 많은 분들에게 진심으로 감사드린다. 한국연구재단의 지원은 지난 3년여, 이곳 지역문학에 대해 집중적으로 사유할 수 있었던 결정적 계기였다. 출판사 전병욱 사장님은 친한 문우와도 같다. 새로운 에콜이 될 강원문학연구회 선생님들도 반갑다. 어머니와 희경, 언제나 그리운 지수. 이들이 있기에 이 책이 존재한다.

2013년 2월

언장골 서재에서
남 기 택

| 차례 |

|제 I 부|

지역문학의 범주와 방법론

소수자로서의 지역문학

1. 지역문학이라는 문제 설정

오늘날 세계는 이른바 신자유주의의 기치 아래 전지구적 자본주의가 본격적으로 실현되고 있는 듯하다. 문화의 어떤 형식도 자본주의적 경제 논리와 치열한 경쟁을 통한 살아남기 싸움으로부터 자유롭지 못하다. 문학장 역시 상품 시장의 원칙에 의해 그 정당성과 가치가 평가되고 있는 것이 현실인바, 각종 지원금 수여 여부가 문인들의 화제가 되는 것은 어제 오늘의 일이 아니다. 더불어 강한 민족 담론의 시대로부터 '상상의 공동체'로서 민족 개념에 대한 근본적 회의가 지속되는 전환기의 시대를 우리는 살고 있다. 민족문학의 위상이 곧 근대문학을 대표했던 우리 문학장의 관성도 위와 같은 인식 변화와 함께 패러다임의 전환을 맞고 있는 현실이다.

관점의 변화는 현실의 변화로부터 비롯된다. '강한' 민족 담론의 위기는 공동체와 문화를 이끌어가는 민족 단위의 현실 구조가 해체됨으로부터 비롯될 것이다. 반면 여전히 맹위를 떨치고 있는 자본주의적 현실은 각종 잉여 가치를 종속적으로 분배하는 또다른 모순을 배태하고 있으며, 이에 문화의 식민성은 정치의 식민성과는 별개로 특수한 문제적 지형으로 반복 재생산되고 있는 것이다.

탈식민주의 이론(postcolonial theory)은 문학의 (신)식민성과 문화의 혼종성을 재고하는 하나의 시각을 제시하고자 한다. 탈식민주의는 그간 당연시되었던 문학의 정전을 발본적 차원에서 재고하고, 다양한 방법론을 통해 문학 담론의 기형적 구도를 극복하자는 주요한 문제의식을 담고 있다. 우리의 문학이 오리엔탈리즘적 식민성의 구조로부터 자유롭지 못하다는 점은 부정하기 어렵다. 예컨대 이론의 서양 편력, 문학을 보는 시각, 중앙과 지역의 이분법적 구도 등은 지금 이 순간에도 한국문학장을 규정하는 중심 질서로 기능하고 있다.

한편 탈식민주의가 유행한 지 일정 정도의 시간이 지난 작금의 상황에서 이론에 대한 부정적 입장 역시 대두되고 있다. 이론의 정당성에 대한 근본적 회의가 제기되고 있는 것이다. 특히 기존 민족문학의 입장을 지니고 있는 일련의 시각에서나 창작자 혹은 지역문학의 현장에서 이러한 목소리를 종종 듣게 된다. 현학적 외국이론이 문학과 이론, 현장과 분석의 간극을 더 큰 골로 몰고 간다는 것이 비판적 입장의 주된 논거일 것이다.

그럼에도 불구하고 실존하는 문학의 경계들을 본다. 차이를 넘어 차별로 존재하는 문학장의 폐단이 우리 곁에 있다. 중앙과 지역의 이분법적 구도, 상징권력을 소유한 명망에 의해 좌우되는 문학성, 문화적 유행을 발빠르게 섭렵하는 재기에 반해 그 평가에 둔감한 비평의 수준 등등 문학적 차별을 진지하게 고려해야만 하는 현실이 문학 위에 있다. 이에 이 글은 탈식민적 이론의 정당성을 포기하기에는 우리의 취한 자세가 너무 방관적인 것은 아닌가 하는 반성적 자세를 견지하고자 하며, 특히 지역문학의 현재라고 하는 구체적 문제에 초점을 맞추고자 한다.

2. 지역문학의 소수성

현단계 지역문학은 소수문학으로서의 성격을 지닌다. 이러한 명제가 성립되기 위해서는 우선 '지역문학'과 '소수문학'에 대한 개념 규정이 선행되어야 할 것이다. 먼저 '지역문학'에 관해서는 1980년대 이후 활발한 논의가 진행된 바 있다. 이러한 현상은 '지방자치제'와 '글로컬리즘

(glocalism)' 등으로 상징되는 지역에 대한 정치사회적 관심의 변모에 상응한다. 시대적 분위기와 함께 이루어진 문학적 관심의 전회라 할 수도 있겠다. 그 과정에서 지역문학에 대한 많은 정의가 시도되었지만 한마디로 합의된 채 통용되고 있지는 않다. 대개 해당 지역 출신의 작가에 의해 지역적 정체성을 형상화한 작품을 지역문학의 전형적 사례로 다루는 경우가 통상적이다. 이 글 역시 이러한 관례적 용법을 따르되 보다 중층적인 개념의 구성에 주목하고자 한다. 이는 내용과 형식은 물론 실정적 차원(實定性, positivity)의 접근을 통해 지역문학의 다층성을 확보하자는 의도이기도 하다.[1)]

다음으로 '소수문학'은 외면적 소수성에도 불구하고 진정성과 실천성 담보를 통해 문학의 본성을 구현하는 장르적 속성을 가리킨다. 소수문학은 그 개념으로부터 외적 주변성과 내적 진정성이라는 이중적 계기를 지닌다. 문학의 본성 중 하나는 미적 가치의 언어적 실현이며, 문학성의 구현은 기존의 미학적 인식을 전복하는 데 있다. 이러한 맥락에서 보자면 문학의 길은 늘 소수적일 수밖에 없다. 기존의 미학적 패턴을 항상적으로 갱신해야 하기 때문이다. 카프카에 주목한 들뢰즈와 가타리는 '소수적인(mineure) 문학'을 "다수적인 언어 안에서 만들어진 소수자의 문학"이라 정의하고, 기타 민중 문학이나 프롤레타리아 문학 등 주변적(marginale) 문학의 정의 역시 "다수적인 언어 그 자체의 소수적인 이용을 그것의 내부에서 수립"함으로써 가능하다고 설명한다.[2)] 단일 민족과 언어라는 정체성이 강한 한국 사회에서 종족적 소수성이라는 관점을 그대로 적용하기에는 무리가 따른다. 그럼에도 일제강점기라는 특수한 상황 속에서 지역문학 역시 태동되었고, 해방 이후 문학

1) 이에 대해서는 남기택, 「지역에 의한, 지역을 위한」, 남기택 외, 『경계와 소통, 지역문학의 현장』, 국학자료원, 2007, 56쪽 참조.
2) 질 들뢰즈 · 펠릭스 가타리, 이진경 역, 『카프카—소수적인 문학을 위하여』, 동문선, 2001, 43쪽, 48쪽.

장의 본격적 전개 과정에서 중앙집중적으로 상징 권력이 배치되는 구조 등은 지역문학의 소수성을 형성하는 충분한 배경이 된다. 이처럼 지역문학을 소수문학으로 규정할 수 있는 외면적 근거는 '지역문학'이라는 범주에 함의된 실정적 차별이라 할 수 있다. 서울을 중심으로 하는 근대문학장의 형성 맥락에서 대타적 존재로서 지역문학이 성립되었음은 주지하는 바와 같다. 지역문학이 함의하는 불평등한 개념 구성, 이른바 지역문학의 차별적 지정학은 문학 이외의 보편적 상황과도 다르지 않다. 중앙집중적으로 구성된 근대 한국사회의 구조는 그 하위범주로서 지역문학의 실정적 차별을 형성하고 있는 것이다.

소수문학으로서의 지역문학은 실정적 차별이라는 외부의 소수성을 지니지만 그것의 실현을 통해 국민문학을 완성해 나간다. 지배집단의 언어로부터 탈영토화된 지역언어는 소수집단의 가치와 정서를 생성하고 지역의 변별성을 드러내기 때문이다.[3] 하지만 그 이론적 당위성과 달리 소수문학으로서 지역문학의 실제적 구성은 요원하기만 하다. 지역문학의 현실은 경제적 곤란, 미학적 후진성, 지연에 의한 활동, 아마추어리즘 등으로부터 자유롭지 못하기 때문이다. 그럼에도 불구하고 이 글에서 '지역문학은 소수문학'이라는 명제를 강조하는 이유는 지역문학의 당위 및 지향이 그 속에 담겨 있기 때문이다. 또한 '문학의 소수성'에 주목해야 하는 시의적 요청이 있다. 앞서 거론한 것처럼 오늘날 지역문학의 차별적 지정학이 형성된 배경에는 한국사회의 구조적 토대가 존재한다. 이러한 정치사회적 발생의 맥락에서 저발전(低發展)의 운명을 지닌 지역문학의 현실은 그 자체로 소수적이다. 또 한편 지역문학에 대한 성찰은 기존의 미학을 발본적으로 재고하는 대안으로서 기능할 수 있다. 기존의 중앙집중적 문학장을 형성 유지하는 근간 중 하나

3) 지역문학/국민문학의 관계, 소수집단의 문학으로서 지역문학과 그 창조적 역량에 대해서는 송기섭, 「지역문학의 정체와 전망」, 『현대문학이론연구』 24집, 현대문학이론학회, 2005, 20-22쪽 참조.

는 미적 근대성을 기저로 한 보편미학이다. 이때 지역문학에 대한 이론적이고 실천적인 재평가는 일종의 미학적 대안이라는 의미를 지닐 수 있는 것이다. 요컨대 문학장의 당대적, 실정적 곤란을 극복하는 당위론적 개념으로 지역문학에 주목하자는 입장으로부터 소수문학으로서 지역문학이라는 범주는 성립될 수 있다.[4]

3. 지역문학의 범주 설정

지역의 문학을 규정하는 기준은 무엇인가. 지역문학은 분명한 기준이 있다기보다는 관점에 따라서 다양하게 해석될 수 있는 유동적 개념이다. 그럼에도 불구하고 지역문학의 정체성을 형성하는 공통된 요소를 추론해볼 수 있다. 앞선 연구에 따르면 지역문학은 "지역의 진실과 역사를 자기화시켜 이해하면서 작품으로 형상화한 결과이면서, 문학 담당층이 갖는 개별성과 문학이 구현하는 보편성을 다같이 표출하는 구체적인 장"[5]이라 정의된다. 그런데 이러한 정의는 지역문학의 현재적 개념이라기보다는 잠재적 혹은 당위적 개념이라 할 수 있다. 우리가 지금 사용하는 '지역문학'이라는 개념이 해당 작가의 개별적 체험과 문학의 보편성을 담지하는 통일체로 사용되는 것 같지는 않기 때문이다. 오히려 중앙으로 진출하지 못한 주변부 문학, 문학성이 상대적으로 빈약한 문학, 그럼으로 인해 중앙문단의 시혜로부터 내용적・형식적으로 소외된 문학이라는 뉘앙스가 강하다.

---

4) 탈식민적 관점에서 지역문학에 접근하는 최근의 경향도 지역문학의 소수성을 실현하는 이론적 접근이 될 수 있겠다. 이에 대한 이론적 입장과 대전・충청지역문학과의 관련성에 대해서는 이형권, 「지역문학의 탈식민성과 글로컬리즘」, 『한국시의 현대성과 탈식민성』, 푸른사상, 2009 참조.

5) 김현정, 「지역문학에 대한 소고—소수자문학과 관련하여」, 『작가마당』 5호, 대전・충남작가회의, 2002, 70쪽. 기타 지역문학에 대한 기존의 관점이 이 글에 요령 있게 정리되어 있다.

그리하여 지역문학의 개념을 이해하는 다음의 관점이 성립될 수 있다. 우리가 지역문학이라 명명할 수 있는 일차적 근거는 해당 작가가 지역에서의 삶을 살고 있(었)다는 현실이다. 이는 지역문학을 규정하는 일차적 조건, 혹은 실존적 조건으로서 지역문학의 형식이라는 층위를 이룬다. 지역문학이 그 형식을 지니기 위해서는 외형적으로 해당 지역과의 관련성이라는 조건이 필요한 것이다. 다음으로 '지역성'을 담보하는 문학의 내적 기제가 있다. 이는 작품의 주제나 표현 방식, 의미와의 관련성 차원으로서 지역문학의 내용 층위를 이룬다. 고유한 향토색, 지역적 서정, 지역적 삶의 내면적 승화 등등이 이와 관련된 요소라고 할 수 있겠다. 그런데 이와 같은 형식과 내용은 지역문학의 '종속성'을 규정하는 어떠한 근거도 되지 못한다. 그렇다면 중앙과 지역을 이항대립적으로 구분하는 종속의 조건이라는 것이 별도로 존재하게 되는데, 이를 통칭 중앙 문단과의 변별적 거리라 할 수 있다. 이러한 요소가 결국 지역문학의 종속성을 규정하는바 이를 지역문학의 실정적 층위라 부르기로 하자. 이상 지역문학의 개념이 지닌 층위를 도식화하면 다음과 같다.

개념의 층위	각 층위가 지닌 의미망
형식	지역에서의 삶, 지역적 연고, 구체적 경험 등
내용	지역이라는 주제, 소재, 기타 지역적 경험의 형상화 등
실정	상징권력, 인맥, 명망성, 독자층, 발표 기회, 사후적 관계 등

여기서 '실정'의 층위에 대해 부연할 필요가 있겠다. 이 글에서 사용하는 실정이란 '실제의 사정이나 정세'라는 축자적 의미(實情)를 가리키는 동시에 철학적 범주로서의 '실정성(實定性, positivity)'을 함의한다. 따라서 실정의 차원에는 내용과 형식 이외에 텍스트를 둘러싼 내외적 역학 구도 속에서 지역문학장과 어떠한 관계망을 형성하는가의 문제를

판단하는 요소가 포함될 것이다.

이렇게 볼 때, 우리가 지역문학의 문제적 상황을 거론하는 것은 지역문학의 내용과 형식이라기보다는 실정의 차원임을 알 수 있다. 지역문학의 작품성이 떨어지는 것이 아니라 지역문예지로 등단한 작가가 중앙문단에 작품을 발표하기 어려운 현실이 문제이다.[6] 왜 지역문학은 문학장의 상징권력과 독자층을 확보하지 못하는가. 그 근본적 원인은 개인의 문제를 넘어선다. 이는 근대적 문화 구조가 결과한 차별과 배제라는 "지역문학의 숙명적 의미망"인 것이다.[7] 지역문학 개념의 층위에 대한 언급, 이를 통해 확인하는 지역문학의 '현실적 의미'가 모든 지역 작품에 적용되는 것은 아니다. 개념의 각 층위가 분리되어 재현되는 것도 물론 아니다. 이러한 도식화는 우리가 지역문학을 논하는 장에서 주요하게 다루어야 할 실정적 차원을 분명히 인지하자는 의도에서이다.

문학의 지역성을 논한다는 것은 지역문학 개념이 지닌 차별성만을 드러내는 것이 아니다. 텍스트가 지닌 구조와 의미, 미학적 성취는 지역문학을 논하는 전제가 되어야 한다. 문학의 지역성에 대한 탈식민적 고찰은 개별 작품의 총체적 의미에 다가서는 전략적 수사일 것이며, 지역문학이 처한 실정적 곤란을 극복하는 방법론적 견인차로서 기능해야 한다.

---

6) 한 예로 2005년 중앙일간지 신춘문예 시 부문 당선자 가운데 2명은 지난 해 기존 문예지를 통해 이미 등단한 사람이었다. 지방 문예지 출신은 물론 서울 지역 문예지 출신이 신춘문예에 다시 응모하는 이러한 현실은 우리 문학의 '중앙집중화' 현상을 반증하는 사례라 하겠다. 박철화, 「문단의 중앙집중화 실태와 타개책」, 『문학사상』, 2005. 4 참조.

7) 송기섭, 「지역 문학의 정체와 전망」, 『현대문학이론연구』 24집, 현대문학이론학회, 2005, 22쪽. 이 글은 문학이 근대 국가 권력의 문명화 기획에 의해 표준화되었으며, 이러한 전일화 논리 속에서 국민문학의 타자로 배제된 것이 지역문학이었음을 이론적으로 논증하고 있다.

| 강원영동지역문학 연구의 방향 |

1. 문제 설정

이 책은 강원영동지역을 중심으로 근현대 지역문학장의 형성과 전개 과정을 통시적으로 살피고, 나아가 지역문학의 구체적 양상과 정체성을 구명하려는 목적을 지닌다. 이를 위해 기존 문학사 및 개별 논문에서 언급된 이곳 지역문학의 양상을 종합하고, 형성기로부터 오늘날에 이르는 지역문학장의 계보학적 배치를 그리고자 한다. 이러한 연구를 통해 국문학 연구의 기반을 확장하는 데 기여하는 한편 문학의 다양성을 실현하고 지역문학을 활성화하는 일계기로 삼고자 한다. 이 책의 문제 설정 및 필요성을 항목화하여 제시하면 다음과 같다.

첫째, 강원영동지역문학에 대한 연구는 현단계 국문학 담론의 흐름과 긴밀히 연관된다. 1990년대 이후 지역문학에 대한 본격적 조명이 각지에서 진행되고 있는 반면 강원영동지역문학에 관한 연구는 상대적으로 열악한 수준을 보이고 있다. 그동안 각 지역 단위에서 주목할 만한 연구 성과를 내고 있음에도 불구하고 강원영동지역의 경우 온전한 체계를 갖춘 문학사 한 편이 아쉬운 실정이다. 더더욱 세대와 사회가 급변하고 있는 오늘날 시점에서 강원영동지역문학에 대한 학문적 접근과 문학사적 정리는 시급한 과제가 아닐 수 없다. 이 글은 이곳 지역문학의 실질적 양상을 구명함으로써 위와 같은 기존 문학사의 한계와 공백을 보완하고자 한다.

둘째, 강원영동권의 지역문학에 대한 자료를 학술적으로 정리, 공론화할 필요가 있다. 강원영동지역은 유수한 고전문학작품에 주요 모티프를 제공했을 뿐만 아니라 근대문학의 형성으로부터 오늘에 이르기까지 문학사의 흐름을 면면히 이어 오는 중이다. 오늘날 지역문학장의 현황을 개관해 보더라도 각 지역마다 동인회 및 문학단체를 중심으로 활발하고도 지속적인 활동을 확인할 수 있다. 지역문학의 남다른 성과들이 학문적으로 정리되고 있지 못한 현황이 이 책의 주된 관심사라 할 수 있겠다.

셋째, 지역문학 연구 방법론을 정리할 필요성이 있다. 현단계 지역문학론을 개관해 보면 보다 심층적인 이론과 방법론 정립이 시급한 과제로 지적되고 있다. 이 책을 통해 지역문학의 현황을 이론적으로 검토하는 과정은 곧 방법론 정립의 일환이기도 하다. 무엇보다도 소재주의적 관점에서 지역작가와 작품을 나열하는 방식은 기존의 단편적 접근 방식을 되풀이하는 소모적 논의가 될 가능성이 크다. 이에 이 책에서는 지역문학 연구에 관한 이론적 검토는 물론 강원영동지역문학의 정체와 전망에 관련된 계보를 밝히는 데 주목할 것이다.

그 밖에도, 이 책은 현단계 문학장의 지정학적 질서에 대응하는 이론적 정당성을 구하고자 한다. 이는 지역문학이라는 범주 자체가 과거를 역사적으로 기록하는 양상에 그치지 않고, 최근 문학장에 작동하며 끊임없이 현재화되는 문학의 운동 방식을 증거하고 있기 때문일 것이다. 요컨대 강원영동지역문학 연구는 해당 지역의 문학적 정체성을 구명하는 데 일조하는 동시에 지역문학장 활성화에 기여할 수 있다는 목적과 이유를 지닌다. 이를 위해 이 책은 지금까지 진행되어 온 기존 논의를 취합하고, 이를 바탕으로 종합적인 관점을 제시하고자 한다.

2. 지역문학 연구 방법론 재구

2.1. 선행 연구 및 쟁점

모두에 제시한 바와 같이 지역문학에 대한 관심은 하나의 학문적 흐름을 형성하기에 이른다. 특히 대구・경북, 부산・경남, 인천, 전북, 전남, 제주 등지의 활발한 논의는 해당 지역에 대한 자체적 성과 이외에도 지역문학 연구 방법론을 정립하고 여타 지역의 관련 연구를 촉발하는 계기가 되고 있다. 이를 포함하여 지역문학 일반론에 관해서는 기존의 논의들이 충분히 섭렵하고 있는 만큼 이 자리에서 다시 반복할 필요는 없으리라 본다.[1)]

한편 강원영동지역을 대상으로 하는 학문적 접근은 미약한 실정인데, 이곳 지역문학에 대한 학술적 논의 중 주목할 만한 성과를 발표순으로 제시하면 다음과 같다. 우선 「관동문학사연구서설」[2)]은 이곳 지역문학사와 관련된 초기의 학술적 접근을 대표하는 글이지만 주로 고전문학작품을 중심으로 강릉지역문학사를 기술하고 있다. 그럼에도 관동지역 강릉문학을 "동양문학의 본향"으로 설정하여 논구하고, "자연친화적 문학유산의 상속문제"를 지역 현대문학의 과제로 시사한 점은 주목을 요하는 부분이다. 「강원도 근대문학연구에 대하여」[3)]는 강원지역문학에 대한 초기의 학술적 접근을 대표하는데, 강원도 유림들의 의병운동으로부터 강원근대문학의 뿌리를 논구하였다는 데 의의가 있다. 이어 이 글은 신소설, 근대소설, 시, 평론을 포함하여 1980년대까지 강

---

1) 이에 대해서는 남기택, 「글로컬리즘 시대의 지역문학」, 『비교한국학』 16권 2호, 국제비교한국학회, 2008. 12, 2장 "지역-문학'의 재발견 : 연구 동향과 입장' 참조.

2) 박영완, 「관동문학사연구서설—강릉문학사론초」, 『관동어문학』 3집, 관동대 관동어문학회, 1984.

3) 서준섭, 「강원도 근대문학연구에 대하여」, 『강원문화연구』 11집, 강원대 강원문화연구소, 1992.

원지역문학의 주요 흐름을 개관해 주었다.

『내 기억 속에 살아있는 향기』[4]의 경우 본격 학술서는 아니더라도 강원영동지역문학과 관련하여 문학장 초기의 현황을 기록하고 있는 자료에 해당된다. 「통일 · 생명 문학의 고향」[5]은 강원지역문학의 본류를 실학사상으로부터 도출하여 이를 항일의병 저항문학, 개화파와 신문학운동, 이효석과 김유정의 향토주의 등으로 연관지어 논의하고 있다. 소략하나마 통일문학과 생명문학으로의 전망은 이 글에 담긴 혜안을 충분히 입증하는 바이다.

「강원문학의 역사와 현황」[6] 역시 강원지역문학을 간략히 개관한 후 주로 춘천문단의 형성과 현황을 장르별로 상세하고 논하고 있다. 「강원문학의 사적 고찰」[7]은 1962년 발족된 한국문인협회 강원도지부의 활동, 특히 강릉지역을 중심으로 강원문학의 흐름을 개관하고 있다. 「지역문화 발전방안—탄광문학의 가능성 모색」[8]은 탄광문학에 주목하여 지역문학의 정체성과 발전 방안을 모색한 의미 있는 시도이다. 이들 연구는 이곳 지역문학에 관한 선구적 사례로서의 의의를 지니지만, 지역성을 매개로 한 심층적 연구로까지는 본격화되지 못한 한계를 공통적으로 지적할 수 있다.

2000년대에 들어서 강원영동지역문학에 대한 연구는 양적으로는 역시 많지 않으나 보다 이론적인 접근을 시도하는 면모를 보인다. 「강원도 시단과 시를 말한다」[9]은 강원도 시단의 형성 과정, 지역적 특성,

---

4) 신봉승, 『내 기억 속에 살아있는 향기』, 혜화당, 1993.
5) 김영기, 「통일 · 생명 문학의 고향」, 『월간 태백』 1996년 1월호, 강원일보사.
6) 전상국, 「강원문학의 역사와 현황」, 『물은 스스로 길을 낸다』, 이룸, 2005.(이 글은 강원사회연구회 편, 『강원사회의 이해』, 한울, 1997에 먼저 발표된 바 있다.)
7) 엄창섭, 「강원문학의 사적 고찰—영동지역의 현대시문학을 중심으로」, 『한국문예비평연구』 1호, 한국현대문예비평학회, 1997.
8) 엄창섭, 「지역문화 발전방안—탄광문학의 가능성 모색」, 엄창섭 · 장정룡, 『강원 지역사회 문화론』, 새문사, 1997.
9) 서준섭 외, 「강원도 시단과 시를 말한다—지역성, 특이성, 보편성」(좌담), 『현대시』 2003년 8월호.

시인 현황, 지역적 시쓰기의 의미, 시단의 전망 등을 좌담 형식으로 정리하고 있다. 「탈식민의 관점에서 본 지역문학」[10]은 탈식민 이론을 적용하여 지역문학의 위상과 방향성을 지적하고, 나아가 실증적 사례까지 제시하고 있다는 점에서 주목을 요한다. 특히 신소설에 대한 기존 지역문학론의 입장을 뒤집어 강원지역이라는 배경은 식민지 지식인들이 중심을 닮기 위해 지역을 배타적으로 고립시키고 열등성의 자질을 덧씌운 경우라고 지적한다.[11] 「강원지역문학의 생성방식과 발현양상」[12]은 초창기 한국근대소설에서 강원도의 지역적 조건이 강원도의 상징적인 지역 이미지를 어떻게 만들어내는가를 개관하는 글이다. 「강원도 영동남부지역의 해양문학」[13]은 1960년대 이후 영동남부지역문단의 역사를 개관하면서, 중심 소재로서 해양이 다루어지는 양상을 수필 식으로 기술하고 있다.

그 밖의 후속 연구들 중에서 「탄광시와 강원영동지역문학」[14]은 탄광을 소재로 한 시편을 대상으로 하여 단형 서정과 지역 정서, 단편 서사와 관념의 과잉, 이야기시와 리얼리즘 시학의 가능성 등으로 그 유형을 분류하였다. 「글로컬리즘 시대의 지역문학」[15]은 동해, 삼척, 태백지역의 문학적 정체성에 관한 대표적인 지표를 각각 해양시, 향토시, 탄광시로 설정하고 그 양상을 분석하고 있다. 이들 역시 통합적인 시각에서의 문학사적 정리나 개별 텍스트에 대한 본격 분석이 진행되지 못한 점에서는 여전히 논구의 여백을 남기고 있다. 「강원도와 한국근대

---

10) 김양선, 「탈식민의 관점에서 본 지역문학」, 『근대문학의 탈식민성과 젠더정치학』, 역락, 2009.(이 글은 『인문학 연구』 10집, 한림대 인문학연구소, 2003에 먼저 발표되었다.)

11) 위의 글, p. 134.

12) 양문규, 「강원지역문학의 생성방식과 발현양상」, 『작가와사회』 2004년 가을호.

13) 신원철, 「강원도 영동남부지역의 해양문학」, 『해양과 문학』 2007년 여름호 참조.

14) 남기택, 「탄광시와 강원영동지역문학—『한국탄광시전집』을 중심으로」, 『한국언어문학』 63집, 한국언어문학회, 2007. 12.

15) 남기택, 「글로컬리즘 시대의 지역문학」, 앞의 글.

문학」[16]은 강원영동지역을 관련된 근대문학의 양상을 소설을 중심으로 통시적으로 고찰한다. 특히 이인직의 「은세계」가 대관령 인근의 지역성을 주제의식과 결합시킴으로써 상대적으로 높은 문학적 성과를 보여준다는 지적이 주목된다.[17] 그러나 기타 텍스트는 1990년대 이후의 것으로서, 강릉지역을 주요 대상으로 전제하더라도, 오랜 동안 공백기를 거쳐야 했던 강원영동지역의 문학사 실정을 간접적으로 드러내고 있다.

이상으로 강원영동지역문학에 대한 주요 선행 연구를 검토해 보았다. 기존 지역문학 연구 현황을 통해 알 수 있는 사실은 정치한 이론틀에 근거하여 보다 실증적인 작업이 구체적으로 진행되어야 한다는 것이다. 물론 이것이 간단히 해결될 수 있는 문제는 아니다. 특히 어려움을 더하는 요소가 텍스트의 수월성과 관계된 중층적 의미망이다. 이는 지역문학 연구에서 드러나는 쟁점 중 하나로서 다음과 같은 문제를 의미한다. 우선 강원영동지역의 경우, 문학장이 본격적으로 가동된 것은 1960년대를 전후해서이다.[18] 타 지역에 비해서는 본격적인 문학장 형성이 늦지만, 그럼에도 불구하고 강원영동지역문단은 50여 년 이상 자기 시스템을 가지고 자체적으로 재생산되어 왔다. 문화의 불모지와 같은 지역에서 자생적인 문학 활동이 지속적으로 이루어지고 있다는 사실은 그 자체로 남다른 의미를 지닌다. 그럼에도 불구하고 학술적 담론

16) 양문규, 「강원도와 한국근대문학—강릉 · 영동 지역을 중심으로」, 『민족문학사연구소 창립 20주년 기념 2차 심포지엄 자료집—한국문학의 로컬리티와 디아스포라』, 민족문학사연구소, 2010. 7. 22.

17) 위의 글, p. 57. 이 글은 「은세계」의 성격이 기타 이인직 소설에서 예외적인 경우라고 강조하는바 앞선 「탈식민의 관점에서 본 지역문학」의 논지와 배치되지 않는다.

18) 물론 1950년대부터 강릉을 중심으로 한 '청포도시동인회'와 학생 문단이 존재했던 것은 사실이다. 그러나 극히 미약한 수준이어서 본격적인 문단 활동의 전개는 1960년대를 전후한 시기로 보는 것이 타당할 듯하다. 이에 대해서는 남기택, 「강원지역문학과 매체의 사회학」, 『비교한국학』 17권 3호, 국제비교한국학회, 2009. 12, pp. 209-212 참조.

으로 공론화되고 있지 못한 현실에 첫 번째 역설이 있다.[19] 그런데 거기서 비롯된 문학작품 중 문학사에 기록될 만한 작품의 빈도가 드물다는 점이 또 다른 역설을 형성한다. 지역문단의 작품들 중에는 문학적 수월성이 부족한 경우도 많은 것이 사실이다. 또한 지역의 문단 활동이라는 것이 동인회 중심의 자기만족적 행사로 집중되는 일부 경향을 부정할 수 없다. 그럼에도 불구하고 이러한 지역문학의 내용은 그대로 지역문학의 현실을 구성한다. 기존의 미학적 관점으로는 부정적으로 평가할 수 있는 부분이 실제 삶에서는 주요한 현재적 의미를 구성한다면 이에 대해 새로운 시각에서의 접근이 가능하다는 역발상도 필요하리라 본다. 이로부터 지역문학에 접근하는 새로운 미학적 기준의 요청이 제기되는 것이다.[20] 탈중심, 탈식민의 관점은 이에 대한 이론적 근거가 될 수 있다.

요컨대 지역문학과 관련해서도 다양한 이론적·방법론적 접근이 시도되는 중이며, 그 결과 나름의 성과를 보여주고 있다. 그럼에도 불구하고 기존의 지역문학 일반론 중에서 강원영동지역의 양상을 예시하고 있는 경우는 극히 드물다. 이는 그만큼 지역문학이라는 논의틀 속에서도 은연중 배제되고 있는 이 지역의 실상을 단적으로 드러내는 현상으

19) 이와 관련된 많은 예가 있겠지만 상징적인 사례 몇 가지만을 들고자 한다. 한국문학사를 세계문학사와 연결하고, 지역문학사적 관점으로까지 확대하는 조동일의 작업 중 하나인 『지방문학사』(서울대출판부, 2003)에는 강원지역이 포함되지 않는다. 지역문학 연구의 현황과 과제를 다루는 남송우의 일련의 작업(「지역문학 연구의 현황과 과제—충북, 대구·경북, 전북지역문학을 중심으로」, 『국어국문학』 144호, 국어국문학회, 2006. 12; 「지역문학연구의 현황과 과제 (2)—제주, 전남·광주, 부산·경남을 중심으로」, 『한국문학논총』 45집, 한국문학회, 2007. 4)에서도 강원지역문학은 빠져 있다. '강원문학의 현단계'라는 주제로 백담사 만해마을에서 주최한 학술심포지움에서 박철화의 주제발표문(「한국문학의 미래와 강원문학의 과제에 대한 비평적 단상」, 『2006 강원문학축전 자료집』, 2006. 11. 25)은 강원지역문학에 대한 내용이 '지방색'을 강조하는 결론부 4단락뿐이다.

20) 이에 대해서는 이재봉 외, 「지역학과 로컬리티 연구」(좌담), 『로컬리티 인문학』 2호, 부산대 한국민족문화연구소, 2009. 10, pp. 20-21 참조.

로 보인다. 이처럼 이 지역의 문학 연구가 미진한 이유는 해당 텍스트가 없거나 문학적 가치가 부족한 것이 주요 원인이라기보다는 미약한 아카데미즘과 비평 활동 때문으로 사료된다. 본격적인 비평 인력의 부족은 텍스트에 대한 가치 평가의 정당성 이전에 선험적으로 존재하는 강원지역문단의 구조적 문제점으로 지적되고 있는 것이다.[21] 강원영동지역문학에 대한 학계의 관심이 필요한 시점이라 하겠다.

2.2. 지역문학의 범주

이 글에서 전제하는 '강원영동지역문학'의 개념적 층위는 다음과 같다. 첫째, 지리적으로 강원영동권으로 분류되는 지역의 근현대 작가와 작품을 대상으로 한다. 개별 지역 단위로는 고성, 속초, 양양, 강릉, 동해, 삼척, 태백 등이 포함될 수 있을 것이다. '영동(嶺東)'이란 관습적으로 '대관령 동쪽의 땅'으로 통칭되고 있으며, 또한 '관서(關西)'의 대립 개념으로서 '관동(關東)'으로도 지칭되고 있다.[22] 관동은 대관령을 중심으로 동해에 인접한 지역을 통칭하는 개념이 된다. 이러한 지리적, 행정적 구분이 그대로 지역문학의 단위가 될 수 있는가에 대해서는 이견이 존재할 수 있다. 그럼에도 불구하고 기존 지역학의 관점은 이러한 구분을 통용해 온 것도 사실이다. 한편 영동과 영서의 문화적 차이는 태백산맥에 의한 지형 때문이 아니라 주생산업의 차이로 좌우되는 것이라는 지적도 있다. 즉 "같은 영동이라 하더라도 평지에 있는 마을의 문화와 산간마을의 문화가 다른 반면, 영동의 산간마을과 영서의 산간마을 문화가 오히려 유사하다"는 것이요, 따라서 "지리적으로는 태백산맥에 의거하여 영동과 영서로 나눌지라도 문화적으로는 영동과 영서가

---

21) 서준섭, 「한국문학의 '특수성' 탈피 · 문학 매개로 독자와 호흡해야」, 『강원도민일보』, 2009. 1. 5 참조.

22) 엄창섭, 「강원문학의 사적 고찰—영동지역의 현대시문학을 중심으로」, 앞의 글, p. 332.

아니라 산간·평야·해안의 문화로 나누어 다루어야"[23] 한다는 지적이 그것이다. 이 글에서의 강원영동지역문학이란 기존의 통념적 범위를 따르되, 단순히 지리적 구분으로 한정되지 않는 문화적 차이와 거시적 공통점에 주목하고자 한다.

둘째, 강원권의 지역작가로 통상 거론되는 주요 작가가 우선적으로 연구의 대상이 되어야 할 것이다. 근대문학장 초기 단계에서 강원영동권의 독립적 단위 형성이 어렵다고 보기 때문이다. 여기에는 기존 문학사에서도 언급하고 있는 김유정, 이효석, 한용운, 김동명, 심연수 등이 포함될 것이다. 그러나 이 외에도 강원영동지역문학의 텍스트는 다양하다. 한편 이곳 지역에 연고를 둔 작가와 텍스트 중에서도 지역문학으로서의 면모를 찾아보기 힘든 경우도 많이 존재한다. 이에 대한 선별과 작품 양상의 정리가 시도되어야 할 것이다.

셋째, 강원영동지역의 문학단체 및 기관지·동인지 역시 연구 대상이 되어야 한다. 이 지역의 작가들은 현재는 물론 과거에도 각종 동인지를 주된 발표의 장으로 삼아 왔다. 단적인 이유는 과거로부터 지금까지 이곳 지역을 거점으로 한 전문 문예지가 존재하지 않기 때문이다. 따라서 각종 동인지에 대한 본격 연구가 필요하다 하겠다. 강원영동권의 다양한 문학 단체들은 열악한 문화적 환경 속에서도 나름의 동인 활동을 이어가며 지역문학의 전통과 현재를 구성하고 있다. 이에 대한 사료 정리와 심층 조명이 필요한 시점이다.

넷째, 위에서 제시한 지역작가와 작품의 범위에 대해서 지속적인 검토를 통해 보다 정치한 범주화 작업이 필요할 것이다. 이에 대해 「지역문학사 서술 방법론」[24]은 지역, 작가, 독자, 작품의 범위를 상세히 나누

23) 김의숙, 「강원지역의 민속」, 강원사회연구회 편, 『강원사회의 이해』, 한울, 1997, p. 480.
24) 양영길, 「지역문학사 서술 방법론」, 『지역문학과 문학사 인식』, 국학자료원, 2006.

어 논의하고 있다. 이것이 원론적 차원에서 제시한 하나의 방안으로서 보다 세밀하게 방법론화하여야 한다는 지적이 있기도 하지만,[25] 지역 단위의 자연적・생태적 구분, 언어와 정서로의 지역작가 규정, 1차적 독자와 2차적 독자 구분, 1차 자료와 2차 자료로의 텍스트 인식 등은 시사하는 바가 크다. 이 글에서는 이를 참조하면서 앞 장에서 제시한 형식, 내용, 실정의 층위로 설정된 범주를 통해 지역문학의 흐름과 정체를 구명하고자 한다.

3. 강원영동지역의 문학적 특성

3.1. 장르 및 매체 특성

현단계 강원영동지역문학에 대한 연구를 종합해 보면 장르상으로는 단연 시문학에 대한 접근이 주류를 이루고 있다. 강원영동지역의 정체성과 관련하여 시장르가 주요 특성으로 강조되어야 하는 근거로서 다음과 같은 문단 분포를 예시할 수 있다. 1950년대부터 1980년대에 이르기까지 강원도내 동인 단체의 현황을 보면, 조사 대상 35단체 중에서 종합장르의 동인회가 18단체이며 시동인회가 9단체로서 가장 많은 분포를 보이고 있다.[26] 기타 아동문학・동시(동요)가 3단체, 시조 3단체, 소설과 수필이 각각 1단체로 분류된다. 종합장르의 동인회 내에서도 시인 분포가 많은 것은 비단 이 지역만의 현황은 아닐 것이다.[27] 이는

25) 남송우, 「지역문학 연구의 현황과 과제」, 앞의 글, p. 144.
26) 남기택, 「강원지역문학과 매체의 사회학」, 앞의 글, p. 216.
27) 실례를 제시하자면, 강원영동지역에서 가장 오랜 역사를 지닌 문인단체는 삼척을 거점으로 한 두타문학회이다. 두타문학회는 1960년대 초부터 존재해 왔던 '동예문학회', '죽서루아동문학회', '불모지문학회' 등이 통합하여 1969년 창립된다. 2010년 현재 두타문학회의 회원은 47명인데 이 중 절반 이상이 시장르로만 활동하고 있다. 이상 『두타문학』 7집, 1983, '두타문학동인회 약사'(p. 33); 『두타문학』 33집, 두타문학회, 2010, '동인주소록'(pp. 248-249) 참조.

지역문단의 대표 장르를 설명하는 동시에 한국문학장의 구조적 특성을 반영하는 결과라 하겠다. 또한 같은 강원지역이라 하더라도 영서지역은 산문장르가, 영동지역은 시장르가 상대적으로 두드러지는 것도 이곳 지역문학의 정체성을 가늠하는 데 하나의 지표가 되리라 본다.

이와 관련하여 강원영동지역문학의 선구자 격으로 거론되는 인물은 김동명(1900-1968)이다.[28] 김동명의 문학세계에서 지역성이 특화되지는 않는다. 하지만 김동명 시는 이곳 지역문학의 효시로서 현재적 차원에서도 많은 영향을 미치고 있다. 여기서 지역문학의 정체성은 일종의 구성적 개념임에 주목해야 한다. 즉 지역적 정체성은 객관적인 사실로써 실증되어야 함과 동시에 어떠한 현재적 의미로 지역문학의 활성화와 방향성에 관계하느냐가 중요한 논점이 되어야 하는 것이다. 이러한 관점에서 김동명 시는 분명 강원영동지역문학사의 재구에 있어 주요한 실정적 의미를 지니리라 본다. 박기원(1908-1978), 심연수(1918-1945) 역시 같은 맥락에서 주요한 논거로 삼을 수 있다. 박기원은 학계의 조명이 부족한 인물로서 강릉 출신에 동양적 서정의 시세계를 지닌다고 기록되어 있다.[29] 심연수는 이주의 삶을 살아야 했던 생애나 사후 50여년이 지난 후에야 비로소 문학적 생애가 공개되었다는 점 등이 강원영동지역의 척박한 문학적 정체와 유비된다.[30] 그 밖에도 1950년대 강원영동지역문단을 최초로 형성한 '청포도' 동인, 즉 황금찬(1918-), 최인희(1926-1958), 김유진(1926-1987), 이인수(1928-2003), 함혜련(1931-2005) 등도 시인으로서의 면모가 두드러진다. 특히 강릉사범 교사로서

---

28) 이 글은 학문적 대상으로 평가할 수 있는 작고 문인을 논의 대상으로 삼고 있다. 그러나 생존 문인 중에서도 일정한 문학사적 평가가 형성되고 지역문학장의 1세대로 공인된 경우 논의 대상에 포함하기로 한다.

29) 박기원은 1929년 "『民聲』, 『文藝公論』에 작품을 발표하며 동양적인 서정의 세계를 깊이 탐구한 강릉 출신의 시인"이다. 엄창섭, 「강원문학의 사적 고찰」, 앞의 글, p. 338.

30) 심연수 시의 지역문학적 성격에 대해서는 남기택, 「심연수 시 연구—지역문학적 관점을 중심으로」, 『어문연구』 62집, 어문연구학회, 2009. 12 참조.

동인회를 이끈 황금찬은 강원영동지역의 문학적 전사로서 상징적 의미를 지니고 있다. 현재 문학장에도 지속적으로 지역적 영향력을 미치고 있다는 점에서 깊은 실정적 의미를 지닌다고 하겠다. 또한 같은 교사로서 활동했던 최인희에 대해서는 학계의 관심이 부족한 만큼 보다 면밀한 접근이 필요하리라 본다.[31] '청포도' 동인에 이어 강원영동지역문학과 관련된 시인으로 진인탁(1923-1993), 이성교(1932-), 김영준(1934-1996) 등을 주목할 수 있다.[32] 이들은 공통적으로 전통 서정이나 향토성에 기초한 시의식을 드러내는데 이러한 양상은 이곳 지역문학의 정체성을 구성하는 주요 지표라 하겠다. 이들은 공통적으로 강원영동지역이 고향이거나 생활의 장소였다는 형식적 요소, 시세계에 일부 드러나는 자연·향수·실존·해양·탄광 등이 지역의 삶과 경험 혹은 장소성에 바탕한 형상화라는 내용적 요소, 각종 지역문화 컨텐츠로 기능하거나(기념사업회, 문학상, 문학비, 백일장 등) 지역문학의 원류로서 지속적으로 현재화되는 실정적 요소를 지니고 있다.

소설 역시 드물게나마 강원영동지역문학사 속에 한 범주를 구성하고 있다. 김동인과 이효석 등 한국 근대소설의 전범적 사례가 강원지역으로부터 배태되었다는 점은 이곳 지역문학의 전통과 문학적 가능성을 간접적으로 시사하는 맥락이라고 하겠다. 또한 "이인직에서 이태준에 이르는 한국근대소설사의 한 흐름이 강원문학과 관련을 맺고 있다는 사실은 강원문학에서 소설이 차지하는 비중이"[33] 크다는 증거라고도 할 수 있다. 앞서 제시한 「은세계」의 경우는 강원영동지역과 관련된 소설 장르의 전사적 의미와 함께 탈식민적 중층성을 함의하는 텍스트

31) 최인희 시에 대해서는 남기택, 「최인희 시 연구」, 『비평문학』 32호, 한국비평문학회, 2009. 12 참조.
32) 이들의 지역문학적 의미에 대해서는 남기택, 「삼척지역문학의 양상 고찰」, 『한국언어문학』 67집, 한국언어문학회, 2008. 12, 3장 '1세대 시문학의 양상' 참조.
33) 서준섭, 「강원도 근대문학 연구에 대하여」, 앞의 글, p. 116.

라 하겠다.

그 밖에 평론・희곡의 신봉승(1933-), 평론의 김영기(1938-) 역시 이곳 지역문학의 1세대이자 실정적인 위상과 영향력을 지닌 인물로서 강원영동지역문학사를 구성하는 데 필수적이라 하겠다. 예컨대 이들은 1950년대 최초로 지역문단이 형성되던 당시『보리밭』(1952)과 같은 동인 활동을 전개하거나(신봉승) 1960년대 본격적 동인 단체의 형성 시기에 이미 중앙문단에서 활동하는(김영기) 등의 형식적 요소, 문학적 주제로서 지역성을 지속적으로 다루어 온 내용적 요소, 과거는 물론 현재에도 지역문단의 1세대이자 원로로서 주요한 영향력을 행사하고 있다는 실정적 요소 등을 지니고 있다.

기타 하위 장르적 특성으로는 지역성과 관련하여 탄광문학, 해양문학 등의 장르가 주목된다. 탄광문학은 강원영동지역 중에서도 중남부에 집중되는데, 당연히 지역사회가 지닌 산업적 특성으로부터 비롯되는 양상이라 하겠다.[34] 해양문학 역시 이곳 지역문학의 특징적 장르로서 빠트릴 수 없는바, 해양을 소재로 한 경향은 이곳 지역문학적 특성인 동시에 한국 해양문학의 주류를 형성하는 핵심적 요소임을 주목해야 할 것이다. 기타 지역문학장에 비해 아동문학 장르가 강세를 보이는 것 또한 특기할 만한 현상이라 하겠다.

다음으로 매체적 특성을 종합해 보기로 한다. 강원영동지역의 문학매체로서는 단연 동인지가 두드러진다. 강원영동지역에서 자생적으로 형성된 초기 동인지로서 청포도시동인회(1951)의『청포도』(1952)를 들 수 있다. 이어 학생 문예지는 강원영동지역의 초기 문학 매체로서 중요한 문학사적 의미를 지니는바 강릉사범학교 학생과 동문들이 참여하여 간행한 문예지『보리밭』(1952)이 대표적이다. 또한 강릉사범학교의 교지『사도(師道)』, 강릉농업고등학교의『영동』, 강릉상업고등학교의

---

34) 남기택,「탄광시와 강원영동지역문학」, 앞의 글 참조.

『대관령』, 강릉여자고등학교의 『화부산(花浮山)』 등이 있다. 교지를 통해 진행된 문학 지망생들의 창작 활동은 뒷날 강릉지역문학의 맥을 계승하는 계기가 되었다.[35] 그럼에도 불구하고 자료의 손실 등으로 본격적 연구 및 정리가 미진한 형편은 아쉬운 현실이 아닐 수 없다. 이후 1959년에는 관동문학회, 1961년에는 동예문학회 등이 결성된다. 그 결실인 동인지는 수기 등사판으로 발행된 『동예』(1961)를 위시하여 『관동문학』(1988) 등이 제작되며 지금까지도 그 명맥을 유지하고 있는바 강원영동지역에서 가장 오래된 문학 매체에 해당된다.[36] 이들은 한국문단 전체와 비교해 보더라도 역사나 활동 면에서 뒤지지 않는 강원영동지역문학의 양상이라고 할 수 있겠다.

한편 대중매체에 의한 문학 활동의 차원을 보면, 강원지역의 대표 언론인 『강원일보』(1945)를 비롯해서 전쟁 이전 강원영동지역을 근거로 발행되었던 『동방신문』(1945)이 시효를 이룬다. 뒤를 이어 전쟁기에는 『강릉일보』(1950)와 『동해일보』(1952) 등의 흔적을 찾아볼 수 있다. 한편 지역적 특성상 많은 군부대가 존재하고 있었던 만큼 소위 정훈문학의 매체 양상 역시 강원영동지역과 관련하여 주목해야 할 부분일 것이다. 강원영동지역의 이른바 동인지 문단은 나름의 의미를 지니는 동시에 문제적 현상이기도 하다. 문학의 전문성 차원에서 지역문단이 지닌 한계일 수밖에 없는 것인데, 그럼에도 불구하고 그러한 비전문적 제도가 지닌 의미에 대해서 탈중심적 관점에서의 논증이 확보되어야 하리라 본다.

---

35) 엄창섭, 「강원문학의 사적 고찰」, 앞의 글, p. 339 참조.

36) 기타 이 지역에서 활동해 온 대표적인 문학 단체로서 각 지역 문인협회를 들 수 있다. 이와 더불어 개별 동인 단체로는 갈뫼, 물소리낭송회, 바다시낭송회, 불뫼, 산까치, 산초원, 설악문우회, 열린시낭송회, 탄성, 해안 등이 비교적 초기에 결성된 단체들이라 할 수 있다. 한국문인협회 강원도지회 편, 『강원도문학단체의 역사 및 문인인명록』(증보판), 강원일보사, 1996, pp. 52-66 참조.

3.2. 탈식민적 계보와 전망

근대적 강원영동지역문학장이 본격적으로 성립되기까지는 해방 이후, 한국전쟁을 거치기까지 어느 정도의 시간을 필요로 했다. 이는 강원지역의 제도적 정립 시기와 긴밀히 연동되는바 이러한 사실은 문학장의 구성 역시 정치사회적 토대로부터 무관하지 않다는 사실을 반증하고 있다. 이 글은 지역문학의 범주를 작가의 지연이나 텍스트의 지역성으로 한정되지 않는 이른바 구성적 개념으로 전제하였다. 따라서 지역문학과 관련된 다양한 근거 및 연관을 통해 그 범주를 사후적으로 구성할 수 있으리라 본다.

강원영동지역문학장의 탈식민적 계보와 비전을 밝히기 위해서는 우선 민족문학으로서의 양상에 주목해야 하리라 본다. 지역문학을 이해하는 데 있어 민족문학은 매우 중요한 연결 고리를 지닌다. 이에 대해서는 다음과 같은 입장을 참조할 수 있다.

> 지역문학은 지역의 문학이 아니다. 민족문학운동의 현단계적 상황이 지시한 하나의 양태이면서 민족문학이 전망하는 하나의 과정이다. 때문에 지역문학은 서울과 지방이라는 이분법과는 별 관계가 없다. (……) 지역문학은 공간적 개념이기는 하지만 동시에 역사적 개념이다. 그리고 정신사적 개념이기까지 하다. 서울을 예로 들어서 말하면 작가들이 서울을 하나의 지역으로 인식하면서 서울의 본질을 언어예술에서 담아내는 것이 서울의 지역문학이다. 곧 지역문학은 민족모순과 분단모순과 지난날의 역사적 상처를 치유하는 사명의 과정에서 다다른 개념이다.[37]

더불어서 이 글은 "문학적 불평등을 해소하려는 의지로써의 지역문학운동"과 "지역문학은 민족문학의 공간적 개념이라는 본질적 의미"를 강조한다.[38] 이러한 주장은 궁극적으로 문학운동으로서의 지역문학에

---

37) 김승환, 「민족문학과 지역문학—21세기 문학의 행로」, 『작가들』 5호, 인천작가회의, 2001. 12, p. 104.

주목하는 견해로서 모든 문학이 곧 삶의 장소성을 전제할 수밖에 없다는 인식에 기초하고 있다. 또한 지역문학의 탈식민성을 주장하는 기존 연구는 민족문학으로서의 위상과 성격으로부터 저항성을 추론하는 점에서 공통적이다.[39] 탈식민 이론의 적용에 있어서도 정치적 식민 상황에의 단순 도입이 아닌 구조적 불평등과 지향 방향을 모색하는 데 원용하고 있다.[40] 이로부터 지역문학이 처한 실정적 곤란을 극복하고 미학적 가치를 재설정하는 계기로서 민족문학과 탈식민적 관점의 접점에 주목할 수 있겠다.

강원지역의 경우 이미 구한말 의병운동의 일환으로 비롯된 의병문학으로부터 저항적 민족문학운동이 비롯된다. 유홍석의 「고병정가사(告兵丁歌辭)」와 윤희순의 「안사람 의병가」 등은 민족의식의 저항문학적 표현이라 할 수 있는 것이다.[41] 직접적으로 강원영동지역이 근대문학의 소재가 되는 경우는 이인직의 신소설 「은세계」를 통해 드러난다. 특히 서두의 배경 묘사 부분은 주인공 최병도의 불우한 운명, 즉 봉건관료의 수탈과 그에 대한 저항의 문제의식을 효과적으로 부여하기 위한 장치로 해석된다. 강원영동지역을 소재로 수탈과 저항의 공간을 묘사하고 있는 것이다.[42] 이인직 소설이 구한말에서 애국계몽기에 이르는 시대, 탐관오리의 학정에 시달리는 강원도 민중의 생활상을 충실히 묘사한다는 지적도 있다.[43] 이인직 신소설의 저항적 성격에 대해서는 보다 상세한 논의와 판단이 뒤따라야 하겠지만 근대문학 초기에 강원영동의 지역성이 문학적 배경으로 본격화되었다는 점은 남다른 의미를

38) 위의 글, 같은 쪽.
39) 남기택, 「탈식민과 지역문학에 대한 고찰」, 『비교한국학』 15권 2호, 국제비교한국학회, 2007; 이형권, 「지역문학의 탈식민성과 글로컬리즘—대전·충남 문학을 중심으로」, 『한국시의 현대성과 탈식민성』, 2009 참조.
40) 송현호 외, 『중국 조선족 문학의 탈식민주의 연구 Ⅰ』, 국학자료원, 2008 참조.
41) 김영기, 「통일·생명 문학의 고향」, 앞의 글, p. 77.
42) 양문규, 「강원도와 한국 근대문학」, 앞의 글, pp. 55-56 참조.
43) 서준섭, 「강원도 근대문학 연구에 대하여」, 앞의 글, p. 110.

지닌다고 하겠다. 탈식민적 관점에서 볼 때 이러한 배경이 지닌 양가적 속성은 그 자체로 식민지 현실에 대한 중의적 의미망을 파생하고 있다.

본격적인 근대문학장의 전개 과정에서 강원영동지역과의 관련성을 살펴 볼 수 있는 문인으로는 김동명이 대표적이다. 「파초」와 같은 작품은 김동명 고유의 서정적이면서도 의지적 시세계를 드러내면서도 이주 혹은 이산의 삶을 문학적 소재로 삼음으로써 강원영동지역의 장소성을 환기하고 있다. 더불어 이 글에서 강조하고자 하는 점은 고향 상실의 감정이 김동명 초기시의 주된 정조 중 하나를 형성하고 있다는 사실이다. 물론 이는 당대 식민지 지식인들의 공통된 정서 중 하나일 것이다. 그럼에도 불구하고 고유한 서정적 시세계 속에서 고향 상실이 성공적인 시적 형상화의 화소를 이룬다는 점은 작가의 실제 삶과 결부되면서 특수성의 층위를 형성하고 있다.

물신화로부터 비롯되는 고향 상실의 감정은 식민지적, 탈식민지적 기제이기도 하다. 이러한 정서는 고향과 세계를 재배치해서, 초영토적이고 문화혼혈적인 것을 창시하는 이질적인 감각인 것이다.[44] 식민성이 가속화되는 상황에서 인지되는 고향 상실과 보편적 감정으로서 근대인의 소외는 차이를 지닐 수밖에 없다. 식민지 지식인들의 고향의식은 물신화되는 근대적 환경의 결과이면서 이에 대응하는 지역적 공간인식의 근거로부터 작동하는 것이기도 하다. 지역성은 이른바 정치적 의미를 수반하는 탈중심의 모티프라 할 수 있는 것이다. 식민지 지식인의 고향의식과 이산의 현실은 강원영동지역 출신인 심연수의 작품에서도 잘 나타나고 있다. 박기원의 경우에도 문학적 삶의 전개 과정 자체가 이산의 경계를 드러내는 지역문학적 지표라 하겠다.

일제강점기 이후 강원영동지역의 주요한 근대문학적 사건이라면 한국사회의 큰타자이기도 한 한국전쟁일 것이다. 이는 강원지역문학이

---

44) 호미 바바, 나병철 역, 『문화의 위치』, 소명출판, 2002, pp. 41-42.

지닌 하나의 특징이자 정체성을 구성하는 요소라 하겠다.[45] 역설적으로 이는 그간 민족문학 혹은 분단문학이라는 한국문학 자체의 구조적 경향을 다양화할 수 있는 조건이기도 하다. 분단의 전면에 자리하는 존재론적 조건은 통일문학과 생태문학을 실현하는 물리적 계기를 이룬다. 이때 전쟁이라는 선험적 조건을 극복하고 지역적 단위를 넘어서는 문학의 입론을 위해서도 지역문학은 유용한 범주가 될 수 있다. 이와 관련하여 강원영동권 지역문학의 전거로 기능하고 있는 박인환 시가 지닌 고향 의식에 주목할 필요가 있겠다. 「고향에 가서」와 같은 작품은 기존 박인환 시가 지닌 모더니스트로서의 면모를 드러냄은 물론 전쟁의 참화 속에서 고통 받는 지역의 실상을 주지적인 어조로 그려내고 있다.

한국전쟁 이후 역사적 사건과 관련하여 볼 때 강원지역에서 근현대사의 획기적 사건은 그다지 많지 않아 보인다. 이 역시 한국사회 내의 이중적 소외에 비견되는 지정학적 현실이라 하겠다. 이러한 실정 속에서 탄광의 존재는 지역적 정체성과 관련하여 주요한 역사적 범주를 형성하고 있다.[46] '탄광문학'은 강원영동지역의 장르적 특성인 동시에 탈식민적 저항문학의 성격을 잇는 주요 계기라 하겠다. 일제에 의한 석탄산업의 활성화와 함께 이미 1930년대에 맹아적 형태를 보이는 탄광문학은 1960년대에 이르러 강원영동지역을 중심으로 본격화된다.[47]

이와 같은 저항문학으로서의 양상과 계보는 민족문학으로서의 면모가 보다 구체화된 형태라고 볼 수 있다. 또한 그 양상에서는 고유한 방언의 의도적 구사를 보이기도 하는데, 여기에서는 이성중심주의에

45) 남기택, 「한국전쟁과 강원지역문학—지역문학장의 양상을 중심으로」, 『한국문학논총』 55집, 한국문학회, 2010. 8, p. 87 참조.
46) 남기택 · 신철하, 「강원지역문학의 탈식민적 고찰—시문학의 양상을 중심으로」, 충남대 인문과학연구소, 2009. 12, p. 103.
47) 탄광시의 시기 구분과 전개 양상에 대해서는 정연수, 「탄광시의 현실인식과 미학적 특성 연구」, 강릉대학교 박사학위논문, 2008, pp. 18-19 참조.

저항하는 언어 전술의 형태를 추론할 수 있다. 이산문학으로서의 양상과 계보는 근현대사의 질곡에 따라 이주의 현실로 점철된 강원영동지역의 실정적 조건을 드러내는 주요한 지표라 하겠다. 지역성과 관련하여 해양문학으로서의 양상이 일정한 흐름을 보이고 있는 점도 강원영동지역문학의 향방과 관련하여 주목해야 할 특성일 것이다.

이와 같이 강원영동지역문학은 민족문학 계열의 개인적, 조직적 운동과 함께 탈중심적이고 탈식민적인 계보를 잇고 있다. 여기에는 비전문적인 문학 활동 역시 포함된다. 식민주의 비판으로서 탈식민주의는 특정 시대에 고정될 수 없으며, 역사와 사회의 변화에 따라 새롭게 재구성되는 실천적 이론일 것이다.[48] 지역문학의 실정은 문학의 신식민성이 반복 재생산되는 억압적 기제일 수 있다. 지역문학이 중앙문학의 타자가 아닌 동등한 위치에서 정당하게 평가받아야 함에도 불구하고 차별의 현실은 공고하기만 하다. 이와 같은 당위와 현실 간의 분명하고도 골 깊은 간극이야말로 탈식민적 지역문학이라는 관점이 성립할 수 있는 이유일 것이다.

4. 방향과 제언

이 글은 강원영동지역문학의 정체성을 구명하기 위한 일환으로 이론적 접근을 시도해 보았다. 강원영동지역문학은 민족문학의 전통 아래 문학적 정체성을 구성하는 동시에 고유한 지역성에 바탕한 전통 서정의 양상을 보여주고 있다. 탄광문학과 해양문학 등은 이와 관련하여 주목할 만한 장르라 하겠다. 더불어 생태문학으로서의 가능성은 민족문학의 위상을 대체하고, 탈중심 혹은 탈식민적으로 문학의 본성을 실현할 수 있는 주요 기제로서 기대되고 있다.

---

48) 고부응 외, 『탈식민주의—이론과 쟁점』, 문학과지성사, 2003의 고부응이 쓴 서문(pp. 6-7) 참조.

이러한 연구가 지니는 시사적 의미 및 앞으로의 과제는 다음과 같다. 첫째, 현단계 강원지역문학론의 실천적 사례를 제시할 수 있다. 현재 강원영동지역문학에 대한 관심은 이론에 비해 실천적 사례가 부족한 실정이다. 문학사료의 고증 및 각 지역에 밀착된 현장 연구, 기타 학제간 연구 구조의 확보와 지역학적 관점의 지향 등이 필요한 것이다. 이 글은 그동안 소외되어 온 강원영동지역문학을 대상으로 지역문학론의 이론적 성과를 비판적으로 수용하여 지역문학의 현황을 정리하는 실천적 사례에 해당될 것이다.

둘째, 강원영동지역문학의 정체성을 구명하는 데 기여할 수 있다. 아카데미즘과 평단이 부족한 강원영동지역은 지역문학의 정체성에 대한 심도 있는 논의가 진행된 바 없다. 대개 초기 근대작가의 서정성이 강원지역문학의 성격으로 강조되고 있다. 이 글은 이들을 포함하여 기타 강원영동권의 지역문학적 특징을 도출하고자 하였다. 그 결과 탄광, 해양, 생태 등을 강원영동지역의 주요한 문학적 지표로 설정하였다.

셋째, 지역문학장의 활성화를 위한 계기가 될 수 있겠다. 지역문학 연구는 과거의 단순한 복원이 아니다. 과거를 실증함으로써 현재를 조명하고, 앞으로의 방향성을 제시할 수 있어야 한다. 또한 지역문학 연구는 그 자체로 지역문학장 활성화의 일계기라는 의미를 지닌다. 그 속에는 다양한 후속 연구를 매개할 수 있다는 점이 포함될 수 있겠다.

넷째, 근대문학과 지역문학의 접점에 대한 하나의 입장을 추론할 수 있다. 주지하는 바와 같이 근대문학은 도시의 문학이며 미적 모더니티의 발현 과정과도 같다. 그렇다면 강원영동지역은 식민지 수탈과 문명화라는 근대의 이중적 구조를 어떻게 내재화하며 문학적 근대를 실현해 나갔는가 하는 문제가 남게 된다. 이곳 지역문학의 실체를 구명하는 과정은 미적 근대성의 지역적 발현에 대해서도 하나의 입장을 유도하는 계기가 될 수 있다.

| 글로컬리즘 시대의 지역문학 |

1. 글로컬리즘의 시대

세계주의(globalism)와 지역주의(localism)가 결합된 '글로컬리즘(glocalism)'이라는 용어 속에는 '지역'의 위상에 대한 관점 변화가 반영되어 있다. 오늘날의 시대적 패러다임과 문화 담론은 서구 중심의 전지구적 보편주의가 통용되던 근대의 시기를 넘어, 탈근대의 모색 끝에 지역의 가치를 새롭게 강조하고 있는 것이다. 이 용어는 또한 맹목적 지역중심주의에 담긴 세계주의에의 역동일시 경향을 견제하려는 균형적 요구도 포함하고 있음을 간과해서는 안 된다.

이러한 흐름에 편승하여 문학장 내에서도 지역문학에 대한 인식이 재고되고 있는 현상은 일견 바람직한 듯하다. 그러나 그 명제의 당위성에도 불구하고 실제 지역문학 연구가 내실 있게 진행되고 있느냐의 문제에 대해서는 회의적인 판단을 내릴 수밖에 없다. 선행 개별 논문의 양상은 이론적으로 지역문학의 의의를 강조하거나 방법론의 필요성을 제언하는 양상, 실증적으로 일부 작품을 중심으로 지역문학의 정체성을 일반화하는 양상을 반복하고 있다. 결과적으로 지역문학에 대한 체계적인 고증과 깊이 있는 담론이 아직까지는 부족한 것이 사실이다.

지역문학 연구의 양상은 또한 해당 지역이 어디냐에 따라 심한 편차를 보인다. 지역문학이라 하더라도 장소에 따른 이중적 차별이 존재하는 것이다. 이 글에서 주목하고자 하는 강원지역의 경우 문학 연구에서의 소외 정도가 타지역에 비해 심각한 편이다. 이는 지역의 정통한 근현대문학사를 찾아보기 어려운 점 등 연구 자료의 정량적 비교에서 단적으로 확인되는 바이다. 이는 해당 지역의 문학적 역량과 연구 기반의 차이에 따른 필연적 결과일 수도 있겠으나, 지역문학의 가치와 당위성이 특정 지역에 국한된 것이 아니라면, 이러한 불균형은 한국문학의 심각한 '결여'가 아닐 수 없다.

이 글은 글로컬리즘이라는 시대적 배경에 주목하며 지역문학의 위상에 대한 하나의 관점을 제기하고자 하는 시론이다. 여기에는 지역문학을 평가하는 미학적 기준, 지역문학 연구의 실천적 방향 등이 포함될 것이다. 실례로는 한국문학장 속에서도 가장 소외된 곳이라 판단되는 강원지역, 그 중에서 영동 이남의 주요 단위인 동해・삼척・태백지역의 시문학 양상을 들기로 한다.

2. '지역-문학'의 재발견 : 연구 동향과 입장

80년대 이후 본격화된 지역문학 연구는 이미 상당한 연구 성과를 축적하고 있는 것이 사실이다. 개별 지역에 대한 심층적 논의의 대표적 예로 주목할 만한 몇 가지 사례를 들면 우선 『부산・경남 지역문학 연구』[1], 경남지역문학회의 학술지 『지역문학연구』를 들 수 있다. 여기 제시된 실증적 사례들은 여타 지역문학의 연구에서도 원용될 만한 방법론적 전사라 할 수 있겠다. 『문화도시로 가는 길』[2] 역시 인천지역을 중심으로 지역문학을 보는 다양한 입론과 실증적 분석 사례를 제시하는 성과라 하겠다. 『지역문학과 주변부적 시각』[3]도 지역문학을 보는 다양한 관점과 함께 부산지역을 중심으로 실증적 사례를 제공하고 있다. 이 글의 주요 논지인 '비판적 지역주의'의 관점에서 지역문학을 재

1) 박태일, 『경남・부산 지역문학 연구』, 청동거울, 2004.
2) 이현식, 『문화도시로 가는 길』, 다인아트, 2004.
3) 구모룡, 『지역문학과 주변부적 시각』, 신생, 2005.

정립하고 나아가 대안적 방향 제시가 필요하다는 입장에 대해서는 이견의 여지가 없을 듯하다. 문학적 생성 공간인 경계영역으로서의 지역문학 설정, 반주변부의 중층성으로서 다시 쓰기 전략 등은 지역문학이 처한 실정적 차별을 극복하는 방향이 될 수 있다. 『지역문학과 문학사 인식』[4]은 제주지역문학의 구체적 현황은 물론 지역문학사 서술에 대한 방향을 시사하는 중요한 성과라 하겠다.

이상 예시한 주요 지역의 심층적 성과와 달리 대개의 개별 논문에서는 앞서 언급한 바대로 지역문학의 의의를 당위론적으로 강조하거나 새로운 방법론 모색과 실증적 연구의 필요성을 제언하는 수준에 그치고 있다. 특히 방법론의 모색은 시급한 과제로 보인다. 텍스트를 평가하는 기존의 미학으로는 지역문학의 온전한 의미를 논구하는 데 한계가 있기 때문이다. 이는 현단계 한국문학의 '기형적' 지형도를 형성한 것이 미적 자율성의 실현에 근거한 근대 미학 체계라는 사실에서도 쉽게 추론된다.

방법론과 관련된 기존 논의를 선별적으로 정리하자면, 남송우는 지역문학 연구의 활성화를 위해서 우선적으로 선결되어야 하는 것이 지역문학 연구방법론의 모색이며, 이는 그 지역의 정체성을 통해 도출할 문제임을 강조하고 있다.[5] 지역적 정체성은 지역문학의 개념을 성립시키는 중요한 요소이다. 이를 위해서는 문학 속에 반영된 지역적 정체성을 각 지역 단위마다 다각도로 모색해야 함은 물론 학제간 연구틀을 통한 총제적 접근이 병행되어야 한다.

이재봉은 '서울과 대립되는 의미에서의 지역문학', '세계체제 속 지역문학으로서의 한국문학', '재외 한인 디아스포라 문학' 등을 지역문학사 서술의 가능성을 담은 범주로 설정하여 방향을 모색한다. 결과적으로

4) 양영길, 『지역문학과 문학사 인식』, 국학자료원, 2006.
5) 남송우, 「지역문학 연구의 현황과 과제—충북, 대구·경북, 전북지역문학을 중심으로」, 『국어국문학』 144호, 국어국문학회, 2006. 12, 36쪽.

구체적 삶의 의미를 지역적 관점으로부터 창출, 반주변의 문화적 역동성을 창조의 원동력으로 삼는 인식 전환, 디아스포라 문학에 해당되는 구체적 자료의 실증 및 문학사적 시각 전환 등을 방향성으로 제시하고 있다.[6] 이 글은 지역문학을 특정 지역과 개별 단위로 보는 시각에서 벗어나 한국문학과 이산문학의 양상을 넓은 의미의 지역문학적 범주로 포함시키려는 제안이 획기적이라 하겠다.

한편 『실천문학』의 기획은 지역문학의 현황과 문제점을 이론적 접근만이 아닌 생생한 지역적 '현장성'을 통해 제시하였다는 점에서 의의가 있다.[7] 그럼에도 불구하고 지역문학에 대한 관점이나 이론을 정립시키기에는 한계가 있는 논의들인 것도 사실이다. 이들 논평은 그간 진행되어 온 지역문학 연구의 성과를 종합하고 새로운 문제를 제기하는 전환기적 입장들이라 하겠다.

최근에는 지역문학에 접근하는 방법론적 다양성의 차원에서 '지역성(locality)'에 대한 이론적 접근이 주목된다. 『한국민족문화』의 최근 기획은 이에 대한 기존 논의를 종합하며 새로운 방향을 모색하고 있다.[8] 여기 수록된 연구들은 지역성의 도출이 학제간 연구를 통한 다각도의 접근으로써 가능하다는 입론을 실천하는 선도적 사례라 하겠다. 문학 분야에서는 문재원이 현단계 지역문학 논의를 종합하고 지역성(로컬리

---

6) 이재봉, 「지역문학사 서술의 가능성과 방향」, 『국어국문학』 144호, 국어국문학회, 2006. 12, 60-61쪽.

7) '지역의 창조적 위반과 전복적 상상력'이라는 주제로 지역문학론의 현황과 문제점을 검토한 작업을 가리킨다.(『실천문학』 2006년 겨울호) 여기서 하상일의 「지역문학에 대한 성찰과 지역 문예지의 역할」은 지역을 포함하면서도 뛰어넘는 지역 문예지의 질적 재고를 요청한다. 안상학의 「지역문학을 생각하는 몇 가지 문제」는 정체성과 주체성이 강한 서사로서의 지역문학을 강조한다. 이희환의 「지역문학이 놓인 자리」 역시 지역의 자치를 강조하는 지역문학이 되어야 함을 역설하고 있다.

8) 『한국민족문화』 32집(부산대 한국민족문화연구소, 2008. 10)의 특집 '로컬리티 다시보기'를 가리키며, 여기에는 이상봉의 「탈근대, 공간의 재영역화와 로컬·로컬리티」, 김용규의 「로컬리티의 문화정치학과 비판적 로컬리티 연구」, 문재원의 「문학담론에서 로컬리티 구성과 전략」 등 세 편의 논문이 실려 있다.

티)의 관점에서 새로운 방향을 제시한다.[9] 이 논문은 방대한 기존 논의를 요령 있게 정리하여 효율적인 데이터를 제공하고 있으며, 시사성 있는 논지를 통해 국문학 연구의 일영역을 선도하는 의의를 지닌다. 하지만 기존 연구의 시각을 상당 부분 반복하고 있기도 하다. 예컨대 핵심 논지 중 하나인 '로컬리티의 전략'을 보면, 문학의 로컬리티를 묻는 본질적인 문제는 '공간의 장소화'에 있고, 이는 근대의 시각중심주의를 벗어나 '촉각의 원리'를 통해 구체적이고 특수한 개별성을 발견하는 것이라 한다.[10] 그런데 이러한 논지 전개 과정이 기존 연구의 요약 수준을 크게 벗어나지 못할 뿐만 아니라 실증성을 담보하고 있지도 않다. 이는 선행 논의의 리뷰를 통한 방향성 제시라는 논문의 목표 자체가 지닌 선험적 한계이기도 할 것이다. 그럼에도 불구하고 앞서 지적한 것처럼 대개의 지역문학 논의가 당위성을 반복하고 있는 현황을 염두에 둔다면, '시각'과 '방법론'을 '실증적 담론'과 결합시키지 못한 논증은 여전히 아쉬움으로 남는다.

한편 이형권의 「지역문학의 탈식민성과 글로컬리즘—대전·충남 문학을 중심으로」[11]는 이 글과 같이 글로컬리즘을 표제로 탈식민적 지역문학의 가능성을 전망하고 있다. 이 글은 기존 논의를 참고로 하여 대전충남지역의 문학장 구조를 정리하는 동시에, 지역문학과 탈식민성 제고의 방안, 이를 위한 전략적 사고와 전술적 글쓰기 방안을 제안한다. 지역문학의 자기정체성 확립과 탈식민적 글쓰기의 실천적 노력, 기타 문화 행정의 동시적 노력 등이 주요 골자라 하겠다. 이 역시 이러한 일반론에 상응하는 실증적 분석을 후속 과제로 남겨놓고 있다.

이상의 선행 연구들은 또한 공통적으로 실천적 대안을 강조하거나

---

9) 문재원, 「문학담론에서 로컬리티 구성과 전략」, 앞의 글 참조.
10) 위의 글, 87-91쪽.
11) 이형권, 「지역문학의 탈식민성과 글로컬리즘—대전·충남 문학을 중심으로」, 『어문연구』 52집, 어문연구학회, 2006. 12.

과제로 노정하고 있다. 현장의 경험과 구체적 분석을 통해 지역문학의 방법론을 실증하고 현재적 틀을 도출해내야 하는 시점인 것이다. 이 글은 지역문학에 접근하는 입장을 '지역-문학의 재발견'이라는 관점으로 정식화하고자 한다. 지역문학의 새로운 방법론에는 미학적 대안을 포함한 지역 담론의 구명이 선행되어야 한다. 이를 위해서는 '지역(성)'에 대한 이론적 보완이 필수적이다. 지역문학과 관련하여 문학지리학적 관점의 적극적 응용이 우선 가능할 것이다. '지역-문학'의 지역과 문학 간 거리는 이론적 재구성이라는 선결 조건을 가리킨다.

이를 통해 '문학'에의 새로운 접근이 가능하다. 미학과 방법론이 새롭게 전제된다면 기존의 '문학'을 구성하는 의미망은 '재발견'될 수 있다. 문학사적 평가가 일단락된 텍스트라 하더라도 지역문학적 관점에서 재접근이 가능할 것이다. 선행 문학사의 지평이 아우르지 못한 지역문학 현상에 대한 재구 역시 '문학' 구성에 있어서 또 하나의 내용을 형성할 수 있다.

이처럼 '지역-문학'이라는 표현은 지역문학 담론 역시 하나의 정형화된 틀로 고착화될 위험을 경계하는 의미를 포함한다. 지역과 문학을 연결하는 고리('-')는 개별적이지만 필연적 연관을 내포한 내재성의 구도를 가리키고자 함이다. 지역의 발견을 통한 문학의 재구성은 지역문학 논의의 활성화는 물론 한국문학의 깊이와 다양성을 증거하는 한 방법이 될 수 있다. 이것은 곧 글로컬리즘 시대에 부응하는 지역문학 연구의 방향이기도 할 것이다.

3. 동해 · 삼척 · 태백지역 시문학의 방법론과 양상

3.1. 방법론적 고찰

이 글에서 주목하고자 하는 대상지역은 강원영동지역이다. 강원영동지역 역시 하부 단위로 광범위한 지역이 포함되는바 구체적 실례는 동해 · 삼척 · 태백지역에 국한하기로 한다. 이와 함께 기타 지역의 양상이 개별적으로 논의되어야 할 것이며, 이러한 논의를 통해 강원영동지역 나아가 강원지역문학의 정체성이 구명될 수 있음은 물론이다. 한편 동해 · 삼척 · 태백지역의 문학적 특수성은 그대로 강원영동지역의 그것과 유비되는 특성을 지닌다. 강원영동지역 내의 개별 지역문학장은 이질적 성격보다는 유사성이 강하기 때문이다. 이 글은 편의상 동해 · 삼척 · 태백지역의 양상에 주목하지만 이는 최소한 강원영동권의 문학적 특수성에 관한 하나의 보편적 사례로 보아도 무방하리라 본다.

이번 절에서는 위에 제시한 '지역-문학'의 문제 설정을 견지하면서 방법론적 고찰을 시도하고자 한다. 여기서 강조하고자 하는 바는 앞서 남송우가 지적한 것과 같이 지역문학의 구체적 상황에 따른 방법론의 제시이다. 지역문학 연구에서 흔히 강조되는 점이 각 지역의 정체성 혹은 특수성 문제이다. 그럼에도 불구하고 기존의 지역문학 방법론은 '특수한' 실정을 따로한 채 '보편적' 방법론을 추구하고 있다. 지역문학의 현실적 상황이 저마다 다양한 만큼 해당 지역의 문학적 토대와 구조적 특질을 중심으로 보다 구체적인 방법론의 도출이 필요하다고 본다. 이에 따라 강원지역의 문학 연구를 위한 방법론과 실정적 상황을 예시하자면 다음과 같다.

① 강원영동지역의 기존 연구사적 접근에 대해서는 엄창섭, 양문규, 남기택 등에 의해 부분적으로 정리된 바 있다.[12] 이로부터 나아가 구체적 방법론을 모색하자면, 우선 그 동안 학문 담론에서 소외되었던 지역문학의 심층적 탐구를 위한 형식주의적이고 사회학적인 접근 방법이

---

12) 엄창섭, 「강원문학의 사적 고찰—영동지역의 현대시문학을 중심으로」(『한국문예비평연구』 1호, 한국현대문예비평학회, 1997)와 양문규, 「강원지역문학의 생성방식과 발현양상」(『작가와사회』, 2004년 가을호), 그리고 남기택, 「탄광시와 강원영동지역문학」(『한국언어문학』 63집, 한국언어문학회, 2007. 12) 참조.

전제되어야 한다. 이를 위해서는 잊힌 문학자료의 발굴과 보존이 선행되어야 할 것이다. 강원영동지역의 문학사적 자료는 아카데미즘이 활성화되지 못한 결과 체계적으로 정리되어 있지 못한 실정이다. 이러한 사료를 보존하고 잊힌 텍스트를 복원함으로써 지역문학 연구를 위한 토대를 마련해야 할 것이다.

예컨대 삼척지역의 근대문학장은 1960년대 비로소 시작된다. 『동예(東藝)』와 『불모지』 등은 60년대 동인 문단을 선도한 동인지라 하겠다.[13] 비록 아마추어적인 활동을 벗어나지 못했지만 문학사적 관점에서 지니는 의미는 크다 하겠다. 그럼에도 불구하고 이에 대한 체계적 정리나 학문적 접근은 전무한 실정이다. 동해·태백지역의 문학 연구 현황도 이와 다르지 않다. 이에 형식주의적인 관점에서 기초 자료의 정리와 고증이 필요한 것이다.

② 나아가 개별 작가와 작품에 대한 심층적 접근이 필요하다. 강원영동지역문학과 관련된 학계의 연구 성과는 극히 미비한 편이다. 따라서 이 지역과 관련이 있는 문인, 대표적 예로 문학세계가 일단락된 김동명 심연수(이상 강릉), 박인환 한용운(이상 인제), 김유정(춘천), 이효석(평창) 등 작고 문인에 대한 지역문학적 관점에서의 재조명이 필요할 것이며, 그 외 지역문학의 정체성과 관련된 각종 텍스트에 대한 해석과 본격 연구가 이어져야 한다. 지역문학의 위상을 재정립하고 차별을 극복하려는 노력이 자료나열식 개관이 되어서는 곤란할 것이다. 지역문학에 대한 치밀한 고증과 역사적 개관 역시 중요한 의의를 지니고 있지만, 선행 논의를 참고하면서 이에 더해져야 할 자료와 성과를 우선적으로 검토하고, 나아가 지역문학에 대한 차별적 개념을 비판적으로 재정립하려는 문제 설정을 견지하면서 문제적 작가와 작품을 조명해야 할 필요가 있겠다.

---

13) 정연휘, 「문학쪽에서 본 삼척」, 『실직문화』 1집, 삼척문화원, 1990 참조. 이 글은 고대로부터 근대에 이르는 삼척지역문학의 역사에 관해 약술하고 있다.

이와 관련하여 강릉지역의 심연수(1918-1945)에 대한 관심이 주목된다. 주지하는 바와 같이 심연수는 강릉 출신이지만 7세가 되던 1925년에 고국을 떠나 중국 용정에서 활동했기 때문에 문학세계 속에 구체적인 지역적 삶이 반영되었다고 보기는 어렵다. 그럼에도 강릉지역은 2000년 심연수 시인의 존재가 알려진 직후 '심연수선양사업위원회'를 결성(2001), 지속적인 활동을 펼치고 있다.[14] 이러한 현상은 '지역문학'의 범주를 어떻게 설정할 것인가의 문제에 대한 시사적 함의를 지닌다. 심연수 문학에 '강릉'이라는 구체적 소재가 사용되고 있지 않지만 문학적 인생의 출발이라는 사실 자체가 강릉지역문학의 현장에서는 중요한 의미를 지니는 것이다. 지역문학의 범주 설정에 대해서도 다양한 이론이 있지만, 이론적 타당성 혹은 개념의 외연과 내포를 떠나 심연수 문학과 강릉지역이 맺는 연관은 위와 같이 '실정적 의미'를 지니고 있다.[15] 이것이 지역 문단을 활성화시키고 다양한 문학 담론을 생성하는 계기가 된다면 이 역시 지역문학의 소중한 의미가 아닐 수 없다.

반면 동해지역의 최인희(1926-1958)나 삼척지역의 진인탁(1923-1993), 김영준(1934-1996) 등은 기존 문학사에서 언급조차 되지 않고 있다. 물론 이들의 문학세계는 심연수의 그것과는 시대 배경, 작품 경향 등을 달리한다. 그러나 지역문학사는 물론 한국문학사의 온전한 복원을 위해 이들에 대한 학문적 조망은 필요하다. 심연수 역시 발굴 전까지는 문학사에 없었던 존재이다. 예시한 작고 문인들은 문학사료가 분명한 만큼 긍정적이든 부정적이든 학문적 가치 평가가 필요하다 하겠다.

③ 다음으로 탈식민적 관점은 지역문학을 둘러싼 차별적 지정학을

---

14) 심연수선양사업위원회, 『심연수 학술세미나 논문총서』(강원도민일보출판국, 2007)는 그간 주관해 왔던 사업의 성과를 집약하고 있다.

15) 이에 대해서는 남기택, 「지역에 의한, 지역을 위한」, 남기택 외, 『경계와 소통, 지역문학의 현장』, 국학자료원, 2007, 56쪽 참조.

인식하고 이론적 대안을 모색하는 효과적 틀이 될 수 있다. 그 주요한 근거 중 하나가 현단계 지역문학은 '소수자문학'의 성격을 지니고 있다는 분명한 현상 때문이다. '지역문학'의 현재적 의미망 속에 포함된 소외와 정체(停滯)를 부정하기는 힘들다. 근대문학의 형성과 전개 과정을 볼 때 지역문학의 차별적 개념은 근대라는 제도의 중앙집중적 메커니즘과 별개로 존재하지 않는다. 문제는 현존하는 차별이 아니라 그 극복의 가능성이다. 탈식민 이론에서 소수자문학은 현재의 차별을 가리킬 뿐만 아니라 극복을 위한 방법론적 개념이기도 하다. 모방의 양가성, 즉 모방 속에 전복의 가능성이 내재한다는 논리 역시 동궤의 맥락이다.

문제는 우리 지역문학의 현실이 대안적 개념 범위를 지니지 못한다는 사실이다. 그 이유 중 하나는 현 지역문학의 구도가 서울 중심의 문학장을 뒤따르는 관성이다. 기존 지역문학장의 구조로 볼 때 등단과 명망성 등 상징자본은 문학권력의 중심 메커니즘에 집중되어 있다. 이는 한국사회에서 모든 상징투쟁의 장이 지닌 본성일 수도 있겠으나 지역문학의 차별적 지정학은 그 정도가 심각한 채 재생산되고 있는 것이다. 이에 기존 지역문학장의 진정한 '소수성'을 생성하기 위한 다양한 노력이 필요한 것이며, 탈식민적 관점은 그에 대한 이론적 근거가 될 수 있다.

이에 대해서는 태백문학의 양상을 예시하고자 한다. 태백지역은 강원 내의 인근 지역에 비해서도 문인, 단체 등 문학장의 규모 면에서 열악한 것이 사실이다. 그럼에도 불구하고 다양하고 지속적인 활동을 통해 '지역문학적' 특수성을 보여주고 있다. '탄전문화연구소'를 중심으로 한 탄광시 작업이나 사회단체와 연동한 문학사업 등이 단적인 사례이다. 태백지역 일부 시인의 주도로 1991년 창립된 탄전문화연구소는 『탄전문학』을 발행하며 한국 탄광시 생산의 메카 역할을 담당해 왔다.[16] 이 연구소는 또한 지역사회의 문제점 중 하나인 재가진폐환자의 현실을 고발하고 공론화하기 위한 문학행사를 지역 사회단체와 결합하여 시행해오고 있다. 이러한 문학 활동은 지역문학의 고유한 정체성을 형성함은 물론 문학과 현실, 문학과 사회가 지닌 필연적 연관을 증거하는 실천적 활동이라 볼 수 있다.

④ 또한 계보학적 관점이 필요할 것이다. 이는 지역문학의 소외가 중앙과의 대타적 관계로써만 발생하지 않는다는 점에서 주목된다. 지역문학장 내에서도 상징권력을 둘러싼 다양한 '힘들의 역학 관계'가 존재한다. 이는 당대적 현상을 넘어 근대 지역문학장의 성립과정으로부터 지속되어 온 문학장의 역사와 필연적으로 연관된다. 한편 지역문학의 계보를 밝힌다 함은 지역문학의 현황을 사적으로 나열하는 것이 아닐 것이다. 이는 지역문학의 문제적 지형이 형성되는 역학 관계를 비판적으로 구명하는 정치적 서술에 해당한다. 또한 내재적 식민 구도의 성립과 반복이 어떠한 원리와 작용기제를 통해 지속되는지에 대한 원인 구명과 대안 제시의 과정이기도 하다.

지역문학 정체의 원인은 흔히 말하는 중앙 중심의 근대적 제도에 의한 것만이 아니다. 지역문단 스스로의 자폐적인 활동 속에 지역문학의 모순은 스스로 반복되기도 한다. 동해・삼척・태백지역의 문단활동도 예외가 아니다. 이들 지역의 문학행위는 대개 기관지・동인지 발행, 시낭송・시화전, 초청강연 등으로 집약된다. 동인활동 역시 활발한 논쟁(합평)을 중심으로 하기보다는 시낭송이나 친목 모임의 형태가 지배적이다. 진정한 문학잡지를 통한 문학적 공론화의 장이 아쉬운 것은 이 때문이다. 이들 지역을 포함하여 강원영동지역은 기타 지역과 달리 문학잡지가 전무한 현실이 문제적이다.[17] 문학지의 형성 유통에 있어

---

16) 보조금 지급의 중단으로 이 사업이 2004년 13호를 마지막으로 종료된 것은 아쉬운 결과라 하겠다.

17) 이 지역의 잡지로 『유심』과 『시와 세계』를 거론하기도 하지만, 이들 잡지가 지역에 기반한 채 지역문학 활성화를 염두에 둔다는 의미로서 '지역잡지'의 성격을 지닌다고 보기는 어렵다. 지역잡지라고 해서 지역문인들에게 의무적으로 지면을 개방해야 하는 것이 아님은 분명하다. 그러나 전문적 문학활동을

서 편집위원회 구성, 정식 원고청탁, 원고료 지급, 시장을 통한 전국적 배포 등은 너무도 당연한 메커니즘이지만 이 지역에서는 이런 시스템을 찾아보기 어렵다. 문인협회의 연간 기관지나 동인지를 통해서는 활발한 작품 창작을 유도하기 어려운 것은 물론 가장 중요한 문학적 가치평가의 길이 요원할 수밖에 없다. 또한 이들 연간 기관지가 문예진흥기금 등 관변단체의 보조금으로써 명맥을 유지하고 있다는 점도 문제적이다. 보다 전문적인 활동으로 질적 상승을 도모해야만 하는 이유가 여기에 있다. 물론 이러한 변화와 지향은 지역문화와 경제 전반, 문화에 대한 지역적 인식의 재고가 필수적으로 요청되는 중층적 문제이기도 하다.

⑤ 다음으로 문학성을 규정하는 미학적 기준에 대한 재검토가 필요하다. 이는 문학적 보편주의가 지니는 폭력적 시각을 벗어나기 위한 노력이요 지역문학의 정당한 가치를 밝히기 위한 시도라 하겠다. 지역문학의 가치 체계는 단지 문단 권력의 가시적 힘들로만 구성되는 것이 아니요 지역문학의 계보학적 정체를 밝히기 위해서도 미학적 대안이 필요하다. 새로운 미학적 기준을 통해 지역문학작품의 숨겨진 의미와 가치를 발견하고자 노력해야 할 것이다. 모든 지역은 고유한 의미를 지니는 만큼 문학지리학적 관점으로 장소성을 구명하려는 노력은 하나의 이론적 대안이 될 수 있다.

지역문학작품에 대해 흔히 작품성이 떨어진다는 평가를 내리곤 한다. 여기서 '작품성'의 기준에는 '미적 자율성의 체계로서 문학'이라는 근대미학적 요소들이 포함된다. 그 자체가 문제될 것은 없지만 이러한 가치 규정에 필연적으로 동반되는 인식론적 편견은 분명 문제적이다. 이에 따르면 다양한 방언(비표준어)과 지역민들의 구체적 삶, 생활의

근간에 둔 채 중앙과 지역의 '의식적' 소통을 지향하는 것이, 숱한 중앙의 잡지와 달리, 지역잡지의 중요한 역할일 것이다. 필자가 판단하기에 예시한 잡지들은 '지역적 전략'과는 거리가 멀다.

공간으로서 지역적 소재 등이 정당하게 평가받기 어렵다.[18] 또한 '아마추어리즘'이 지니는 나름의 가치가 '삼류'로만 치부되기 마련이다. 지역문학작품을 매개로 이루어지는 다양한 문학 활동, 예컨대 동인 활동, 시화전, 시낭송회, 백일장, 기관지(동인지) 발간 등은 지역문인들의 삶을 형성하는 문학적 실천 행위들이다. 이 역시 기존의 문학적 가치판단 기준으로는 정당하게 평가되기 어려울 것이다. 이러한 '가치'들의 역학관계가 구체적 텍스트의 실증과 함께 밝혀질 때 지역문학의 새로운 의미가 정립될 수 있으리라 본다.

⑥ 끝으로 지역문학에의 접근 방법에서 가장 중요한 지역적 정체성의 문제가 있다. 이와 관련해서는 사회적 지리적 문화적 특성은 물론 역사적 사건이 참조되어야 할 것이다. 다음 절에서는 이 지역의 문학적 정체성과 관련된 주요 텍스트를 중심으로 이곳 지역문학의 정체와 전망을 예시하기로 한다.

3.2. 정체와 전망 예시

강원도는 태백산맥을 중심으로 영동과 영서로 구분되는데 이러한 인식은 관행적인 것만이 아니다. 지리적 특성의 차이로부터 비롯되는 여러 차이는 영동과 영서를 구분하는 문화지리의 요인이 되었다. 그로 인한 품성과 기질의 차이, 문학장 구성의 차이 등을 지적하는 의견도 있다.[19] 이러한 문화지리적 차이는 강원영동지역문학장을 성립시키는

---

18) 이러한 표현에는 분명 어폐가 있다. 백석, 서정주 등을 예시하지 않더라도 한국문학의 대표적인 작품은 대개 '지역성'을 담보하기 때문이다. 필자가 강조하려는 것은 기존 미학의 제도화 과정에서 정착된 '보편 서정'이라는 현단계 지역시단의 지배적 정서가 계속해서 재생산되고 있으며, 이로 인해 정작 주요한 '지역성'의 전유가 특화되지 못한다는 현실적 구조이다.

19) 영동지역 사람은 동적인 데 반해 영서지역 사람은 중후하다거나, 그로 인해 영동에서는 시인이 영서에서는 소설가가 많이 배출되었다는 지적 등이 그것이다. 정성호, 「강원사회의 지역갈등」과 전상국, 「강원문학의 역사와 현황」(이상 강원사회연구회 엮음, 『강원사회의 이해』, 한울, 1997) 참조.

근거이기도 하다.

강원영동지역의 사회적 특징으로는 관광, 탄광, 항만, 해양 등을 중심으로 하는 산업도시로서의 면모를 들 수 있다. 기타 천혜의 자연 조건, 다양한 문화유산 등은 이곳 지역의 정체성을 형성하게 될 것이다. 한편 지역적 정체성이라는 것이 고정된 실체가 아니라 유동적이고 구성적인 개념이라는 점을 염두에 두어야 한다. "문제의 핵심은 '본질'이 아니라 '담론'이며, '정체성(identity)'이 아니라 '정체성 형성(identification)'"[20] 이라는 지적도 현대 지역사회의 정체성이 구성적 개념임을 강조하고 있다.

강원영동지역의 문학적 정체성은 위와 같은 지역적 정체성을 반영하여 구성된 현상일 것이다. 강원영동지역문학, 구체적으로 동해・삼척・태백지역 역시 여느 지역에 못지않은 문학적 전통을 지니고 있다. 「헌화가」와 「해가」 등 향가의 배경, 이승휴의 『제왕운기』와 기타 문집의 산실, 지역 명소가 다양하게 전유된 한시의 전통 등은 이 지역의 문학적 원천을 이룬다. 근대문학장 형성 이후 이 지역의 문학활동은 각종 문학동인과 문인협회를 중심으로 한 동인지・기관지 발행 등으로 지속되어 왔는데, 이 중 주목할 만한 문학적 경향을 지역별로 간략히 예시하자면 다음과 같다.

우선 동해지역의 해양시를 들 수 있다. 동해지역 근대문단은 비교적 늦은 시기에 형성된다.[21] 현단계 동해지역문학은 동해문인협회, 동해여성문학회 등의 활동으로 집약된다. 이곳 지역문학 1세대로 거론되는 최인희(1926-1958), 김시래(1923-2008) 등은 향토적 소재를 바탕으로

---

20) 송승철, 「세계화와 지방화 시대의 '강원' 정체성」, 강원사회연구회 엮음, 『강원문화의 이해』, 한울, 2005, 57쪽. 옥한석, 「강원의 문화지역과 지역 정체성」 역시 오늘날 문화지역 자체의 변동 가능성을 지적하며 이에 따른 정체성 강화의 의식적 노력을 강조한다.(같은 책, 138쪽, 144쪽)

21) 동해시의 현 행정단위는 1980년 당시 명주군 묵호읍과 삼척군 북평읍이 합쳐 형성된다.

한 전통적 서정시의 세계를 보여주고 있다. 이후 지역문단을 이끌고 있는 박종해, 권석순 등의 문학세계 역시 순수 서정의 주류 경향을 이어가고 있다.

기타 동해지역에서 주목할 만한 문학의 양상은 바다를 소재로 한 작품세계라 하겠다. 동해지역의 창작 경향을 개관해 보면 상당양이 바다를 직간접적으로 다루고 있음을 알 수 있다.[22] 그 중 류재만의 작품은 기타 지역 문인들이 구사하는 리리시즘의 일반적 양상과 달리 해양을 소재로 함은 물론 지역적 삶과 방언 구사로 특화된다.

> 그물을 걷어야겠다/멀쩡한 날씨에 왜 그러세요/외번개가 쳤어/곧 북새가 몰아닥치고/너울도 보통이 아닐 게야/서둘러라/왜 그리 굼뜨냐/썰물에 너무 밀려 왔어/벌써 새바다가 어두워지고 있어/안 되겠다/저 쪽 배가 더 급하다/배를 붙일 테니 건너가서 도와줘라/우리 기관이 좋기는 하다만/여유가 없으니 늦잡지 마라
>
> —류재만, 「파도를 재우다」[23] 부분

류재만의 시는 바다의 수많은 생물을 소재로 하고 있다. 또한 위와 같이 구체적인 뱃일의 경험을 시적 서사로 형상화하는 특징적 양상을 지속적으로 보여주고 있다. 10연 170여 행에 이르는 위 단편 서사시의 형태는 풍랑을 만난 뱃사람들의 행위와 의식을 묘사하며 생생한 삶의 현장을 소개하고 있다. 지역의 언어와 삶의 양식이 하나의 시적 사건과 어울려 전달하는 감동은 동해지역시의 고유한 미덕일 것이다.

다음으로 삼척지역의 향토시를 들 수 있다. 삼척지역문학은 두타문학회와 삼척문인협회의 활동이 대표적이다. 지배적 경향 역시 리리시즘의 세계로서 이는 곧 지역문단 1세대로 거론되는 진인탁(1923-

---

22) 이에 대해서는 권석순, 「동해지역문학의 '바다시' 연구—『동해문학』을 중심으로」, 『어문연구』 52집, 어문연구학회, 2006. 12 참조.

23) 류재만, 『파도를 재우다』, 도서출판 우리글, 2006.

1993), 이성교(1932-), 김영준(1934-1996) 등의 작품세계가 지닌 특징이기도 하다.[24] 이후 지역문단을 이끌고 있는 정연휘, 박종화, 김진광 등의 시세계에서도 단형 서정에 기초한 전통 서정의 양상이 전반적인 특질로 나타나고 있다.

> 후진은 나의 고향./고향의 바다는/마음의 조각들을/삼켰다 토해 버린 미움의 물결/절망과 야심의 싸움터였다.//무능과/티없이 맑았던 사랑이/병들어 가던/그 마을에/가난이 야윈 모습으로/움막을 짓고/싸움에 지친 바다를 쉬게 한다.//비만 내리면 물구덩이 된/터밭에서/어머이 한숨/호미 끝을 떠나/바다를 가로 질러/보리고개 너머로 사라졌다.//그날로부터/어머이 기력은/나의 소망에서 벗어나/바다로 바다로/밀려들어 갔다.//그날로부터/나의 무능과/티없이 맑았던 사랑은/되돌아 올 수 없는/보리고개를 넘었다.
>
> —김영준, 「후진바다」[25] 전문

위 작품은 서정적으로 고향을 형상화하고 있다. 정제된 어조와 율격, 자연에 대한 관조와 그로부터 삶의 본질과 진리를 발견하려는 관념적 구도가 특징적이라 하겠다. 이러한 단형 서정의 전형적 구도는, 소재의 특수함을 제외하고는 근대문학의 보편적 양상이라고 할 수 있다. 또한 현재 이 지역의 주된 시적 경향으로 반복되는 문학적 전거로도 기능하고 있다.

그럼에도 불구하고 김영준의 시세계는 독특한 페이소스의 세계를 보여준다. 단순히 향토적 소재를 미화하는 것이 아니라 특유의 '비탄의 정조'[26]를 반복하는 동시에 염결한 시정신을 표출하기도 한다. 지역적 소재에 대한 김영준 시선의 일정한 거리감은 인생의 굴곡을 직시하며

---

24) 삼척지역문학의 형성과 특징에 대해서는 남기택, 「삼척지역문학의 양상 고찰」, 『한국언어문학』 67집, 한국언어문학회, 2008. 12 참조.

25) 김영준, 『누가 무엇을 숨길 수 있으랴』(유고시집), 혜화당, 1997.

26) 정일남, 「비정과 부정의 시학—김영준 시인의 작품세계」, 『두타문학』 19집, 두타문학회, 1996, 35쪽.

삶이 체현된 장소를 적절히 부각시키고 있다.

여기서 주목할 점은 자연 예찬을 통한 삶의 발견이 산수향의 고도인 이곳의 전통적인 문학 지표였다는 사실이다. 위의 작품을 비롯한 삼척의 지역시는 전통 미학의 시정신을 계승하여 근대적 시장르의 토대를 구축하는 전범적 사례라 하겠다. 또한 구체적인 지역적 삶의 체험을 바탕으로 형성된 시정신이었다는 점도 보편미학의 전개로만 일반화될 수 없는 특성일 것이다. 이처럼 삼척 시문학의 주류 경향은 도시의 미학으로 상징되는 근대문학과 제도지기의 전근대문학 사이에 존재하는 단절을 면면한 시정신으로 넘어서고 있다.

다음으로 태백지역의 탄광시를 들 수 있다. 이곳 지역문학은 역시 태백문인협회를 중심으로 명맥을 이어가고 있다. 태백지역문학에서 특징적인 양상은 탄광문학이다. 주지하는 바와 같이 삼척과 태백지역은 남한 석탄산업의 본고장이다. 태백지역문학에서 탄광문학을 주요한 지표로 거론할 수 있는 것은 지역문학장의 실질적 내용 때문이다. 탄전문화연구소의 『탄전문학』을 중심으로 한 활동은 탄광문학을 박제된 그것이 아닌 지역문학의 주요 요소로 구성해내고 있는 것이다. 한국 탄광시의 상당수는 1991년부터 2004년까지 13회 발행된 『탄전문학』을 첫 발표지면으로 하고 있다. 이러한 일련의 활동 결과라 할 『한국탄광시전집』[27]은 근대 초기부터 2006년 말까지를 대상으로, 200여 명 시인의 탄광을 소재로 하여 씌어진 1,000여 편 작품을 집대성한 사료집이다.

> 10년이면 강산도 변한다는데/광부들도 이제는 사람 대접받고 있는지?/막장일도 이제는 할 만해진 건지?/투쟁도, 분노도, 불만도, 절망마저 까맣게 잊고/거세당한 짐승처럼/아무런 감정도 없이 일만 하는 사람들//연탄은 이제 TV연속극에서나 볼 수 있고/탄광촌도 이제는 폐광카지노로만 기억되면/피와 땀으로 얼룩졌던/지난날 광부들의 투쟁과 노동의 역사는/폐갱도 속

---

27) 정연수 편, 『한국탄광시전집』(전2권), 푸른사상, 2007.

에 묻혀 그렇게 잊혀지고 마는가!//사양산업이라지만 아직 탄광이 남아있고 /요즘도 막장에서는 석탄을 캐고 있지만/그곳엔 이제 진짜 광부가 없다/한 때는, 이 땅에서 가장 자랑스러운 노동자의 이름/광부는 이제 그 어디에도 없다

—성희직, 「광부는 없다」[28] 부분

이처럼 이 지역에서는 성희직, 정연수 등에 의해 탄광시 창작이 지속되고 있다. 탄광시는 대개 탄광 현실의 비참함을 토로하는 양상이 주종을 이룬다. 그 표현방법 역시 단순하여 비극적 현실의 직설적 토로가 가장 빈번하다. 그럼에도 불구하고 삶의 진정성과 구체적 체험을 바탕으로 하는 진솔한 표현은 진한 시적 감동을 지닌다. 위 작품은 탄광의 문제가 과거의 사건이 아닌 여전한 현실의 문제라는 것을 역설적으로 강조하고 있다.

『한국탄광시전집』에 나타난 탄광시의 양상은 단형 서정과 지역의 정서, 단편 서사와 관념의 과잉, 이야기시와 리얼리즘 시학의 가능성 등으로 분류된다.[29] 한편 대개의 탄광시는 단형 서정을 통해 탄광노동의 비참한 현실을 고발하고 있다. 이러한 양상은 여러 문제를 또한 내포한다고 본다. 이는 리얼리즘적 세계관과 서정시의 양식 사이에 놓인 미학적 거리이기도 하다. 현단계 탄광시가 보다 다양한 형상화 방법을 심도 있게 모색해야 하는 이유가 여기에 있다.

이상의 양상은 특정 지역에 한정되는 것이 아닌바 논리적 구성상 도식화한 측면이 없지 않다. 이들은 서로 습합되어 존재하며 상호작용을 통해 강원영동지역의 문학적 정체성을 이루게 될 것이다. 이러한 동

28) 위의 책.

29) 『한국탄광시전집』에는 218명의 시인이 쓴 953편의 작품이 수록되어 있다. 식민지 시대 권환의 「그대」를 포함하여 최근 작품을 망라하는 전집의 발간은 잊힌 탄광문학의 복원, 본격적인 학문적 조명, 그로 인한 방향 설정 등을 위한 귀중한 계기라 할 수 있다. 이상 남기택, 「탄광시와 강원영동지역문학」, 앞의 글 참조.

해·삼척·태백지역문학의 정체성으로부터 강원영동, 나아가 강원지역문학의 보편적 특징을 추론할 수 있을 것이다. 지금까지 논의된 주요 특징 이외에도 다양한 지역문학의 양상을 수합하고, 관련 텍스트 분석을 통해 강원지역문학의 정체성을 구명할 필요가 있다. 앞서 거론한 바와 같이 강원영동지역은 탄광을 중심으로 하는 산업도시는 물론 관광도시 해양도시 항만도시 등으로 형성 발전되어 왔다. 또한 수많은 역사적 사료와 전통문화의 특징을 지니고 있다. 이러한 지리적 문화적 유산이 근현대 강원영동문학의 지역적 지표로 어떻게 기능하고 있는지에 대한 실증적 작업을 향후 지속적으로 추진해나가야 하며, 그런 과정 속에서 글로컬리즘 시대에 걸맞는 지역문학의 위상과 역할이 구체화되리라 본다.

4. 전망과 과제

'글로컬리즘'이라는 시대적 명제의 부각과는 달리 실제 지역적 삶과 문화는 여전히 낙후되어 있으며 소외 구조 역시 반복되고 있다. 대개 지역문학장에 있어서 중앙문단과의 괴리와 인적·물적 인프라 부족은 지역문단의 내용을 아마추어적인 것으로 반복하게 만드는 주요한 원인이다. 그러나 그것이 전부는 아닐 것이다.

이 글에서는 지역문학의 새로운 의미 부여를 위해 가능한 방법론을 모색해 보았다. 동해·삼척·태백지역의 경우 우선 실증적이고 사회학적인 고찰이 시급하다. 나아가 지역문학의 관점에서 심층적 연구가 필요하다. 탈식민적 접근은 지역문학의 차별적 지정학을 인식하는 이론적 틀이 될 수 있다. 또한 지역문단의 형성과 전개 과정에서 고착화되는 문단구조를 파악하기 위한 계보학적 관점이 필요하다. 텍스트를 평가하는 미학적 대안 역시 지역문학은 물론 한국문학의 다양성을 증거하는 계기가 될 것이다.

나아가 이 글은 동해·삼척·태백지역의 문학적 정체성에 대한 대표적인 지표를 제시하고자 하였다. 동해지역의 해양시, 삼척지역의 향토시, 태백지역의 탄광시가 그것이다. 여기 소개된 지표와 특징은 부분적 양상에 불과할 것이다. 이에 대한 심층적 연구가 이어질 때 글로컬리즘에 걸맞는 지역문학의 위상이 온전히 설명될 수 있을 것이다.

| 강원지역문학의 탈식민적 고찰 |

1. 탈중심의 시각

강원지역문학에 대한 기존 연구는 개별 작가나 작품을 중심으로 진행되어 왔다. 그러나 그 과정은 지역문학의 관점에서 볼 때 미흡하기만 하다. 우선 '강원지역문학'이라는 개념의 설정에 대해서 심층적 논의가 부족했던 것이 사실이다. 또한 그 정체성에 관해서도 깊이 있는 이론적 모색이 필요한 것으로 보인다. 이는 강원지역문학과 관련하여 흔히 거론되는 문인들의 작품세계에 대해서 정작 지역성과 관련된 정치한 분석이 부족하다는 말과 같다. 텍스트에 반영된 지역성을 밝히는 개별 작업들이 점진적으로 이루어졌을 때 비로소 강원지역문학의 정체성 구명이 가능할 것이며, 그 범주의 정당성 역시 확보될 수 있을 것이다.

강원지역문학에 대한 본격적 접근이 부족한 현황은 지역문학론이 국문학 연구의 정당한 범주가 될 수 있는지에 대한 근본적 회의를 환기한다. 보다 구체적인 논구가 뒤따라야 하겠지만 이 글에서는 국문학 연구의 일환으로서 지역문학 연구의 당위성을 전제하고자 한다. 1980년대부터 제기된 지역문학에 대한 관심은 한국사회나 학계의 전반적인 흐름과도 맥을 같이한다. 이러한 현상은 지방자치제의 본격화나 그에 따른 정치사회적 관심의 변모를 반영하고도 있다. 문학이 인간 삶의 총체성을 반영하는 미적 장르이고, 대개의 삶이 지역이라는 구체적 시공간 속에서 실현되는 한 문학 연구의 일환으로서 지역문학론이 존재해야 하는 것은 당연하다. 지역문학은 결국 한국문학을 완성하고 그 총량을

밝히는 차원에서, 나아가 미학적 대안을 마련하는 차원에서 시대적 당위성을 지니고 있다.[1)]

이러한 문제의식 아래 이 글은 강원지역문학의 성립과 전개과정을 탈식민과 탈중심의 관점에서 살펴보고자 한다. 이러한 관점은 기존의 문학사적 관성이나 중앙중심적인 미학 기준을 재고할 수 있다. 지역문학에 대한 편견과 차별을 극복하고 진정한 의미에서 지역적 정체성을 탐구하는 시도이기도 하다. 장르로는 시분야로 주목하기로 한다. 이는 논의 범위를 좁히기 위한 방법론적 입장이요 강원지역문학에서 시장르가 지배적 경향을 차지하고 있다는 판단 때문이기도 하다. 또한 학술담론의 엄밀성을 갖추기 위해 문학세계가 일단락된 작고 문인을 주요 대상으로 하되, 탈식민과 탈중심적 경향의 통시성과 관련하여 필요한 경우 지역문학적 전거가 확실한 당대 작가의 시세계를 참조하기로 한다.

2. 연구 현황과 쟁점

강원지역문학을 대상으로 하는 학문적 접근이 심화된 단계에 이르지 못한 원인 중 하나는 아카데미즘 구조와 본격 평단이 부족한 현실적 여건 때문으로 파악된다. 그나마 장르적 접근과 사료 정리 등의 차원에서 지역문학 연구가 진행되어 온 것은 다행스런 일이라 하겠다. 대표적인 성과를 예시하자면 「강원도 근대문학연구에 대하여」[2)], 「강원문학

1) 이재봉 외, 「지역학과 로컬리티 연구」(좌담), 『로컬리티 인문학』 2호, 부산대 한국민족문화연구소, 2009. 10, 6-7쪽. 이와 관련하여 거대담론의 시대를 거쳐 귀결되는 김지하의 문학적 입장은 주목할 만하다. 그는 풀뿌리 민주주의의 운동을 주장하며 주민자치와 지역자치의 실천적 행동을 강조하고 있다. 신철하, 「문화운동과 생태자치—김지하 미학론의 현재성」, 『미완의 시대와 문학』, 실천문학사, 2007, 78쪽.

2) 서준섭, 「강원도 근대문학 연구에 대하여」, 『강원문화연구』 11, 강원대 강원문화연구소, 1992. 이 글은 강원 전체지역을 대상으로 1950년대까지의 모든 장르 현황을 개괄한 선도적 연구에 해당된다.

의 사적 고찰」[3], 「강원도 시단과 시를 말한다」[4], 「관동문학사 연구」[5], 「강원지역문학의 생성방식과 발현양상」[6], 「강원문학의 역사와 현황」[7] 등이 있다. 이들 자료는 강원지역문학을 대상으로 학문적 조명을 시도한 선행 연구로서의 의미를 지닌다. 그럼에도 불구하고 학술적 접근으로서의 체계와 정치함이 부족한 점은 여전히 아쉬운 면모이다.[8]

이 글은 탈식민과 탈중심의 관점에서 강원지역시의 계보를 밝히고자 하는데, 탈식민적 관점에서의 접근도 지역문학 연구에 있어서 하나의 흐름을 형성하고 있다. 예컨대 「탈식민주의와 지역문학 연구」[9]는 영호남의 대표 작가인 김정한과 송기숙 소설에 나타난 식민주의의 모순과 탈식민화의 방향을 밝히고 있다. 「지역문학의 탈식민성과 글로컬리즘」[10]은 탈식민적 지역문학의 가능성을 전망하는바 지역문학의 자기 정체성 확립과 탈식민적 글쓰기의 실천적 노력, 기타 문화와 행정의 동시적 노력 등을 주장하고 있다. 「한국 현대시에 나타난 전북지역 시문학의 탈식민성 연구」[11]는 동학관련 시편들 속에서 전복적 상상력을 논증하는 동시에 망각과 획일화 등에 저항하는 '기억하기', 우위와 특권을 폐기하지 않고 전략화 하는 '전유하기' 등을 강조한다. 「탈식민과

---

3) 엄창섭, 「강원문학의 사적 고찰—영동지역의 현대시문학을 중심으로」, 『한국문예비평연구』 1호, 한국현대문예비평학회, 1997.

4) 서준섭 · 박민수 · 송준영, 「강원도 시단과 시를 말한다—지역성, 특이성, 보편성」(좌담), 『현대시』 2003년 8월호.

5) 박영완, 「관동문학사 연구」, 『임영문화』 11집, 1987.

6) 양문규, 「강원지역문학의 생성방식과 발현양상」, 『작가와사회』 2004년 가을호.

7) 전상국, 「강원문학의 역사와 현황」, 『물은 스스로 길을 낸다』, 이룸, 2005.

8) 이에 대해서는 남기택, 「탄광시와 강원영동지역문학」(『한국언어문학』 63집, 2007. 12)의 2장 '강원영동지역문학론의 현황과 과제' 참조.

9) 송명희, 「탈식민주의와 지역문학 연구—김정한 · 송기숙을 중심으로」, 『현대소설연구』 19집, 한국현대소설학회, 2003.

10) 이형권, 「지역문학의 탈식민성과 글로컬리즘—대전 · 충남 문학을 중심으로」, 『어문연구』 52집, 어문연구학회, 2006. 12.

11) 노용무, 「한국 현대시에 나타난 전북지역 시문학의 탈식민성 연구」, 『국어국문학』 147호, 2007. 12.

지역문학에 대한 고찰」[12]은 탈식민적 접근이 지역문학의 총체적 의미를 묻고 실정적 곤란을 극복하는 방법론이라는 전제 아래, 대전충남지역의 중견 및 소장 시인을 대상으로 민족문학적 전통, 지역적 삶의 의미 등을 분석하고 있다.

강원지역문학과 관련해서는 「탈식민의 관점에서 본 지역문학」[13]이 주목된다. 이 글은 타자성의 한 국면으로서 지역성이 발현되는 양상에 대해 『치악산』과 『귀의 성』을 들어 설명하고 있다. 이들 작품에는 원주, 춘천 등 강원영서지방이 미개한 지역으로 타자화되고 있음을 지적하고, 나아가 지역문학의 분열적인 이중성인 타자성과 저항성을 직시하고 중심(서구)의 실체를 분석하기 위한 방법으로 탈식민적 관점의 효용을 주장한다.

이상의 기존 연구를 통해 탈식민적, 탈중심적 관점은 지역문학의 위상과 가치를 주목하는 데 유효한 틀이 될 수 있음을 확인할 수 있다. 탈식민 이론은 그 본질이 오리엔탈리즘을 재생산하는 서구 중심의 본원주의인가 혹은 새로운 자본주의 체제의 효과적인 대항 담론인가 하는 정치적 입장의 차이로부터, 서구 정전의 가치를 되풀이하여 강조하는 이항대립적 이론인가 혹은 식민지적 상황이나 종속 이후의 다양한 현실에 대한 천착을 매개하는 새로운 문학 담론인가 하는 상반된 평가에 이르기까지 다양한 의미망을 함의하고 있다. 하지만 제3세계의 신식민지적 현실이나 지역문학을 탈식민적 관점으로 다시 읽는 것은 이른바 '탈식민성'을 전유하기 위한 노력일 수 있다. 탈식민주의는 관습화된 근대적 삶이 곧 식민주의의 새로운 형태라는 사실을 직시함으로써 그 기원적 한계에도 불구하고 지역문학이론으로서의 유효성을 지닌다.

---

12) 남기택, 「탈식민과 지역문학에 대한 고찰」, 『비교한국학』 15권 2호, 국제비교한국학회, 2007. 12.

13) 김양선, 「탈식민의 관점에서 본 지역문학」, 『근대문학의 탈식민성과 젠더정치학』, 역락, 2009.

3. 민족문학의 전통

강원지역시문학의 역사는 19세기말 우국한시와 의병가사를 그 시발점으로 삼을 수 있다. 외세에 맞서 강원도 유림들이 주도했던 의병운동은 한국 근대사의 주요한 사건이자 강원근대문학의 잠재력을 과시한 흔적이었다. 이러한 의병활동은 춘천 출신 의병장 유인석(1842-1915)의 우국한시, 유홍석(1841-1913)의 의병가사, 윤희순(1860-1935)의 의병가 등을 배태하였다.[14] 이들 한시와 의병가사의 존재는 강원지역시문학의 원류와 성격을 짐작케 하는 주요한 단서가 된다. 물론 애국계몽기의 운문 형태를 근대문학의 범주로 포함시킬 수 있느냐의 문제는 논란의 여지를 안고 있다. 그럼에도 불구하고 다양한 유교사상의 한 갈래가 자생적 근대성의 모색 지점과 맞닿아 있었던 것은 부정할 수 없는 사실이다.

구한말 개화파를 위시한 근대사상의 모색에는 유교의 한 갈래인 실학이 연관된다. 조선 후기 사회의 중추적 역할을 담당했던 유학자들은 배척과 저항이라는 상반된 태도로써 각각 수구적 또는 적극적 개화사상을 내세워 현실에 대응해 나갔다.[15] 애국계몽기의 주요 이론가들 역시 근대문학사상의 구체태를 제공한다. 박은식, 신채호, 장지연 등 개신유학자들에 의해 근대적 문학관의 단초가 발견되는 것이다. 한편 이들 문학론은 애국계몽운동의 일환이었던바 효용으로서의 전통적 문학관이라는 성격을 역시 지닌다.[16] 이처럼 애국계몽기의 문학 형태는 전통과 근대라는 양가적 의미를 지닌 채 실재하고 있었다. 강원지역의 우국한시와 의병가사는 이러한 근대문학 형성기의 중층성을 그대로 간직한 채 강인한 민족문학사상의 원체험으로 자리하고 있다.

---

14) 서준섭, 「강원도 근대문학 연구에 대하여」, 앞의 글, 109쪽.
15) 금장태, 『한국근대의 유학사상』(증보판), 서울대출판부, 1999, 31-36쪽.
16) 남기택, 「근대문학사상의 형성과 효용」, 『한국언어문학』 46집, 한국언어문학회, 2001. 5, 256-257쪽.

본격적인 강원시문학의 역사를 논하는 데 있어 선구적 문인으로서 거론되는 인물은 김동명(1900-1968)이다. 강릉 출신으로서 『개벽』을 통해 등단(1923)한 김동명은 김유정, 이효석 등과 더불어 근대 강원지역문학의 원류격으로서 "강원 문학사에서 최초의 시인이라고 지칭"[17] 되기도 한다. 지역문단 내부의 이러한 상찬과 달리 김동명 시세계와 강원지역문학과의 관계는 그다지 깊어 보이지 않는다. 출신 지역이라는 지연을 제외하고는 문학적 생애라든가 작품세계의 특성에서 지역성이 부각되는 경우는 많지 않기 때문이다. "다만 향토 출신 시인이라는 점에서 논외로 할 수 없는 경우"[18]라 하겠다.

그럼에도 불구하고 일부 향토성을 소재로 한 작품은 김동명 시의 강원지역문학적 성격을 드러내는 요소가 된다. 또한 김동명은 그 이름이 강릉에서 비롯되었다는 사실 자체만으로도 강원시문학 형성에 영향을 주었다고 평가되고 있다.[19] 이러한 사실은 이 지역에서 활동하고 있는 2세대 문인들의 작품세계나 학문 활동을 통해 확인되는 바이다. 대표적 사례로서 이곳 문단 및 학계에서 활발한 활동을 하고 있는 엄창섭은 자신의 글 곳곳에서 김동명을 기억하며 지역문학의 전거로서는 물론 학문적·문학적 도제관계를 유지하고 있다.[20] 삼척 출신으로서 지역문단에 많은 영향을 미치고 있는 문인이자 학자인 이성교 역시 "超虛의 初期 시편이 비교적 田園的인 색채를 짙게 띠고 있는 것"[21]으로 평가하는바 간접적이나마 향토성의 면모를 밝히고 있다. 또한 김동명이 1908년 원산으로 이주하기 전까지 주변으로부터 '강릉군수'의 재목으로 기

---

17) 서준섭·박민수·송준영, 앞의 글, 40쪽.
18) 서준섭, 「강원도 근대문학 연구에 대하여」, 앞의 글, 116쪽.
19) 서준섭·박민수·송준영, 앞의 글, 같은 쪽.
20) 엄창섭, 『김동명 연구』, 학문사, 1987. 그리고 이어지는 일련의 글들(「김동명의 문학과 삶의 巨跡」·「김동명의 시의식과 미적 주권」·「김동명의 시 "파초" 해제」, 『현대시의 현상과 존재론적 해석』, 영하, 2001) 참조.
21) 이성교, 「한국현대시에 나타난 향토색 연구」, 『성신여대연구논문집』 13집, 1980, 29쪽.

대되었다는 점[22]은 지역적 연고를 살피는 역사전기적 논거에 해당될 것이다.

이 글에서는 또한 김동명 시가 지닌 민족문학적 요소를 주목하고자 한다. 그의 작품세계는 독자적인 자연관의 성취와 더불어 "일제하에서도 상징적 서정시를 발표한 저항시인으로서 민족적 비애를 절창"[23]하였다고 평가된다. 김동명 시세계를 민족문학적인 것으로 일반화하기에는 무리가 따른다. 그럼에도 불구하고 그의 작품 중에는 민족의 아픔을 모티프로 한 작품이 존재한다. 이러한 사실은 강원지역문학의 민족문학적 흐름을 잇는 면모라 하겠다.

한용운(1879-1944) 역시 강원지역문학의 민족문학적 전사와 관련하여 빠트릴 수 없는 인물이다. 한용운이 강원지역문학과 맺는 관련은 『님의 침묵』(1926)의 산실이 인제의 백담사라는 점이다. 이를 강조하는 입장은 문학외적인 연관을 통해 지역문학의 외연을 확장하려는 시도일 수 있다. 그 결과 한용운 시는 "현재의 강원 시문학의 중요한 뿌리의 하나가 되는 것"[24]이다. 무엇보다도 '만해마을'로 상징되는 한용운 문학의 현재적 구조는 강원지역문학에 주요한 영향력을 행사하고 있다. 한용운은 자신의 삶과 문학적 내용보다는 후세의 기억과 제도화 과정을 통해 실질적인 강원문학의 요체로 작용하고 있는 셈이다. 한용운 시가 지닌 민족문학적 의미와 영향에 대해서는 재론의 여지가 없다. 한용운과 같은 국문학의 보고가 강원지역문학과 관련을 맺고 있다는 사실은 이곳 지역문학론에 있어 주요한 전거일 것이다.

이 시대에 활약한 강원지역시인으로 또한 박기원(1908-1978)이 있다.

---

22) 엄창섭, 『김동명 연구』, 앞의 책, 20쪽. 참고로 김동명은 데뷔 직후 「懷疑者들에게」, 「祈願」 등의 작품을 『개벽』 12월호에 발표하는데 이 잡지가 '강원도 특집호'였다. 김동명 시의 강원지역문학적 배경이 데뷔 당시부터 발견되는 하나의 사례라 하겠다.

23) 엄창섭, 『김동명 연구』, 앞의 책, 179쪽.

24) 서준섭 · 박민수 · 송준영, 앞의 글, 같은 쪽.

박기원은 "『民聲』, 『文藝公論』에 작품을 발표하며 동양적인 서정의 세계를 깊이 탐구한 강릉 출신의 시인"[25]으로 짧게 기록되고 있다. 1929년에 등단한 그는 일제강점기 말기에 발간하려던 시집 『호반의 침묵』이 일경에게 원고를 압수당해 무산되었다고 하며, 전체 시세계는 "동양의 서정적 세계와 한국적 정한의 세계"로 요약된다.[26] 그에 관한 비평적 조명은 매우 미비한 편이다.

> 베틀에서 내리니 샛별이 진다
> 한숨 밴 북끝에 첫닭이 울어
> 열두 새 실꾸리 시름을 짜는
> 아람찬 베폭 嶺東 細上布.
>
> (중략)
>
> 一年에 단 한 번 만나는 기쁨
> 天上의 因緣은 야속타 해도
> 차라리 한 번 가 돌오지 않는
> 人間의 離別보단 낫지 않은가.
>
> —박기원, 「織女別曲」[27] 부분

박기원 시 중에서 위와 같이 전통적인 설화에 바탕하여 민족 감정을 승화한 작품은 상당한 수준을 보인다. 위에 표현된 바와 같이 "영동 세상포"를 매개로 "인간의 이별보단" 나은 "천상의 인연"을 노래하는

25) 엄창섭, 「강원문학의 사적 고찰」, 앞의 글, 338쪽.
26) 한국시사 편, 『한국현대시인사전』, 한국시사, 2004, 576쪽. 박기원이 상재한 시집은 『한화집』(현대사, 1953, 최재형과의 공동시집), 『松竹梅蘭』(삼일각, 1969)인바 실질적인 문학 활동은 해방 이후로 볼 수 있다. 참고로 『한화집』은 발간년도가 단기 4286년, 즉 1953년인데 『한국현대시인사전』에는 1952년으로 오기되어 있다.
27) 박기원, 『松竹梅蘭』, 앞의 책, 115-116쪽.

서정은 암하노불(岩下老佛)이라는 강원지역 정서를 환기하는 동시에 인간의 존재론적 한계로부터 빚어지는 보편적 공감을 수반하고 있다. 정제된 어형과 음보를 통해 율격적 요소를 강조하는 것도 전통 정서를 전경화 하는 구조적 요인이라 하겠다.

다음으로 심연수(1918-1945)를 들고자 한다. 최근 주목되고 있는 심연수는 강원지역문학의 역사적 맥락을 상징하는 인물로 보인다. 근대사의 폭력을 피해 이주의 삶을 살아야 했고, 그 과정에서 불의의 죽임을 당했으며, 일생을 품었던 문학의 꿈을 제도적으로 펼치지 못한 채 생애가 마감되고 만 사실 등이 그 이유이다. 또한 사후 50여 년이 지난 후에야 비로소 문학적 생애가 공개되었다는 점도 강원지역문학의 운명을 닮아 있다.

심연수는 강릉 출신으로서 어린 나이에 중국 용정으로 이주하게 된다. 이러한 정황은 심연수 시와 강원지역문학의 관계를 이질것인 것으로 만드는 결정적 요인이 된다. 그럼에도 불구하고 심연수의 문학세계 내에는 고향에 대한 그리움이나 향토성과 관련된 대지모신적 상상력이 근저에 작용하고 있음을 볼 수 있다. 특히 고향을 방문한 것을 계기로 씌어진 일련의 기행시편은 심연수 시세계의 주요한 맥락을 형성한다.[28] 이러한 양상은 심연수 시와 지역문학적 관련을 밝히는 근거라 하겠다.

봄은가처웠다.
말렀던풀에 새움이돗으리니

---

28) 1940년 8월 고향 강릉을 방문하고 씌어진 것으로서 「옛터를 지나면서」, 「솔밭길을 걸으며」, 「바닷가에서」, 「鏡浦臺」, 「鏡湖亭」, 「兄弟岩」, 「海邊 一日」, 「새바위」, 「竹島」 등 9편을 가리킨다. 기타 1940년 5월, 중국 용정의 동흥중학 졸업시에 동창들과 17일간의 수학여행으로 조국을 방문하면서 기록된 기행시편 역시 조국과 고향의 풍경에 대한 심정을 정제된 언어로 표현하고 있다. 작품 내용 및 인용은 황규수 편저, 『심연수 원본대조 시전집』, 한국학술정보, 2007 참조.

너의조상은 농부였다
너의아버지도 農夫다.
田地는남의것이되였으나
씨앗은너의집에있을게다
家山은팔렸으나 나무는그대로자라더라
재밑에대장깐집 멀리떠나갔지만
끌풍구는 그대로놓였더구나
화덕에숱놓고불씨 어
옛소리를 다시내여봐라
너의집이가난해도 그만불은있을게니.
서투른대장의땀방울이
무딘연장을 들게한다더라
너는農夫의아들
대장의아들은 아니래도……
겨을은가고야만다
季節은順次를 銘心한다
봄이오면해마다生命의歡喜가
生氣로운神秘의씨앗을받더라.

—심연수, 「少年아 봄은오려니」[29] 전문

이는 심연수의 대표작 중 하나로 평가되고 있는 작품이다.[30] 여기에서 지역적 소재가 직접적으로 사용되지는 않지만 '대지'와 '농부'에 대한 확고한 믿음이 드러나는 점이 주목된다. '자연'의 법칙에 대한 믿음을 바탕으로 '봄'의 도래를 확신하고 있는 화자의 소망은 일제강점기 민족의식을 고취한 명편들에서 발견되는 희망의 메시지와 다르지 않다. 이러한 맥락에서 발견되는 지역성이 있다면 그것은 고향의 기억에 바탕

---

29) 위의 책, 449쪽.
30) 심연수 선양사업을 주도하고 있는 강원지역에서 편한 시선집의 표제가 이것이다. 심연수 시선집, 『소년아 봄은 오려니』, 강원도민일보사, 2001. 또한 '민족시인'으로서의 자리매김 역시 주목할 부분이다. 심연수선양사업위원회 편, 『민족시인 심연수 학술세미나 논문총서』, 강원도민일보출판국, 2007 참조.

하고 있다는 점과 공동체 사회에 대한 신뢰가 드러나는 차원일 것이다. 이는 개별 작품을 넘어 전체 시세계를 관류하는 근간 구조를 통해서도 확인된다. 앞서 예시한 기행시편 이외에도 심연수 시의 많은 표현에는 디아스포라의 고통과 원형적 기억으로서의 향수가 대비되는 양상을 보인다.[31] 이처럼 지역으로부터 배태되는 시의식의 구조는 지역문학의 범주를 넘어 문학과 현실의 근본적 관계를 증거하기도 한다.

기타 해방 이전 강원지역시문학과 관련하여 거론될 수 있는 문인으로는 인제 출신의 박인환(1926-1956)이 있다. 1950년대 모더니즘으로 특화되는 박인환의 경우 지역문학적 관점에서는 별다른 논의점을 발견하기 어렵다. 이를 포함하여 앞서 예시한 지역시문학의 전사에 해당되는 예들이 '지역성'을 특화하지는 않는다. 이들은 대개 출신 지역이라는 지연적 요소 이외에는 문학작품이나 개별 활동 면에서 지역성과는 별다른 관련을 맺지 못한다. 지역문학의 개념 설정에 대해서도 아직까지는 명확하게 합의된 바가 없지만, 대개 해당 작가의 출신 지역만 가지고 지역문학의 구성 요인으로 삼지는 않는다. 즉 작품세계를 통해서 지역성 혹은 지역정 정체성을 담아낼 때 진정한 지역문학적 의미를 지니는 것이다.

그럼에도 불구하고 이들 문인들이 지역문학의 전사로 기록되는 데에는 나름의 이유가 있다. 우선 현단계 지역문학의 관점을 근대문학 초기의 작가에 그대로 적용하기에는 무리가 따른다. 주지하는 바와 같이 근대문학 형성기의 문단은 오늘날과 같이 지역 단위로 혹은 제도적으로 구획되지 않는다. 지역문학이라는 범주는 원래부터 존재했던 것이 아니라 근대라는 제도의 점진적 진행 과정에서 형성된 대타적 · 이행적

---

31) 임향란, 「심연수 시에 나타난 자연세계와 삶의 조화」(『우리문학연구』 16집, 우리문학회, 2003. 12)와 이영자, 「심연수의 귀농의식 고찰」(심연수선양사업위원회 편, 앞의 책), 그리고 엄창섭, 「심연수의 시문학과 고향 이미지의 층위」(『심연수의 시문학 탐색』, 제이앤씨, 2009) 등 참조.

개념으로 보는 것이 타당하다.

다음으로 지역문학장이 구성되고 진행되어 오는 과정에는 여러 가지 지정학적 배치가 작동한다. 그에 따라 '지역'이 지닌 이중적 차별은 주요한 판단의 근거가 되어야 하는 것이다. 현단계 지역문학이라는 개념 자체에는 이른바 소수문학으로서의 역학적 구도가 내재될 수밖에 없다. 지역문학의 결여를 보충하고 긍정적인 방향으로 견인하는 과정에는 다양한 전유 방식이 필요하게 된다. 지역의 정체성이라는 것이 구성적 개념이듯이 지역문학의 내용과 형식을 구성해나가는 과정에서 지역과의 연고를 지니면서도 문학사에서 검증된 사료는 주요한 검토 대상이 될 수밖에 없다. 물론 이러한 전제가 지역문학의 선험적 의미를 규정하도록 오도되어서는 곤란하다. 분명한 것은 구체적인 이론과 논거를 통해 이들 명제를 증명할 수 있을 때 비로소 지역문학의 입장은 정립될 수 있다는 사실이다.

4. 탈중심성의 계보와 층위

강원지역에 있어서 시문학의 본격적인 전개는 해방 이후로 보는 것이 타당할 듯하다. "이인직에서 이태준에 이르는 한국근대소설사의 한 흐름이 강원문학과 관련을 맺고 있다는 사실은 강원문학에서 소설이 차지하는 비중이" 크다는 증거이며, 따라서 "강원문학의 재출발기라 할 수 있는 60년대 이후에야 시문학이 활기를 띄기 시작"[32]한다는 것이다. 그러나 1951년 결성된 강릉지역의 '청포도시동인회'는 강원시문학의 중요한 맥락을 형성한다. 황금찬, 최인희, 김유진, 이인수, 함혜련 등에 의해 결성된 이 모임은 동인지 『청포도』를 창간(1952)하고, 2집(1953)까지 활동한다. 이들의 활동은 이후 지역문학에 주요한 영향을 미친다.

---

32) 서준섭, 「강원도 근대문학 연구에 대하여」, 앞의 글, 116쪽.

또한 이들의 전반적인 시세계가 전통적인 리리시즘 경향을 보이는데 이러한 성격은 이후 강원지역시문학의 주류 경향으로 자리잡게 된다.

이들에 이어 1960년대 이후 본격화되는 강원시문학의 전개과정에서 문인협회 등 거점 단체와 개별 지역 동인단체가 조직된다. 탈중심적, 탈식민적 관점과 관련하여 주목되는 경향은 이와는 다른 비조직적, 개별적 문학 단위에서 발견된다. 이를 통해 민족문학의 전통과 시적 저항성의 맥락이 이어지고 있는 것이다. 그 중 대표적인 예로 지역적 정체성을 반영하는 역사적 사건으로서의 탄광노동, 그와 관련된 비제도적인 문학활동의 경우를 살펴보기로 한다.

역사적 사건과 관련하여 볼 때 강원지역에서 근현대사의 획기적 사건은 그다지 많지 않아 보인다. 이 역시 한국사회 내의 이중적 소외에 비견되는 역사적, 지리적 현실이라 하겠다. 이러한 실정 속에서 탄광의 존재는 지역적 정체성과 관련하여 주요한 역사적 범주를 형성하고 있다. 이에 대한 주목은 '지역사적 사건을 소재로 하는 탈중심의 계보'를 밝히는 과정이 될 것이다.

그렇게 많이 캐냈는데도
우리나라 땅속에 아직 무진장 묻혀 있는 석탄처럼
우리가 아무리 어려워도
희망을 다 써버린 때는 없었다

그 불이
아주 오랫동안 세상의 밤을 밝히고
나라의 등을 따뜻하게 해주었는데
이제 사는 게 좀 번지르르해졌다고
아무도 불 캐던 사람들의 어둠을 생각하지 않는다

그게 섭섭해서
우리는 폐석더미에 모여 앉아

머리를 깎았다
한번 깎인 머리털이 그렇듯
더 숱 많고 억세게 자라라고
실은 서로의 희망을 깎아주었다

우리가 아무리 퍼 써도
희망이 모자란 세상은 없었다

—이상국, 「희망에 대하여—사북에 가서」[33] 전문

이상국은 양양 출신으로서 속초, 고성 등 강원지역에서의 삶을 매개로 중앙주의적인 시선으로부터 배재된 부분을 포착하여 풍요로운 육체적 형상을 입히는 지역문학의 예시로 언급되고 있다.[34] 그에게 있어 탄광은 위와 같이 현실적이고 제도적인 고통을 상징하는 동시에 희망의 근거로 인식된다. 탄광이 지닌 이러한 양가성은 기타 탄광을 소재로 한 지역시에서 두루 반복되는 바이다.

내 배꼽에
탄가루가 끼인 것은
아내만 안다.

(중략)

새벽 칸데라를 들고
주섬 주섬 갱으로 나가는 길
어쩐지 우람한 어깨가 밉다고 했다.

살을 섞고 사는
부부 사이도 가슴 속에

---

33) 인용은 정연수 편, 『한국 탄광시전집』, 푸른사상, 2007(이하 『탄광시전집』으로 표기), 796쪽.
34) 양문규, 앞의 글, 28쪽.

또 하나의 얼굴
그것이 몹시 미웠다 한다……

—진인탁, 「아내의 비밀」[35] 부분

이 작품에도 탄광노동과 관련된 삶의 회한이 상징적으로 제시되어 있다. 진인탁(1923-1993) 역시 강원시문학의 전사에 해당되는 인물이다. 삼척 출신인 진인탁은 1948년 「식모(食母)」, 「토굴(土窟)」 등을 『동국시집』 1집에 발표하고, 1949년 5월 동일 작품을 『학생과문학』에 김기림의 추천으로 게재하면서 등단한다. 이러한 경력만으로 볼 때 진인탁은 강원시문학의 형성기 인물로 소개될 수 있으나 실질적인 작품활동은 말년에야 이루어진다는 점을 참고해야 한다.[36] 위 작품에서 보는 바와 같이 탄광노동은 부부 사이에 가로놓인 타자, 즉 "또 하나의 얼굴"과 같다. 이처럼 탄광은 지역적 삶에 있어서 큰타자이자 애증의 대상으로서 시화된다. 이러한 감정은 문단 2세대들의 문학적 정체성에도 그대로 반영되어 있음을 확인할 수 있다.

나는 검은 분진이 회오리치는 곳, 그곳에서
나서 자랐다
하얀 도화지에 검은 크레용으로 강을 그렸다
병방꾼들의 터덕거리는 장화 소리에
잠이 깨이는 12월 그믐밤
시린 별을 헤아리며 밤똥을 쌌다
아무도 고향이라 말하지 않는 곳

---

35) 진인탁, 『자화상』, 반도출판사, 1991, 80-81쪽.
36) 해방 이후 당시 삼척군 북평고에서의 교편활동(1952-1953) 이외에 진인탁의 삶은 주로 타지역에서 이루어진다. 생업으로 인하여 문학활동을 지속할 수 없었던 그는 말년에야 유일한 시집 『자화상』을 발행한다. 그의 작품에는 고향의 삶을 소재로 한 장면이 종종 등장하며 또한 지역문인들의 현재적 삶 속에 뚜렷한 영향을 행사하고 있다. 남기택, 「삼척지역문학의 양상 고찰」, 『한국언어문학』 67집, 한국언어문학회, 2008. 12, 367쪽 참조.

분진 묻은 작업복 속에 감추어진 비밀 이야기가
훤히 들여다보여도
아무도 입 밖에 내지 않는 곳

—박대용, 「마지막 한마디」[37] 부분

탈중심적, 탈식민적 관점에서 주목해보아야 하는 문제는 탄광노동이 강원지역 근현대사의 질곡을 그대로 상징하고 있다는 사실이다. 일제강점기 제국주의 수탈정책의 일환에서 본격적으로 개발된 강원지역의 탄광산업은 1960년대 개발시대를 거쳐 1980년대 절정에 달한다.[38] 그러나 1989년 석탄합리화 정책 이후 탄광지역은 급속도로 퇴조하게 된다. 도계 출신인 위 박대용의 작품에서도 탄광지역으로서 고향의 원체험은 숨길 수 없는 양가감정의 근원으로 묘사되고 있다.

연탄은 이제 TV연속극에서나 볼 수 있고
탄광촌도 이제는 폐광카지노로만 기억되면
피와 땀으로 얼룩졌던
지난날 광부들의 투쟁과 노동의 역사는
폐갱도 속에 묻혀 그렇게 잊혀지고 마는가!

사양산업이라지만 아직 탄광이 남아있고
요즘도 막장에서는 석탄을 캐고 있지만
그곳엔 이제 진짜 광부가 없다
한때는, 이 땅에서 가장 자랑스러운 노동자의 이름
광부는 이제 그 어디에도 없다

—성희직, 「광부는 없다」[39] 부분

---

37) 『탄광시전집』, 365쪽.
38) 강원지역 탄광산업의 역사적 현황과 문학적 양상에 관해서는 맹문재, 「문학과 노동의 관계와 의의—광산 노동시를 중심으로」(『문학마당』 2007년 가을호)와 남기택, 「탄광시와 강원영동지역문학」(『한국언어문학』 63집, 한국언어문학회, 2007. 12), 그리고 정연수, 「탄광시의 현실인식과 미학적 특성 연구」(강릉대 박사학위논문, 2008) 참조.

사북항쟁은 이러한 강원지역의 역사적 질곡이 집약된 사건이라 하겠다. 오늘날까지 진폐환자 등의 문제를 낳으며 여전한 현재적 문제를 안고 있는 사건인 것이다. 성희직은 강원시문학에서 노동문학의 범주를 대표하는 시인이다. 『광부의 하늘』(1991)은 처절한 탄광노동의 현실을 고발한 시집으로 화제가 된 바 있다. "온몸으로 노동이란 이름의 시를 쓴다/ 졸리운 눈 비벼가며/ 땀에 젖은 작업복은 탄가루에 범벅되어/ ……/ 광부는 실로 위대하다"(「광부는 위대하다」)에서는 탄광노동에 대한 자존감을 드러내기도 한다. 반면 현실의 변화는 위와 같이 "요즘도 막장에서는 석탄을 캐고 있지만/ 그곳엔 이제 진짜 광부가 없다"는 식으로 탄광노동에 대한 인식의 변주를 가져오고 있다.

가진 것 없고 배운 것도 없고
아무런 빽도 없어 선택한 막장인생
열심히 탄을 캐면 돈을 벌 줄 알았다
열심히 일하면 희망이 있을 줄 알았다
죽기 살기로 일하면 막장인생 벗어날 줄 알았다
하지만 도급제노동은 그게 아니었다
땀 흘린 대가는 너무도 보잘 것 없고
회사는 안전보다 늘 생산이 먼저였다
노동조합은 한 번도 우리 편이 아니었다
공권력마저도 한통속이었다

입이 있어도 말하지 못하고
보고도 못 본 체 듣고도 모른 체
'주면 주는 대로 받고 시키면 시키는 대로 하라'
그렇게 짐승이길 강요했다 노예처럼 살라했다
짐승도 발길에 채이면 눈빛이 달라지기 마련
더 이상 참고 살 수가 없었다.

---

39) 『탄광시전집』, 682쪽.

둑이 무너지듯, 활화산 불길처럼 폭발해버렸다
계엄령 서슬에 꽁꽁 얼어붙은 대한민국
지식인들은 침묵했지만 우린 무식했기에 용감했다
1980년 4월 '사북항쟁'의 역사는 그렇게 시작되었다

—성희직, 「'1980년 사북'을 말한다—이원갑 씨의 증언」[40] 부분

이 작품은 탄광과 지역의 역사적 상징을 적확히 드러내는 한 편의 르포르타주와 같다. 탈식민적 관점에서 보자면 '기억하기'의 의미를 구현하고 있다. 기억하기는 자기반성이나 회고와 같은 정태적 행위가 아닌, 현재의 외상을 이해하기 위해 과거를 짜맞추는 것으로서 이른바 '고통스러운 떠올림'이다.[41] 사북항쟁은 1980년 광주에 비견되는 우리 근대사의 주요한 사건이었다. 강원지역문학은 이에 대한 분명한 기억을 지니고 있다. 그러나 그것은 강원지역문학장을 이끄는 문인 단체에 의한 것이 아니었다. 대부분 현장 노동자나 개별적 작품활동을 통해 사북항쟁이라는 지역적 사건은 시화되고 있다.

에밀 졸라의 『제르미날』(1885)에는 혁명적 탄광노동자가 주인공으로 등장한다. 이 작품은 탄광을 중심으로 한 사회상과 민중의식을 사실적으로 그려내어 졸라 자신의 부르주아적 사회관을 극복하는 계기가 되었을 뿐만 아니라 리얼리즘 문학사에 기념비적으로 기록되고 있다. 졸라의 소설이 묘파한 바대로 탄광은 근대 산업사회의 속성을 상징하는 기제이다. 그것은 고도성장이라는 빛과 자본주의의 병폐라는 그늘을 아우르는 양면성을 지닌다. 탄광을 배경으로 그려지는 주인공 에티엔의 삶의 궤적은 그대로 한국사회 탄광산업의 길을 전조한다. 일제 식민치하에서 본격화되어 1980년대까지 성행한 탄광산업의 양상은 개발중심주의로 대표되는 한국식 자본주의화의 과정을 압축하고 있다.

40) 『탄광시전집』, 696쪽.
41) Homi K. Bhabha, *The Location of Culture*, Routledge, 1994, 63-64쪽.

「'1980년 사북'을 말한다」에서 탄광은 한국사회의 구조, 산업화의 특징, 도구적 합리성이 지닌 병폐, 물신화되는 인간의 본성 등을 상징하게 된다.

석탄산업 합리화 이후 탄광지역의 급속한 침체는 소위 거대담론의 해체와 더불어 미분화되고 있는 사회적 현실과도 연동된다. 초국적 자본이 횡행하는 세계화시대를 맞아 탄광의 상징적 의미는 화석화되는 듯하다. 그럼에도 불구하고 여전히 미결정적인 탄광의 상징적 맥락이 존재한다.[42] 탈중심과 탈식민으로서의 강원지역문학은 탄광이 지니고 있는 민속학적 맥락, 문화예술적 관련, 미학적 의미, 사회역사적 전거 등에 대해 천착해야 할 것이다.

강원시문학의 양상이 각종 문학단체나 동인회 중심으로 형성되어 있다는 점은 또 하나의 특징이 된다. 강원시문학의 주류 경향인 리리시즘은 이러한 문단제도의 구조에 의해 유지, 재생산되고 있다. 이는 분명 강원지역문학에 대한 하나의 정체성을 구성할 것이며 나름의 의미를 지닌다.[43] 문제는 지역문학의 탈중심성을 위해서는 이러한 주류 경향으로부터 벗어나 다양한 시도를 모색할 필요가 있다는 사실이다. 이에 대한 주목은 '제도권 너머의 문학 층위'가 지닌 의미를 구명하는 과정이 될 것이다.

---

42) 남기택, 「탄광의 상징성」, 『강원도민일보』, 2008. 4. 25. 기타 『탄광시전집』에 수록된 218명 953편의 구성을 분석해 보면, 관련 작품을 1-3편만 발표한 경우가 176명으로서 80.7%에 해당된다. 이를 통해 다수의 작품을 지속적으로 발표하고 있는 것은 대개 탄광노동을 경험하거나 해당 지역에서의 지속적 삶을 살아가는 경우임을 알 수 있다. 이는 강원지역문학의 정체성과 관련해서도 주요한 지표이리라 본다. 남기택, 「탄광시와 강원영동지역문학」, 앞의 글, 311쪽 참조.

43) 그 밖에 강원지역문학의 정체성에 대해서는 다양한 시각과 접근이 가능할 것이다. 이에 대한 논구가 이 글의 목적과 거리가 있다. 그에 대한 단상만을 제시하자면 매체적 관점에서 이 지역은 동인활동을 근거로 하는 이른바 동인지문단으로서의 양상이 두드러진다. 장르적 관점에서 보자면 해양문학, 향토문학, 탄광문학의 양상이 주목된다. 이에 대해서는 별도의 지면을 통해 상론하기로 한다.

위에서 거론한 강원시문학의 민족문학적 전통과 저항문학으로서의 성격은 제도권 내의 문학활동에서보다는 비제도적이고 개별적인 활동을 통해서 드러난다. 그것이 의식적인 지향의 결과가 아니라 하더라도 제도 밖의 문학적 삶과 실천은 그 자체로 탈중심적이고 탈식민적인 문학 효과를 가져오게 된다.

앞서 예시한 진인탁이나, 기타 강원지역 1세대 시인에 해당되는 최인희(1926-1958), 김영준(1934-1996) 등은 주류 문단으로부터 벗어나 독자적인 문학활동을 편 것이 특징적이다. 문단 2세대 작가들 중에서도 별다른 소속 없이 개별적으로 문학활동을 하고 있는 경우가 있다. 탄광문학의 사례로 앞서 제시한 성희직이 바로 여기 해당된다. 그 밖에도 삼척지역의 김태수, 태백과 강릉지역의 정연수 등은 한국문인협회나 한국작가회의, 또는 지역별 동인단체에 소속되지 않은 채 지역시문학의 주류 경향으로부터 벗어나려는 독자적인 활동을 펴고 있다.

이러한 활동과 내용은 일종의 아마추어리즘으로 취급될 수도 있다. 탈중심적이고 탈식민적 관점에서는 이러한 활동의 의미가 적극적으로 구명되어야 하리라 본다. 텍스트를 평가하는 기존의 미학으로는 지역문학의 의의를 제대로 평가하기 어렵다. 통상적인 미학에는 오늘날 지역문학의 소외구조를 낳은 이데올로기적 토대가 반영되어 있기 때문이다. 따라서 지역문학 연구는 단순히 텍스트의 실증적 의미를 밝혀내는 작업뿐만 아니라 지역문학을 보는 미학적 기준을 새롭게 설정하고, 지역문학사 연구방법론을 체계화하는 시도를 필연적으로 동반해야 한다. 현단계 지역문학 연구방법론 검토를 통해 알 수 있는 사실은 지금까지의 이론적 모색에 근거하여 그에 따른 실증적 작업이 구체적으로 진행되어야 한다는 사실이다.

문제는 지역문학에 해당되는 텍스트들 속에서 작품의 수월성이 부족한 경우를 종종 보게 된다는 사실이다. 아마추어리즘에 포함되는 성질의 텍스트와 문학활동이 지역문단에 많은 분포를 차지하고 있는 것도 사실이다. 강원지역문학은 상대적으로 낙후된 지역문화의 여건 속에서도 40여년 이상 자기 시스템을 가지고 자체적으로 재생산되어 왔다. 문화의 불모지와 같은 지역에서 자생적인 문학활동이 지속적으로 이루어지고 있음은 고무적인 일이다. 그런데 그 구체적 형태는 동인회 활동, 즉 정기적인 시낭송회 개최나 문예진흥기금의 보조로 동인지나 기관지를 연간지 형태로 발간하는 것 등이 대부분이다. 이것은 한국문학장에서 이루어지는 다양한 문학적 현상에 견주어 봤을 때 극히 제한된 양상이 아닐 수 없다. 문학은 다양성을 통해 서로를 견제하고 발전시키는 과정이 필요한데 그러한 상호작용들이 부족한 것이며, 이런 현상들이 기존의 문학을 보는 관점에서는 아마추어리즘으로 평가되고 있다. 그렇다면 지역문학을 보는 관점에서 이런 텍스트과 현실적인 문학행위들을 어떻게 가치 평가해야 하는가 라는 문제가 남는다. 이를 위해서는 미학적 인식의 재고가 필요하다. 지역문학을 연구하기 위해서는 미적 판단의 기준들이 지니고 있는 폭을 넓히고, 그 나름대로의 가치를 설명할 수 있는 이론적 모색이 필요한 것이다.[44]

강원지역시문학의 경우 전통 서정에 근거한 자연 예찬, 순수 서정시가 주류를 이루고 있다. 문학장의 구조로서는 지역별 거점 문인단체를 중심으로 하는 동인지 문단이 대세를 이룬다. 이는 그 자체로 강원지역문학의 주요한 특징일 것이다.

그 속에서도 강원지역의 시문학은 민족문학의 전통을 이어받는 동시에 지역적 사건을 기억하는 등 시적 저항성을 실천하고 있다. 탄광노동과 관련된 지역적 사건은 강원지역문학에 있어 주요한 기제를 이룬다. 이를 통해 강원시문학은 이른바 소수문학으로서의 일면을 담지하게 된다. 소수문학은 외면적 소수성에도 불구하고 진정성과 실천성을 통해 문학의 본성을 구현하는 장르적 속성을 가리킨다.[45] 일제강점기라는

---

44) 이상 이재봉 외, 앞의 글, 20-21쪽 참조.
45) 질 들뢰즈·펠릭스 가타리, 이진경 역, 『카프카—소수적인 문학을 위하여』,

특수한 상황 속에서 지역문학이 태동되었고, 해방 이후 문학장의 상징 권력이 중앙집중적으로 배치되는 구조 등은 지역문학의 소수성을 형성하는 배경이 된다.

현단계 한국문학장은 지역문학의 차별적 지정학을 심화, 재생산하고 있다. 따라서 기존 지역문학장의 협소한 의미영역을 극복하고 다양성을 생성하기 위한 다각도의 노력이 필요할 것이다. 탈중심적이고 탈식민적인 관점은 그에 대한 이론적 근거가 될 수 있다.

동문선, 2001, 43-48쪽 참조.

|제 Ⅱ 부|

강원영동지역문학의 장르와 매체

한국전쟁과 강원지역문학

1. 전쟁과 지역

이 글은 한국사회의 대타자(Other)로 존재하고 있는 6·25 전쟁이 지역문학과 어떤 관계를 맺고 있는가 라는 문제의식에서 출발한다. 대타자로서의 한국전쟁이란 현단계 정치 경제 사회 문화 등 어느 분야라 하더라도 그 형성과 성격에 있어서 전쟁의 영향으로부터 자유로울 수 없다는 범박한 사실을 가리킨다. 한국전쟁 60주년을 맞아 그에 관한 객관적 시각과 이론의 확보는 지역문학 문제로까지 관점을 확대시키고 있다. 한편 1980년대 이후 본격적으로 시도되고 있는 지역문학에 관한 기존 연구들은 논의의 범위를 보다 확대시킬 것을 주문하고 있다. 이 글의 문제의식 역시 다양한 관점에서 이론적, 실천적 접근을 시도함으로써 지역문학담론의 층위를 심화시키는 흐름과 연동된다.

이러한 접근에는 몇 가지 전제가 필요한데, 그 중 하나가 지역문학장이라는 단위가 한국전쟁을 전후한 시기에 존재하고 있었는가의 문제이다. 이 글에서 상론하고자 하는 대상은 강원지역문학인데, 지금까지 연구 결과에 따르면 강원지역문학장이 본격적으로 전개되기 시작한 것은 1960년대 이후의 일이다.[1] 그럼에도 불구하고 그 이전부터 지역 출신

1) 서준섭, 「강원도 근대문학연구에 대하여」, 『강원문화연구』 11, 강원대 강원문화연구소, 1992; 엄창섭, 「강원문학의 사적 고찰—영동지역의 현대시문학을 중심으로」, 『한국문예비평연구』 1호, 한국현대문예비평학회, 1997; 양문규, 「강원지역문학의 생성방식과 발현양상」, 『작가와사회』 2004년 가을호; 전상국, 「강원 문학의 역사와 현황」, 『물은 스스로 길을 낸다』, 이룸, 2005 등 참조.

작가나 지역에 근거한 문학 및 문화단체가 존재하지 않은 것은 아닌바 이로부터 파생되는 강원지역문학의 전사가 분명 존재한다. 이 글은 이러한—강원지역문학의 전사라 할—대상들을 한국전쟁기와 그 이후의 시기를 중심으로 살펴보고자 한다.

또 하나는 지역문학이라는 범주 설정의 문제이다. '지역문학'은 여전히 논란의 여지를 지닌 문제적 대상이다. 기왕의 지속적인 논의에도 불구하고 이에 대해 합일된 의견이 존재하지 않는 실정은 그 다층적 성격을 반증한다. 이 글에서는 폭넓게 지역과의 직간접적 관계 속에 놓이며 지역적 의미를 추론할 수 있는 단위를 지역문학의 범주로 두고 논의하고자 한다. 이는 지역문학에 대한 정당한 개념이라기보다는 작위적 성격이 강한바 연구자의 주관을 벗어나지 못하는 한계를 지닌다. 그럼에도 불구하고 지역문학론 내부에서도 문제적 단위로 존재하고 있는 '강원지역문학'에 대한 연구를 확대하기 위함이라는 당위성을 지니리라 본다.[2]

이러한 전제 아래 이 글은 한국전쟁을 전후한 시기 강원지역문학의 양상을 개관할 것이다. 또한 그로부터 형성된 문학적 정체성에 대해

---

2) 또한 이 글의 논점이 개념 설정의 당위성에 주목하는 원론적 논의가 아니라는 점에서도 이에 관한 상론은 생략한다. 다만 이 글이 유념하는 지역문학의 범주에 대해서는 아래 입장을 참고하기로 한다. "지역문학이라 명명할 수 있는 일차적 근거는 해당 작가가 지역에서의 삶을 살고 있(었)다는 현실이다. 이는 지역문학을 규정하는 일차적 조건, 혹은 실존적 조건으로서 지역문학의 형식이라는 층위를 이룬다. 지역문학이 그 형식을 지니기 위해서는 외형적으로 해당 지역과의 관련성이라는 조건이 필요한 것이다. 다음으로 '지역성'을 담보하는 문학의 내적 기제가 있다. 이는 작품의 주제나 표현 방식, 의미와의 관련성 차원으로서 지역문학의 내용 층위를 이룬다. 고유한 향토색, 지역적 서정, 지역적 삶의 내면적 승화 등등이 이와 관련된 요소라고 할 수 있겠다. 그런데 이와 같은 형식과 내용은 지역문학의 '종속성'을 규정하는 어떠한 근거도 되지 못한다. 그렇다면 중앙과 지역을 이항대립적으로 구분하는 종속의 조건이라는 것이 별도로 존재하게 되는데, 이를 통칭 중앙 문단과의 변별적 거리라 할 수 있다. 이러한 요소가 결국 지역문학의 종속성을 규정하는바 이를 지역문학의 실정적 층위라 부르기로 하자." 남기택, 「지역에 의한, 지역을 위한」, 남기택 외, 『경계와 소통, 지역문학의 현장』, 국학자료원, 2007, 56쪽.

살펴보고자 한다. 문학적 정체성 논구는 지역문학론의 궁극적 과제 중 하나이다. 또한 그것은 고정된 것이 아닌 유동적이고 구성적인 개념인 만큼 이에 대한 현재적 관점에서의 접근이 항상적으로 필요하다고 하겠다. 이를 통해 미진한 강원문학사를 구성하는 데 일조할 수 있으리라 본다. 이는 또한 한국문학의 총량을 더하고 기존 한국문학사를 보완하려는 노력의 일환일 수 있겠다.

2. 한국전쟁 이전의 매체 양상

본격적인 문학매체가 존재하지 않았던 당대 강원지역문학장의 현실을 고려할 때 문화매체에 대한 고찰은 문학장의 전사를 재구하는 하나의 방법일 수 있다. 한국전쟁 이전에 강원지역에 존재한 대표적인 문화매체는 1945년에 창간된 『강원일보』라 하겠다. 『강원일보』는 준비위격으로 만들어진 「彭吳通信」을 전신으로 한다. 「팽오통신」은 건준(건국준비위원회) 문화부에서 독립한 문화동지회의 중심멤버들에 의해 창간되었다. 이들은 여운형에 반대하여 건준에서 이탈, 민간단체인 문화동지회를 조직한다. 중심 인물은 남궁태를 위시하여 권오창, 최상기, 김학인, 인종기, 양한웅 등이다. 이들은 강원지역에도 민초들의 소리를 대변할 일간신문을 창간해야 한다는 공통된 생각을 지니고 있었다. 그 사전작업차 지역통신을 발행했던 것이 「팽오통신」인 것이다.

> 팽오통신은 활자인쇄가 아닌 등사판 프린트물이라는 것 외에는 모든 체제가 신문과 같았다. 제1면은 정치・경제, 제2면은 사회・문화면이었으며 1면에는 사설 칼럼란까지 만들었다. 발행부수는 처음에는 1백부였으나 1주일 후부터 2백부로 늘렸고 제호는 꼬딕체, 횡서였다. '彭吳'라는 이름은 단군이 팽오라는 사람을 강원도지방에 보내 홍익인간의 이상을 펴려 했다는 데서 구전되어 오며 개척자적인 의미도 포함된다. 팽오통신은 신문 발행을 전제로 한 것이었으므로 제26호까지 발행하고 바톤을 강원일보에 넘겼다.[3)]

이와 같은 기록에 의하면 『강원일보』는 보수 우익인사들이 지역에서 정론적 입지를 확보하기 위한 노력의 일환으로 비롯되었음을 알 수 있다. 「팽오통신」의 활동을 이어받아 1945년 10월 24일 창간호를 발행한 『강원일보』는 타블로이드 2면, 각 7단으로서 1면에 사설을 비롯한 정치・경제뉴스, 2면에 사회・문화기사를 실었고, 본문은 5호활자를 썼다. 초창기 동인들은 ① 민족과 사회의 정화, ② 민주독립국의 건설, ③ 문화 창달, ④ 破邪顯正 등에의 헌신을 모토로 내세웠다.[4] 『강원일보』는 1945년 12월 신의주 학생사건이 일어난 것을 남한 최초로 보도하고, 1948년에는 독도오폭사건을 국내 최초로 특종보도(1948. 6. 9)하는 등 의욕적 활동을 전개한다.

문학장의 활성화 측면에서도 『강원일보』는 직간접적 계기를 마련하고 있다. 1947년 12월 9일자의 사고문은 신춘문예 모집에 관한 것으로서, 부문은 논문 수필 소설 시 동요 등 5개 분야이다.[5] 최초의 신춘문예 입선자 및 작품명은 허만욱의 「건설의 탑을 세우자」(논문), 송효성의 「舍廊 여자」(소설), 장준식의 「조국」(시), 홍준표의 「산책」(수필), 임훈식의 「담배불」(꽁트), 최홍경의 「동생 장난감」(동요) 등이다.

> 하늘 가까이
> 叡智의 눈동자처럼 天池 있고
> 줄기 줄기 기름진 江물
> 誼이 좋게 골으로 흐르고
> 白頭 妙香 太白 智異 뭇 山勢는
> 聖者의 이마처럼
> 맑은 하늘 가에 빛났어도

---

3) 강원일보사사편찬위원회, 『강원일보 40년사』, 강원일보사, 1985, 76쪽.
4) 위의 책, 같은 쪽.
5) 상금은 1등 3천원, 2등 1천원, 3등 5백원이다. 규격은 논문 500행 이내(10자 1행), 수필 500행 이내, 소설은 단편소설에 한하고, 접수기간은 12월 10일부터 25일 사이로 공고되었다.

황폐한 거리
太陽을 등진 이땅에는
슬픔이 주검보다 무서운
기나긴 서른여섯해 였다
이제엔 얘기로 욕된
주거니 받거니 지난날을 이야기하며
다시 우럴어보는 우리들의 하늘에
날씨 궂은 氣流가 흘러

가슴을 터뜨려
미칠듯 노래하던 우리의 自由가
아—상기 解放이 왔다는 山川
이땅에서 멀고나

오—解放이여!
우리를 蒙昧에도 잊지 못할
自主獨立 참된 自由 解放이여!

—장준식, 「조국」 부분

시부문 입선작인 위 작품은 해방을 맞는 감격과 소회를 다지는 등 전형적인 애국의지를 주제로 하고 있다. 해방 이후의 격정이 채 사라지지 않은 감정적 어조가 그대로 드러나는 작품이라 하겠다. 이처럼 『강원일보』는 신춘문예작품을 모집한 것을 위시하여 장편소설 연재(박희준, 「연희의 반생」, 1948) 등의 사업을 통해 지역문단을 활성화하기 위한 일련의 노력을 보여주었다. 1949년 6월 15일에는 지령 1,000호를 기념하여 영화의 밤, 3만원 문예 현상모집 등의 문화행사를 주관한 기록이 남아 있다.

彭吳通信으로서 發足한 本報가 來 15일로서 紙齡 1千號를 맞이하게 되었읍니다. 돌아보건대 5個星霜! 荊棘의 途上에서 교통 경제 등등의 諸般苦

衷을 극복하고 報道 계몽의 言論이 負荷한 硬堅히 하여 오며 紙齡 1千號를 맞게 되었음은 오로지 讀者諸賢의 애호와 有志諸氏의 끊임없는 鞭撻의 혜택이옵기 심심한 謝意를 드림과 동시에 微意나마 이에 報코저 「培版 발행」 「文藝 현상모집」 「讀者慰安 映畵의 밤」 등의 行事와 아울러 言論으로서의 負荷된 사명의 완수를 盟誓하오니 倍前의 애호 鞭撻이 있아옵길 冀望하옵나이다.[6]

한편 태백산맥을 경계로 영동지역에서는 『동방신문』이 존재했다는 기록을 볼 수 있다. 『동방신문』은 1945년 9월 7일 미군정 당국의 신문 발행 허가 제1호로 발행되었다. 사장 겸 주필 김석호, 편집국장 염태근, 업무국장 김덕기, 기자 박상민 김광래, 편집 이준호 등이 참여했다. 형태는 타블로이드판 2면을 등사판으로 인쇄했고, 1면은 미군정 당국의 포고문 또는 행정지침을, 2면은 지방뉴스를 게재했다. 보급 구역은 강릉 명주 삼척 일원과 정선 평창의 일부 지역이었으며, 1946년 1월부터는 강릉인쇄소의 협조를 얻어 활판인쇄로 신문을 발행했다. 『동방신문』의 주조는 민족진영의 우익지를 표방했고, 그런 까닭에 행정당국의 발표문 위주로 제작되었다. 이를 통해 『동방신문』이 주민계도적인 측면의 매체이었음을 알 수 있다.[7]

반면 계급문학적 차원에서의 매체와 관련해서는 '조선문화단체총연맹'(문련)의 지부활동을 들고자 한다. 문련은 1946년 2월 24일 '조선문화건설중앙협의회'와 '조선프롤레타리아예술동맹'이 통합하여 발족한 좌파단체로서 아래의 기사를 통해 강원지역에도 문련의 지부가 존재했음을 확인할 수 있다.

이제 이와 가치 朝鮮民主主義 國家建設의 絕大한 推進力이 되어잇는 南朝鮮의 藝術運動과 文化運動은 다시 各 地方으로 擴散하야 名實이 相半한

6) 「謹告 紙齡 1千號를 앞두고」(社告), 『강원일보』, 1949. 6. 9.
7) 『강원일보 40년사』, 앞의 책, 76-77쪽 참조.

> 人民의 藝術과 文化를 建設할 氣運이 濃厚해진 것은 참으로 우리가 慶賀해 마지 아니하는 바이다. 우선 各道에 잇서서 朝鮮文化團體總聯盟의 支部로서 江原道文化人聯盟, (중략) 各其 結成되었다는 報道가 最近에 連續하여 들어왔다. 그리고 朝鮮文化團體總聯盟의 傘下團體로 서울시에는 이미 그 支部들이 결성된 지 오래고 仁川, 開城, 水原, 春川, 大田, 釜山, 木浦, 安城과 가튼 主要한 都市에 있는 文學, 音樂, 演劇 등 各種 文化團體도 中央에 잇는 朝鮮文化團體總聯盟이나 그 傘下團體와는 不絕한 有機的인 連絡을 갓고 있다.[8]

이들 단체의 존재는 해방 이후 사회 각 부분은 물론 문화예술계 흐름을 주도했던 좌파계열의 활동이 강원지역에도 영향을 미쳤음을 반증하는 사례라 하겠다. 하지만 이에 대한 구체적 사료의 부족으로 상세한 논급이 어려운 점이 한계로 남는다.

한국전쟁 이전 강원지역에서의 구체적 문학활동의 예로는 춘천을 근거지로 한 동인지 『좁은문』 발간(1948)을 들 수 있다. 동인으로는 이재학, 김세한, 이형근, 신철균, 장운상, 유광열, 구혜영, 한옥수, 임혜자, 장동림, 장독, 장건 등이었다고 한다.[9] 그 밖에 1940년대 춘천을 중심으로 한 강원지역의 문단 형성과 관계가 있던 인물로는 박영희, 신영철, 이태극 등이 거론되고 있다.

3. 전후 강원지역문학장의 구성

3.1. 언론매체의 양상

해방 이후 불모지와 다름없던 지역의 현실 속에서 『강원일보』는 문화운동의 기수를 자임하며 의욕적 활동을 전개한다. 그러나 그 활동은

---

8) 「建國途上의 地方文化運動」(사설), 『문화일보』, 1947. 3. 15.
9) 전상국, 앞의 책, 316쪽. 이후 지속적인 활동을 편 것은 구혜영(소설), 유광열(시) 등이다.

한국전쟁으로 인해 지속되지 못하고 1·4후퇴 때 부산으로 피난했던 강원도청과 함께 신문사의 활동도 중단된다. 이후 1951년 4월 15일 당시 원주읍에 강원도청 임시사무소를 설치하게 되는데, 이 임시사무소는 휴전 직후인 1953년 7월 30일 강원도청이 춘천으로 수복될 때까지 도청으로서의 모든 기능을 수행한다. 『강원일보』는 1952년 5월 12일 원주읍에서 속간호를 발행하였고, 신문사가 춘천으로 돌아온 것은 1954년 3월 10일의 일이다.[10)]

영동지역의 『동방신문』 역시 한국전쟁과 더불어 폐간되는데 전시중에 강릉에서 『강릉일보』가, 속초에서 『동해일보』가 일간으로 창간된다는 점이 특기할 만하다. 『강릉일보』는 1950년 12월 『동방신문』 창간을 주도했던 김석호를 사장으로 추대하고 편집국장 심상열, 총무국장 이상민, 업무국장 김덕기 등을 주축으로 발행된다. 강릉과 삼척 등을 보급 영역으로 하여 570호까지 발행하였으나 재정난으로 발행이 중단되었다.

『동해일보』는 운영자 박태송을 중심으로 1952년 4월 15일 속초에서 창간, 속초 고성 양양 등 수복 지구를 보급 영역으로 삼았다. 1년간은 등사판으로, 그 후에는 활자로 발간되던 『동해일보』는 1955년 3월, 공보처의 발행허가를 받지 못해 자진 폐간되었다. 이후 『동해일보』의 경영진이 판권만 갖기로 하고 휴간중인 『강릉일보』를 인수하여 1955년 7월 15일 속간하였으나 결국 운영난으로 1957년 7월 19일 자진 폐간하였다.[11)]

해방 이후 속초 고성 양양 등의 변방지역에서 문화적 시혜가 전무했으리라는 것은 짐작이 갈 만한 일이다. 신문에 지역이 거명되는 것도 한국전쟁으로 수복된 이후였던바, 한국전쟁 전에는 양양 38선 근방에서 발생한 남북한 교전상황이 기사의 대부분이었다고 한다. 양양과 고

---

10) 『강원일보 40년사』, 앞의 책, 115쪽.
11) 『강릉시사』, 강릉문화원, 1996 참조.

성지역은 1950년 10월 수복되었으나 공방이 이어졌고 1951년 6월에 재수복된다. 이어 8월에는 유엔군 사령부가 관할하는 군정이 실시된 후 수복지구 행정권 이양(1954. 11)이 시행되기 전까지 양양과 고성은 남북 어디에도 속하지 않는 UN군 관할 지역이었다.[12] 이런 조건 속에서도 휴전(1953. 7. 27) 때까지 강원도에는 열악하기는 하지만 『강원일보』, 『강릉일보』, 『동해일보』의 이른바 '3사시대'가 존재하였다. 강원지역이 최전선 전장지역이라는 점에서 볼 때 이러한 매체의 구도는 고무적 사실이라 하겠다.

한국전쟁으로 인한 침체기 이후 강원지역문학이 새롭게 태동하는 데에는 『강원일보』가 직간접적 매개로 작용하고 있다. 신춘문예제도를 통해 지역문인을 양성하는 매체로서 기능한 것이 대표적 사례라 하겠다. 전상국, 이승훈, 백혜자 등 현재 강원지역의 문학과 문화를 논할 때 거론되는 대표적 인물들은 공통적으로 1950년대 춘천에서 수학하면서 『강원일보』의 학생문단과 인연을 맺게 된다.

1950년대 후반에 들어 『강원일보』는 한국 최초로 지방지 특성화를 의도적으로 지향하기 시작했다. 1957년 10월부터 종래의 중앙뉴스 편중에서 탈피하여 지방기사로 전지면을 채우는 편집방침과 체제를 갖추는 것이다. 각 지방지들이 중앙뉴스에 의존하여 신문을 제작하던 시기에 전국 처음으로 지방기사로 전지면을 채우는 이른바 지방 특성화를 단행한 것은 특기할 만한 일이다. 강원지역의 거점 언론이 표방하는 이러한 성격은 지역문화와 문학의 방향에도 영향을 미쳤으리라 본다.

1958년 3월 15일부터는 일요배판(4면) 발행을 계기로 문화면이 독립적으로 운영되어 문예 발표의 장을 제공하게 된다. 이와 더불어 교양, 오락물 등을 다루어 지역문화와 정서 계발의 발판을 마련한다. 동년 어린이날을 맞아 도내 어린이 동화대회를 열었고, 이어 광복절을 계기

---

12) 『설악신문』 923호, 2009. 9. 14 참조.

로 제1회 강원도 초중고교 문예작품 현상모집을 실시하는 등 문화예술 발전에 일조하고자 하였다.

또한 특징적인 것으로서 1959년 2월 5일자 사고에서는 '군인페이지' 신설을 알리고 군인들의 원고와 군부소식을 싣기 시작한다. 매주 1회 일요일자 2면에 실린 군인들의 원고는 영내생활수기, 미담가화, 후방 국민에 대한 요망, 고향에 보내는 소식, 전투수기 등을 대상으로 삼았다. 그 밖에도 이 지면은 부대탐방, 지휘관 인터뷰 등 군관계 기사를 집중적으로 실었다.[13]

3.2. 동인활동의 양상

동인지를 중심으로 하는 문학활동은 강원지역문학의 전형적 특성을 구성한다. 대표적 사례가 전쟁기에 이루어진 '청포도시동인회'의 활동이다.[14] 황금찬, 최인희, 김유진, 이인수, 함혜련 등이 1951년 강릉에서 조직한 이 모임은 1952년 동인지 『청포도』를 창간하고 2집(1953)까지 발간한다. 『청포도』는 등단 문인들의 전문적인 활동이 아니었다. 단명에 그치고 만 역사 역시 아마추어적인 성격을 반증한다. 하지만 『청포도』의 존재는 이후 지역문학에 중요한 영향을 미치게 된다.

> 陽地바른 언덕 위에
> 겹겹이 싸인 나무 잎들이 포다하게
> 말으는 한낮
>
> 눈은 아직 먼 山에 슬리어 있고
> 바위 틈에 다시 흐르는 물 소리!

---

13) 이상 『강원일보 40년사』, 앞의 책, 117-125쪽 참조, 재인용.

14) 전상국은 "1969년 첫 모임을 가진 뒤 1971년 1월에 발간된 『표현』 1집은 춘천은 물론 강원도 최초의 시동인지"(앞의 책, 321쪽)라고 기록하는데, 이보다 앞서 비록 단명에 그쳤지만 강릉을 중심으로 한 시동인지 『청포도』가 존재한다.

땅속에는 제각기 그리움에 커가는 生命이
이 한낮 따스한 잠에 속잎이 생긴다.

—최인희, 「待春賦」(『청포도』 창간호) 부분

위 작품은 청포도 동인들의 작품세계를 상징적으로 전조한다. 자연적인 소재를 통해 사물의 원리와 생을 노래하는 방식이 그것이다. 이러한 경향은 청포도 동인을 대표하는 황금찬의 경우에도 유사하게 발견된다. 예컨대 "멀리 돌아간 산구빗길/ 못 올 길처럼 슬픔이 일고// 산비/ 구름 속에 조으는 밤// 길처럼 애달픈/ 꿈이 있었다"(황금찬, 「보내놓고」, 『청포도』 2호)와 같이 풍경 속에 담긴 생의 의미를 천착하는 단형 서정을 볼 수 있는 것이다.

당시 교사의 신분으로 『청포도』를 주도했던 황금찬, 최인희 등은 이전에도 각 학교에서 『영동』(농업학교), 『대관령』(상업학교), 『花浮山』(여학교), 『師道』(사범학교) 등의 교지가 발간되는 데 영향을 미친다. 또한 『청포도』 이후 이들 동인과 더불어 신봉승, 심구섭 등 학생을 포함하는 또 다른 동인지 『보리밭』이 창간(1952)되기도 한다.[15] 이로써 『청포도』의 존재는 일회적이고 우연한 일화가 아닌 전후 강원지역문학을 형성하고 주된 성격을 구성하는 지역사적 사건임을 알 수 있다.

영서지역에서는 전후 『강원일보』가 공모한 신춘학생문예작품에서 입상한 춘천시내 문예반 출신들이 1959년 결성한 '봉의문학회'(동인은 이승훈, 전상국, 허남헌, 유근, 유연선, 손명희, 김주경, 백혜자 등이며 이후 '예맥문학회'로 개명)의 활동이 6·25 이후 춘천지역 최초의 동인 활동으로 기록되고 있다. 이들 동인들의 소년기 전쟁 경험은 일종의 원체험으로서 이후 문학세계에도 영향을 미치게 된다. 한편 이덕성, 이희철, 이형근, 이기원, 이만선 등도 춘천을 중심으로 한 지역문단에서

---

15) 신봉승, 「『관동문학』 50년과 함께한 세월」, 『관동문학』 21호, 관동문학회, 2008, 12-14쪽.

의 주요 활동을 보인다.[16)]

역시 1959년 조직된 '관동문학회'의 기관지 『관동문학』은 범지역적인 문학매체를 자임하며 오늘날까지 강원지역문학을 이끄는 중요한 역할을 담당하고 있다. 대부분 단명한 1950년대의 기타 동인활동에 비해 그 명맥이 50여 년 이상 지속되고 있다는 점은 특기할 만하다. 그럼에도 불구하고 동인 단체로서의 실질적인 활동이 이루어지는 것은 1980년대에 이르러서인바 1950년대의 관동문학회는 신봉승 등의 개인적 활동이 중심인 것으로 보아야 할 것이다.[17)]

그 밖에 지역적 특성상 군인들의 문학모임도 소규모나마 존재하게 된다. 예컨대 양양지역에 주둔하고 있던 통역장교들의 동인지인 『造山』을 들 수 있다. 이들은 자체적인 습작활동은 물론 지역 학생문단의 경향에 대해서도 자신들의 동인지를 통해 촌평하는 등 적극적인 활동을 편 것으로 기록되고 있다.[18)] 정훈문학의 존재는 한국전쟁 이전부터 강원지역문학의 일요소였다. 전술한 바와 같이 군인문화는 이곳의 주요 매체에서도 특화시킬 만큼 지역문화의 한 층위를 담당하고 있었다. 이는 전쟁을 전후한 한국사회의 일반적 성격일 수도 있겠으나 강원지역의 경우 그 지정학적 조건상 정훈문학이 특화될 개연성이 높다. 이에 대한 사료의 확보와 검토 역시 이곳 지역문학 연구의 과제라 하겠다.

강원지역의 문학활동은 이처럼 개별지역 단위에서 독자적인 동인활동을 통해 그 명맥을 이어가고 있다. 이들 동인활동에는 그 발아의 기원으로 한국전쟁이라는 사건이 존재함을 기억해야 할 것이다. 전쟁이라는 외적 요인과 소통 곤란한 지리적 조건 속에서 형성된 개별지역 단위의 동인활동은 1960년대 이후 문학장의 아비투스로서 본격적으로

---

16) 전상국, 앞의 책, 317-318쪽.
17) 관동문학회를 비롯한 1960년대 이후의 동인매체에 대해서는 남기택, 「강원지역의 문학매체 고찰」, 『영주어문』 19집, 영주어문학회, 2010. 2 참조.
18) 신봉승, 앞의 글, 14-15쪽.

자리하게 된다.

3.3. 개별 작가의 양상

본 절에서는 한국전쟁기 강원지역문학으로 논의될 수 있는 개별 작가의 경우를 예시하고자 한다. 한국전쟁 이전에도 강원지역의 문학적 사례는 다수 존재한다. 구한말 의병활동의 일환으로 춘천 등지에서 제작되었던 의병가사, 강원지역을 소재로 하는 신소설, 근대문학의 본격적 전개 과정에서 이효석과 김유정 등의 사례는 강원지역문학을 논구하는 데 있어 간과할 수 없는 연관을 지닌다. 기타 일제 강점기에 활동한 심연수나 한용운 등의 문학이 현단계 강원지역문학장에 미치는 영향은, 이들의 문학적 실체와 무관하게, 지역문학의 실정적 의미를 형성하는 주요 요인이요 지역문학적 전사라 하겠다.

1950년대 개별 작가의 양상 역시 전쟁기 강원지역문단의 효시격으로 거론했던 청포도 동인의 면모를 우선 언급해야 할 것이다. 최인희(1926-1958)의 경우 지역 출신이라는 상징적 의미만이 아니라 작품세계에 있어서도 강원지역문학의 정체성과 관련된 주요 맥락을 지닌다. 특히 한국전쟁기 강원지역문학의 성격을 반영하는 대표적 사례에 해당된다고 본다. 이는 그의 등단작 3편이 전쟁을 전후하여 상재되었고, 이어지는 문학세계가 1950년대에 집중되고 있기 때문이다. 또한 그가 전쟁기 강원지역문학사의 주요 사건이었던 청포도시동인회의 주축 구성원이었던 사실, 이후 최인희 문학상 등으로 지역문단에 지속적인 영향을 미치고 있다는 사실 등에서 두루 확인되는 바이다.

최인희는 한국전쟁 직전에 『문예』를 통해 두 편의 시를 발표한다. 「낙조」(『문예』, 1950. 4)와 「비개인 저녁」(『문예』, 1950. 6)이 그것이다. 이들 작품은 전원 풍경을 소재로 전형적인 서정을 표현한다. 불필요한 수사가 없는 정제된 표현 역시 최인희 시의 특징적 경향을 대변하고 있다. 한편 천료 작품인 「길」(『문예』, 1953. 6)은 보다 깊이 있는 철학적 사색을 담고 있다. 이 작품을 추천 게재한 모윤숙은 “최씨는 四年前에 이미 二回의推薦을 얻었던 사람으로서 뛰여난 才能은 보이지 않으나 그 素朴하고 健實한 詩精神이危殆롭지 않음을좋게 본것”[19]이라고 평한다. 모윤숙의 직감은 시적 재기보다는 소담한 형식으로 생의 의미를 관조해 나가는 최인희 시의 태도를 간파하고 있다. 이 작품은 “누가 지나갔을 갈림길에서/ 마음 서운하여 도라보며 가는 길에// 길의 비롯함은 어디서인지/ 말해 줄 아무도 없다”와 같이 일종의 실존적 고독을 노래한다. 이는 기존의 목가풍 정서와는 다른 것으로 전쟁의 경험이라는 변인을 연상케 하는 대목이다.[20]

이른바 ‘동해안 시인’으로 별칭되기도 하는 황금찬(1918-)은 1953년 『문예』로부터 1956년 『현대문학』을 거쳐 천료, 데뷔한다. 정식 데뷔는 늦었으나 연배나 문학활동 면에서 최인희보다 앞섰으며 당대 지역문단에의 영향 역시 절대적이었던 인물이 황금찬이라고 할 수 있다. 황금찬 시에서 강원지역문학과의 관련성은 출신 지역이 속초라는 점과 등단 이전인 전쟁기 강릉에서의 교편생활 경험이라 하겠다. 지역문학의 관점에서 관련성을 찾기 어려운 것은 지연적 경험이 물리적으로 부족한 이유도 있겠으나 ‘나비’ 등으로 상징되는바 순수성과 생명성 추구의 문학세계가 지닌 성격 때문이기도 하다.[21] 그럼에도 불구하고 첫시집[22]에 담긴 초기시들의 주조, 즉 시조적 발상을 배경으로 한 향토색은 지역문학의 주된 내용을 구성하는 일요소일 것이다.

무엇보다도 전쟁 경험의 충격과 그로 인한 상실감은 한국사회라는

---

19) 모윤숙, 「詩薦後感」, 『문예』, 1953. 6, 78쪽.
20) 남기택, 「최인희 시 연구」, 『비평문학』 32호, 한국비평문학회, 2009. 6 참조.
21) 황금찬의 출생지는 강원 속초이지만 함북 성진에서 오래 살았고 등단 이후에는 주로 서울에서 활동하게 된다. 이상 황금찬의 등단과정과 작품세계, 작가 스스로의 회고에 대해서는 송기한・황금찬, 「시와 시인을 찾아서」(대담), 『시와시학』 24호, 1996. 12, 21-26쪽 참조.
22) 황금찬, 『현장』, 청강출판사, 1965.

전체 단위를 관류하는 주된 정조였음을 황금찬의 시를 통해서도 확인할 수 있다. 예컨대 등단작 중 하나인 "사람은 가고/ 성터는 남아/ 무상함이 이리도 새삼스럽다/ 무너진 성돌 위에 푸른 이끼/ 세월을 남기고 간 슬픈 얘기여"라는 「접동새」의 표현은 전후의 상실감과 존재론적 비애를 표출한다. 이는 또한 황금찬의 시적 출발과 관련된 시조적 경향을 드러내는 등 전통적인 형식미학을 보여주는 작품이기도 하다.

이들에 앞서, 강원지역의 문학사를 논하는 자리에서 빠트릴 수 없는 인물 중 하나가 김동명(1900-1968)이다. 강릉 출신인 김동명은 『개벽』을 통해 등단(1923)하였고, 김유정 이효석 등과 더불어 근대 강원지역 문학의 원류격으로 기억되고 있다.[23] 그런데 김동명 역시 황금찬과 유사하게 지역문학적 전거를 찾기는 쉽지 않다. "다만 향토 출신 시인이라는 점에서 논외로 할 수 없는 경우"[24]라 하겠다. 실로 그의 작품은 초기작에서부터 "오직 서리에 잎 붉고/ 가을 하늘에 떼 기러기의 울음이 높거던/ 달 아래로 가소서/ 무너지는 잎 싸늘한 달빛 속으로/ 스며드는 내 노래를 찾으오리다"(「懷疑者들에게」)와 같이 감상적, 퇴폐적 경향으로 대변된다. 그럼에도 불구하고 위 작품과 더불어 「祈願」 등의 작품이 발표된 『개벽』 12월호가 '강원도 특집호'였던 점은 김동명 시의 강원지역문학적 배경이 데뷔 당시부터 발견되는 사례라 하겠다. 또한 그가 소년시절 원산으로 이주하기 전까지 주변으로부터 강릉군수의 재목으로 기대되었다는 회고도 지역적 연고를 살피는 하나의 단서가 된다.[25] 그리하여 김동명의 작품세계는 전후에도 강원지역문학과의 연관 속에서 진행되었으리라 본다.

1950년대 한국문학사를 통해 잘 알려진 박인환(1926-1956)은 인제

---

23) 그리하여 김동명은 "강원 문학사에서 최초의 시인이라고 지칭"된다. 서준섭·박민수·송준영, 「강원도 시단과 시를 말한다—지역성, 특이성, 보편성」(좌담), 『현대시』 2003년 8월호, 40쪽.

24) 서준섭, 「강원도 근대문학 연구에 대하여」, 앞의 글, 116쪽.

25) 엄창섭, 『김동명 연구』, 학문사, 1987, 20쪽.

출신으로서 전후 강원지역문학의 주요한 성과 중 하나이다. 박인환이 '후반기' 동인의 일원으로 전후 모더니즘을 이끈 인물임은 주지의 사실이다. 강원지역문학장 내에서 자연에 기초한 순수 서정이라는 주류 흐름과 대비되는 특징적 사례로서 심도 있는 연구가 필요한 대상이라 하겠다.

삼척 출신으로서 지역문단에 많은 영향을 미치고 있는 문인이자 학자인 이성교(1932-)는 1956년 『현대문학』을 통해 등단한다. 등단을 비롯하여 대부분의 문학활동을 서울에서 펼친 그이지만 작품세계 곳곳에 지역적 삶의 경험이 드러나 있다.[26] 서정주 역시 이성교의 시세계를 "강원도적인 골격과 풍류와 서정"[27]의 세계로 적시함으로써 지역적 삶이 시작의 원천을 이루고 있음을 시사한 바 있다. 이러한 사실은 1950년대는 물론 이성교 전체 시세계를 이해하는 데 주요한 지표가 되어야 하리라 본다.

박기원(1908-1978) 역시 전쟁기 강원지역문학사의 구성을 위해 주목해야 할 대상이다. 박기원은 "『民聲』, 『文藝公論』에 작품을 발표하며 동양적인 서정의 세계를 깊이 탐구한 강릉 출신의 시인"[28]으로 짧게 기록되고 있다. 1929년에 등단한 그는 일제강점기 말기 시집 『호반의 침묵』 원고를 일경에게 압수당해 발간이 무산되었다고 전해진다. 그런 그가 처음 시집을 상재한 것이 1953년 2인시집 『寒火集』[29]이다. 박기원 시 중에는 "베틀에서 내리니 샛별이 진다/ 한숨 밴 북끝에 첫닭이 울어/ 열두 새 실꾸리 시름을 짜는/ 아람찬 베폭 嶺東 細上布"(「織女別曲」, 『松竹梅蘭』, 1969)와 같이 전통적인 설화에 바탕하여 민족 감정을

---

26) 이에 대해서는 남기택, 「삼척지역문학의 양상 고찰」, 『한국언어문학』 67집, 한국언어문학회, 2010. 2, 371-372쪽 참조.

27) 이성교 1시집 『산음가』에서 서정주의 「序」. 인용은 『이성교 시전집』, 형설출판사, 1997, 17쪽.

28) 엄창섭, 「강원문학의 사적 고찰」, 앞의 글, 338쪽.

29) 박기원 · 최재형, 『한화집』, 현대사, 1953.

승화하는 상당한 수준을 볼 수 있다. 여기 표현된 바와 같이 "영동 세상포"를 매개로 "인간의 이별보단" 나은 "천상의 인연"을 노래하는 서정은 암하노불(岩下老佛)이라는 강원지역 정서를 환기하는 동시에 인간의 존재론적 한계로부터 배태되는 보편적 공감을 수반하고 있다.

한편 진인탁(1923-1993) 시는 전쟁기 강원지역문학의 양상을 사후적으로 조명할 수 있는 자료가 된다. 진인탁은 1948년 「食母」, 「土窟」 등을 『동국시집』 1집에 발표하고, 1949년 5월 동일 작품을 『학생과문학』에 김기림의 추천으로 게재하면서 등단한다. 전쟁기 삼척군 북평고에서의 교편활동 이외에 진인탁의 삶은 주로 타지역에서 이루어지고, 생업으로 인하여 문학활동을 지속할 수도 없었다.[30] 그럼에도 불구하고 지역문학장 내에서 뚜렷한 영향력을 행사하고 있음을 볼 수 있다. 이러한 문학적 양상은 그 자체로 전쟁이 가져온 문학적 황폐화와 그 와중에도 지속된 지역적 삶의 형상화라는 의미를 지닌다. 또한 고향과 역사를 소재로 하는 긴장된 시편들[31]은 사후적이나마 지역문학적 의미망을 구성하는 실증적 사례라 하겠다.

그 밖에 김영준(1934-1996)의 시는 생활문학운동으로서의 전형적인 양상을 보여준다. 춘천 출신인 그는 영동지역에 거주하며 평생을 지역문화운동에 헌신한다. 그 결과 강원영동지역문학사에서는 빠트릴 수 없는 인물로 기억되고 있다. 그럼에도 불구하고 생전에는 제대로 된 시집 한권을 상재하지 않는 등 삶으로서의 문학을 실천한 독특한 문학적 이력을 지닌다.[32] 이는 전쟁의 경험과 그로 인한 이주의 생이 부여한 문학적 형태일 수 있겠다.

이상으로 1950년대 강원지역문학의 일부 사례를 예시해 보았다. 이

---

30) 진인탁은 말년에야 유일한 시집 『자화상』(반도출판사, 1991)을 발행한다.
31) 남기택, 앞의 글, 367-369쪽 참조.
32) 김영준의 시집은 유고집으로 『길 · 세월 · 밤』, 『누가 무엇을 숨길 수 있으랴』(이상 혜화당, 1997)가 있다.

들이 지연적 연관 외에 지역문학적 내용성을 의도적으로 담보하고 있지 않은 것도 사실이다. 이는 지역문학장의 분화 자체가 전쟁 이후 본격적 지역화의 과정과 맞물려 있다는 사실과 무관하지 않다. 그것은 역설적으로 지역문학 연구가 한국문학 연구의 일환이요 그 총량을 밝히는 거시적 목적에 부합하는 이유이기도 하다. 이들에 대한 지역문학적 접근은 기존의 문학사적 관점이 아우르지 못한 문학적 총량과 다양성을 설명하는 하나의 논거라 할 것이다.

4. 전후 강원지역문학장의 성격

위에서 살펴본 바와 같이 전쟁기 강원지역문학의 양상은 지극히 열악한 것이었다. 이러한 매체 및 동인, 개별 작가의 활동 등은 그 자체로 1950년대 강원지역문학의 현실이요 나아가 한국문학의 한 현상이었다. 기존 문학사를 통해 보듯 한국전쟁은 남북한 문학 이질화의 결정적 계기였다. 해방 이후 가시화되기 시작한 소위 '분단문학'은 전쟁을 계기로 고착화되었다. 사실 남북한을 막론하고 전쟁이라는 민족적 비극의 상황은 당시 문학은 물론 여타 예술과 사회제도를 부차적인 것으로 규정할 수밖에 없었다. 그리하여 한국전쟁기의 시는 전쟁현장의 시였다고도 할 수 있다.[33] 전쟁체험을 직접적으로 다루고 있는 시편들은 전쟁의 가열함 속에서도 인간성을 회복하고 이를 지키고자 하는 실존적 몸부림이 공통적으로 나타나고 있는데, 전쟁이라는 선험적 조건에 모든 창작 역량이 귀속되고 있다는 점에서 한계를 지닌다. 문학작품이 어느 역사적 사실에 의해 그 내용과 형식을 지배받는다면 그것이 지닌 예술

33) 최동호, 「1950년대 시적 흐름과 정신사적 의의」, 김윤식 · 김우종 외, 『한국현대문학사』(증보판), 현대문학사, 1994, 313쪽. 그리고 이경수, 「민족시 형성의 과제와 부정의 정신」, 최동호 편, 『남북한 현대문학사』, 나남, 1995, 139쪽 참조.

적 의의는 반감되고 말 것이다.

순수 서정시는 한국 근대시의 형성과 전개에 있어서 전통적 요소인바 이러한 경향이 전후에 계승되는 것은 자연스러운 현상이다. 분단문학 극복의 측면에서 볼 때 이들 작품에서는 "현실의 고통을 개인적 감상으로 대응하려는 태도를 극복하려는 정신세계"[34]를 보여준다는 긍정적 측면을 지니기도 하지만 대개 현실과는 거리가 먼 내면세계로의 매몰 경향이 강한 것 또한 사실이었다. 주지하는 바와 같이 1950년대 남한 시단의 다른 한 축에는 후반기 동인을 중심으로 한 모더니즘 시운동이 자리하고 있었다. 이들은 기성의 문학, 질서, 권위 등을 부정하고 1930년대 모더니즘의 감각과 기법을 받아들여 새롭게 모더니즘 시운동을 전개한다. 이들은 자기 자신과 대결하려는 절박한 자의식, 현란하고 장식적인 이미지, 죽음과 폐허의 그늘에서 삶의 허망함이나마 새로운 감각으로 포착해내려는 시도 등을 보여주었다. 모더니즘 운동의 의의는 전통의 답습보다는 새로운 기법을 구사하여 50년대적 고뇌에 시적 형식을 부여해보려 했다는 데에 있다.[35] 그러나 절망적인 현실의 무게가 너무 컸던 나머지 문명 비판과 기성 부정의 역할을 충실히 수행해내지 못하고 공허한 관념의 포즈에 그치고 말았다는 것이 지배적인 평가이다. 시장르에 나타난 이러한 경향은 대개 소설에서도 반복되고 있다.[36]

---

34) 이경수, 앞의 글, 141쪽.

35) 최동호, 앞의 글, 321쪽.

36) 예컨대 이재선은 이 시대 소설이 전쟁이라는 인위적 재난으로서의 파괴성에 의한 피해를 묘사하거나 결여된 휴머니티와 평화주의를 고양하는 두 개의 큰 측면으로 전개되었다고 지적한다.(이재선, 「전쟁체험과 50년대 소설」, 김윤식·김우종 외, 앞의 책, 333쪽) 50년대 소설의 의의는 분단문학의 관점에서 전쟁 폐해와 상처를 기록하여 잊지 않으려 했다는 점을 들 수 있겠다. 비록 전쟁의 피해를 비본질적인 차원에서 모사한 수준에 그친 것이긴 하지만, 당대의 분단인식을 각종 문학적 장치들을 통해 반영함으로써 오늘날의 분단문학과 유기적인 연관을 맺고 있다는 점에서 보다 적극적인 의의를 지닐 수 있는 것이다.(차원현, 「1950년대 한국소설의 분단인식」, 문학사와 비평연구회 편,

이와 같은 전후문단의 전반적 경향에 비출 때 강원지역문학은 주로 순수 서정의 맥락을 따르는 형국이라 하겠다. 생각해볼 문제는 전문적인 지역문학의 매체가 부재할 수밖에 없는 환경 속에서 개별 작품의 양상이 삶과 문학의 원천인 지역적 삶과는 거리가 먼 다소 주관적인 혹은 문학 보편적 원리를 추구하고 있다는 사실이다. 더 큰 문제는 이러한 성격이 전쟁기 당대를 넘어 이후 강원지역문학장의 구조적 속성으로 연결된다는 사실에 있다.

요컨대 위와 같은 1950년대 강원지역문학의 현상은 이후 크게 두 가지 방향에서의 정체성을 구성하게 된다. 첫째는 문단 자체의 비수월성이며, 둘째는 문학 내용의 순수서정화이다. 강원지역은 전쟁의 직접적 영향을 받은 지정학적 공간으로서 문학을 포함한 문화계 전반의 타격을 피할 수 없었다. 반면에 정훈문학을 위시하여 반공과 순수로 문학적 내용이 일관되는 계기를 이루기도 한다. 그 과정에서 고착화된 동인지 문단은 이후에도 구조적 경향을 반복하면서 현단계 강원지역문학장의 특징으로 이어지고 있다.

여기서 분명한 것은 전쟁이라는 역사적 상황이 남북한을 막론하고 전후문학적 제경향의 결정적 요인이 되고 있다는 사실이다. 그것은 어쩌면 당연한 결과로서 전후 남북한 사회의 대타자격 존재인 전쟁은 문학에도 지배적 결정인이 되었을 것으로 볼 수 있다. 문제는 당대의 창작 주체들이 전쟁이라는 타자에, 그것이 수반하는 정치적 이데올로기라는 타자에 선험적으로 지배된 나머지 그 역반응인 주체의 강화로 모든 문학적 경향을 일관하고 있다는 점이다. "한국의 전후문학은 전후현실의 황폐성과 삶의 고통을 개인의식의 내면으로 끌어들이고 있지만, 이데올로기의 허구성을 정면으로 파헤치지 못한 채 정신적 위축상태를 벗어나지 못한다"[37]는 것이다. 이는 전후 남북한 문학의 공통된

『1950년대 문학연구』, 예하, 1991, 131쪽)
37) 권영민, 『한국현대문학사』, 민음사, 1993, 100쪽.

한계 상황이었다.

이런 점에서 오늘날 이성적이고 총체적인 주체의 소멸로써 문학의 경향을 진단하고 있는 현상은 시사하는 바가 크다. 타자성의 선험적 지배를 받던 시대로부터 타자를 인정하고 그것을 객관적으로 바라볼 수 있는 시각의 확보는 통일문학사를 위한 토대이기도 하다. 지역문학은 이처럼 문학의 타자성을 입증하는 차원에서도 주요한 이론적 범주가 될 수 있다.

한국전쟁이 가져온 강원지역문학의 결여는 일시적인 것이 아니었다. 전쟁으로 인한 매체 상실은 개인의 문학적 단절은 물론 강원문학 전반에 아마추어리즘적 경향을 조성하는 큰타자로서 여전히 기능하고 있다. 여기에는 분단 최전선에서 전쟁의 포화를 온몸으로 맞이해야 했던 지정학적 조건, 휴전 이후에도 계속된 남한사회 내에서의 소외구조 등이 연동된다. 그리하여 한국전쟁은 강원지역문단에 두 가지 방향에서 정체성을 부여하고 있는 듯하다. 첫째는 문단 자체의 비수월성이며, 둘째는 문학 내용의 순수서정화이다. 동시기에 진행된 부산경남지역과 제주지역의 문학활동을 대비하자면 극명한 차이를 볼 수 있다. 반면에 정훈문학을 위시하여 반공과 순수로 문학적 내용이 일관되는 계기를 이루기도 한다. 강원지역 출신으로서 전쟁에 참가하여 제주지역에서 활동한 김구량의 사례는 강원지역문학이 전쟁을 전후하여 겪어야 했던 이주의 운명을 잘 보여주고 있다.[38] 그 과정에서 고착화된 동인지문단은 이후에도 구조적 경향을 반복하면서 현단계 강원지역문학장의 특징으로 이어지고 있다.

이 글에서는 한국전쟁기 강원지역문학으로 논의될 수 있는 대표적인

---

38) '이주의 운명'이라는 표현은 강원지역문학의 내면이 아닌 외형적 사실을 비유하는바 강원지역문학장 자체가 해체되고 만 현실을 가리키고자 함이다. 전쟁기 제주지역에서 김구량의 문학활동에 대해서는 김동윤, 「전란기의 제주문학과 『제주신보』」, 『영주어문』 19집, 영주어문학회, 2010. 2 참조.

매체와 작가의 사례를 예시하였다. 여기서 문제는 대상 텍스트들이 지연적 연관 외에 지역문학적 정체성을 크게 담보하고 있지는 않다는 사실이다. 이는 지역문학장의 형성 자체가 전쟁 이후 본격적인 지역 분화의 과정과 맞물린다는 사실과 무관하지 않다. 역설적으로 이는 지역문학 연구가 한국문학 연구의 일환이요 그 총량을 밝히는 거시적 목적에 부합하는 이유이기도 할 것이다. 이들에 대한 지역문학적 접근은 기존의 문학사적 관점이 아우르지 못한 문학적 다양성을 밝히는 하나의 논거이기도 하다.

나아가 제언하자면 통일문학과 생태문학은 강원지역문학이 지향해야 할 하나의 방향이 될 수 있다. 강원도의 지정학적 조건은 분단 현실을 피부로 느끼게 한다. 이는 역설적으로 분단문학에서 통일문학으로 지향하는 데 있어 주도적 역할을 할 수 있는 조건이기도 하다.[39] 또한 강원도는 우리나라 생태의 보고이며 자연의 보루이다. 이 역시 분단이라는 현실적 상처를 치유할 수 있는 배경이요 문학 본연의 생태적 의미를 실현하는 기제가 된다. 한국전쟁은 강원지역문학에 선험적 한계를 남겨놓았다. 또한 동시에 그 모순을 해결할 수 있는 지정학적 의미를 이미 부여하고 있다. 이에 대한 의식적 전유는 강원지역문학이 한국전쟁이라는 대타자를 극복할 수 있는 방법이기도 하다. 이는 의무가 아닌, 이-푸 투안 식으로, 인간이 문학을 통해 자신의 세계를 경험하는 방법을 제공하기 마련이라는 점에서 하나의 운명일 것이다.

39) 김영기, 「통일・생명 문학의 고향」, 『월간 태백』 1996년 1월호, 강원일보사, 79쪽 참조.

탄광시와 강원영동지역문학

1. '탄광시'라는 문제설정

『한국탄광시전집』[1]은 근대 초기부터 2006년 말까지를 대상으로, 200여 명 시인의 탄광을 소재로 하여 씌어진 1,000여 편 작품을 집대성한 사료집이다. 정확하게는 218명의 시인이 쓴 953편의 작품이 수록되어 있다.[2] 식민지 시대 권환의 「그대」를 포함하여 최근 작품을 망라하는 『전집』의 발간은 잊힌 탄광문학의 복원, 본격적인 학문적 조명, 그로 인한 방향 설정 등을 위한 귀중한 계기라 할 수 있겠다. 물론 이 『전집』이 지금까지의 모든 탄광시를 수록하고 있는 것은 아니다. 발견하지 못한 자료도 있을 것이고, 사정상 재수록을 하지 못한 작품도 있다.[3] 그렇다 하더라도 오랜 기간의 발굴 정리 작업을 통하여 일목요연한 전집을 구성한 것은 그 자체로 충분한 의미를 지닌다. 앞으로의 수정 보완을 통해 보다 완전한 '전집'의 구성을 기대해 본다.

문제는 지금까지 학계나 문단에서 탄광문학에 대한 본격적 조명이 제대로 이루어지지 않고 있다는 사실이다. 탄광에 대한 시화가 1000여 편에 이르고 있음에도 제대로 된 학문적·비평적 조명을 받지 못

---

1) 정연수 편, 푸른사상, 2007. 전2권, 이하 『전집』으로 표기.
2) 이 중에는 노동자 공동창작 1팀(1명으로 산정)의 4편이 포함된다.
3) 편자 스스로 "박영희 시집 『해뜨는 검은 땅』(창작과비평사, 1990)을 비롯해 시인들의 저작권 동의를 구하지 못한 작품들이 누락돼 있"음을 밝히고 있다.(정연수, 「한국 탄광시의 전개 양상」, 『제1회 태백의 상징과 향토문학 심포지움 자료집』, 2007. 10. 4, 3쪽)

한다는 사실은 문학장 내에서 탄광문학에 대한 무관심과 소외가 지속되어 왔음을 반증한다. 이는 탄광업 자체의 산업구조 속에서의 소외, 지역적 소외, 문단구조의 소외 등 여러 복합적 요인이 작용한 결과일 것이다.

탄광문학은 노동문학과 민족문학의 주된 내용 중 하나임이 분명하다. 탄광은 그 자체로 한국 자본주의의 양면성과 사회구조적 불평등을 상징하고 있기 때문이다. 이에 탄광문학이라는 범주를 설정하고 담론의 전면에 내세우려는 노력은 민족문학의 지평을 확대하고 새로운 방향을 설정하는 주요한 계기로서 작동할 수 있다는 문학정치적 의미를 또한 지니게 된다. 이때 탄광시는 탄광문학의 하위장르적 범주가 될 것이다.

이 글은 『전집』의 조망을 목적으로 하되 주로 강원영동지역과 관련된 작품에 주목하고자 한다. 이는 지역문학으로서 탄광시에 접근하고자 하는 방법론적 차원에서 선택된 것이기도 하다. 이러한 입장은 또한 현단계 탄광시 연구의 방향성을 제시하는 하나의 이론적 틀이 될 수 있다는 판단을 포함한다. 이에 대한 몇 가지 근거를 들면 다음과 같다.

첫째, 탄광문학과 지역문학은 한국문학장 내에서 소외의 이론적 근거를 공유한다. 앞서 언급한 바와 같이 지금까지 탄광문학은 하나의 문학적 지형을 이루었다고 해도 과언이 아니다. 그럼에도 불구하고 그에 대한 천착은 부족하기만 하다. 그 이유에 대해서는 보편적 공감을 얻기 힘든 정서, 상투성, 도식성 등의 텍스트 자체가 지닌 문제와 탄광촌의 지역적 소외가 문학적으로 반복되는 문학장의 구조적 문제 등이 지적되고 있다.[4] 또한 "한국문학을 말할 때 내륙문학은 발전되

4) 정연수, 「탄전시 연구」, 강릉대 석사학위논문, 2003, 3쪽, 13쪽. 그리고 「머리말」, 『전집』, 8쪽 참조. 한편 창작의 측면에 있어서는 고립적이고 척박한 지역적 조건, 배타적인 지역정서, 위험하고 강도 높은 노동조건 등이 접근의 곤란을 낳는

었어도 해양문학과 탄전문학은 발전하지 못했다. 내륙문학이란 농촌문학과 도시문학을 말할 수 있는데 이들 문학을 제외한 해양문학의 부재와 탄전문학이 발전할 수 없었던 것은 실제로 체험에 의한 현장 관찰이 부족했기 때문에 겉핥기 식의 문학으로 표출될 수밖에 없었던 데 있다"[5]는 판단도 주목할 만하다. 이와 같은 탄광문학의 문제적 지형도에 대한 지적은 그대로 지역문학의 문제와 등치된다. 지역문학의 소외와 탄광문학의 방치는 일정한 배경과 원인을 공유하고 있는 것이다. 따라서 탄광시를 지역문학적 관점으로 접근하는 것은 현단계 문학담론의 흐름이나 문학장의 실천적 노력들과도 부합되는 하나의 방법론이 될 수 있다.

둘째, 지역문학론은 탄광시에 접근하는 미학적 기준을 마련하는 하나의 방법이 될 수 있다. 미적 자율성을 강조하는 근대미학의 관점에서 보자면 현단계 탄광시의 양상은 "상투성과 도식성으로 인한 예술성의 부족"[6]을 드러낼 수밖에 없다. 그러나 문학을 보는 기준과 미학은 시대에 따라 달라지는 것이요, 더더욱 근대적 패러다임의 한계가 공공연히 지적되는 오늘날 담론장에서 새로운 대안이론이 절실함은 당연하다. 지역문학을 보는 시각의 근본적 개선이 공공연히 요청되고 있는 현단계 학술적 · 문학담론적 양상 역시 이러한 경향을 반영하고 있다. 따라서 지역문학에 대한 새로운 미학적 기준은 곧 탄광문학의 문학사적 가치와 미적 경향을 재고하는 수단으로 전유될 수 있다.

셋째, 탄광시의 양상은 강원영동지역문학의 정체성을 형성하는 주요한 지표가 될 수 있다. 주지하는 바와 같이 태백을 포함하여 강원영동지역에서 탄광산업이 차지하는 비중은 매우 크다. 남한 최대의 탄

원인으로 지적된 바 있다.(김명인, 「검은 땅 비탈 위의 가파른 삶의 모습들」, 김종성, 『炭』, 미래사, 1988, 311-312쪽)

5) 정일남, 「한국경제에 끼친 석탄과 탄전문학」, 정연수 편, 『검은등 뻐꾸기』(『탄전문학』 제8호), 탄전문화연구소, 1999, 90-91쪽.

6) 정연수, 앞의 논문, 13쪽.

전인 삼척지역을 포함하여 풍부한 석탄매장량을 보유하고 있는 곳이 이 지역이기 때문이다. 석탄산업 합리화 이후 전반적으로 사양길에 접어든 것이 사실이지만 여전히 탄광노동의 현재를 구체적으로 간직하고 있는 시공간이 바로 강원영동지역이다. 『전집』을 통한 문학적 양상에서도 가장 많은 탄광시의 소재로서 전거하는 곳임을 확인할 수 있다. 이 글은 이와 같은 이유로 강원영동지역문학으로서의 탄광시에 대한 하나의 입장을 제시하고자 한다.

2. 강원영동지역 탄광시의 양상

본 장에서는 지역문학과 관련된 『전집』의 주요 작가와 작품을 제시하도록 한다. 대표적 작품 양상은 탄광지역에서의 구체적 경험을 통해 지속적인 시작활동을 펴고 있는 작가들을 중심으로 살펴보도록 하겠다. 우선 『전집』의 구성을 볼 때 작가별 작품 분량은 아래와 같이 파악된다.

편수	작가수	총편수	15	1	15
1	129	129	17	1	17
2	33	66	20	1	20
3	14	42	21	1	21
4	6	24	22	1	22
5	3	15	23	2	46
6	5	30	26	1	26
7	3	21	28	1	28
8	1	8	36	1	36
9	3	27	40	1	40
10	1	10	74	1	74
11	3	33	82	1	82
12	2	24	83	1	83
14	1	14	합계	218(명)	953(편)

이에 따르면 1편만을 발표하는 데 그친 작가(129명)의 비율이 전체 작가(218명)의 59.2%, 2편을 발표한 작가(33명)는 15.1%, 3편(14명)은 6.4%를 차지하고 있음을 볼 수 있다. 이들을 합하면(176명) 전체 작가의 80.7%에 해당되는 다수의 비율을 점유하게 되는데, 이를 통해 대개의 작가들이 탄광에 대한 시화를 지속적으로 고민하고 있는 양상은 아니라는 사실을 추론할 수 있다. 이는 탄광이라는 제재가 지니는 특수성과 관련될 것이다. 실제로 탄광노동에 종사하는 노동자시인이 아니고는 탄광의 현실을 구체적으로 체험하기가 어렵다. 다수의 작품을 지속적으로 발표하고 있는 시인은 대개 탄광노동을 경험하거나 탄광지역에서의 현재적 삶을 살아가는 경우에 해당된다. 이는 문학과 현실의 불가분의 관계를 다시 확인하게 되는 지표이기도 하다.

2.1. 단형 서정과 지역 정서

탄광시는 대개 탄광 현실의 비참함을 토로하는 양상이 주종을 이루고 있다. 그 표현방법 역시 단순하여 비극적 현실의 직설적 토로가 가장 빈번한 표현양식이 된다. 그럼에도 불구하고 삶의 진정성과 구체적 체험을 바탕으로 하는 진솔한 표현으로 인해 시적 감동을 지니고 있는 작품군도 상당하다.

> 열두 마지기 논이 있어 불러진 이름이라는데
> 논은 보이지 않고 석탄이 묻혀 있어
> 항시 쌀밥 먹겠다는 화전리.
> 이제 태영, 장원, 대진, 한성, 어룡탄광들
> 누군가 잘못 만든 석탄산업 합리화 바람에
> 울면서 혹은 웃으면서 문 닫아 거는구나
> 광부들 떠난 갱구에는 눈물만
> 소리 없이 눈물만 쏟아져 나오고
> 입갱을 그리워하는 녹슨 광차들

저만치 레일을 떠나 있다.
작은 홍수에도 폐석처럼 떠내려가는 가슴
아직도 그때 발파음에 건물처럼
꿈속에서도 그렇게 금이 가고 있다.
서울사람들 휘파람 불며 지나는 지금도
떠나지 못하고 남은 화전리 사람들은
대한민국 가장 높은 추전역
그 높이만큼이나 사는 게 숨이 차다.
대한민국 가장 긴 정암기차굴
그 길이만큼이나 어둠의 끝은 보이지 않는다.
태백에서도 가장 추운 화전리에는……

—김진광, 「화전리(禾田里)에서」 전문

위 시는 지역적 삶을 바탕으로 탄광에 대해 지속적인 형상화를 해온 김진광의 작품 중 한편이다. 여기에는 달라진 탄광지역의 현실이 서정적으로 묘사된다. 비극적 어조는 작품을 관류하는 지배적인 정조로서 짙은 페이소스를 자아내고 있다. 태백, 특히 화전리에 대한 지속적인 관찰이 묘파하고 있는 풍경은 이곳 지역의 정서를 서정적으로 형상화하는 데 부족함이 없다. 이는 근대시의 한의 미학을 이어 현재적 삶을 시화하는 하나의 양상으로 나름의 의의를 지니고 있다.

한편 김진광의 시편들이 지니는 한의 미학은 그대로 시적 한계로 이어지기도 한다. 이 작품의 소재가 된 석탄합리화 이후 태백지역의 곤궁한 현실은 재론의 여지가 없다. 문제는 그러한 현실이 시적 현실로 지양되는 과정이 지나치게 단순하다는 점이다. 화전리의 슬픔을 기인하는 현실적인 요소, 즉 "누군가 잘못 만든 석탄산업 합리화 바람에"라는 인식은 다소 막연한 현실인식이라 하겠다. 이러한 추상적 인식은 화전리를 묘사하는 풍경 곳곳에서 발견된다. 따라서 작품에 반영된 구체적 형상이 줄어드는 반면 시적 자아의 내면으로 일반화된 풍경만이 지배적으로 드러난다. 이는 바흐친이 지적한 동일자의 내면으로 집중되는 시적 욕망을 충실히 드러내는 형국이라 할 수 있다.

언어를 자신의 의미로 기호화하려는 노력은 모든 시인의 꿈일 수 있다. 김진광의 시어들 역시 하나같이 치밀한 세공을 거친다. 그의 시에 등장하는 무수한 상처들은 현실로부터 비롯된다. 지극히 객관적인 지역의 상처를 진솔하게 노래하고 있는 것이다. 또한 위와 같이 직설적 어법으로 자신의 관념을 진술하는 형식을 취하는 것이 특징이라 하겠다. 그러나 이러한 직설의 화법에 동반되는 정서의 낭비 또한 부정할 수 없다. 시적 언어의 관점에서 볼 때 이러한 특징은 비경제적이라 평가할 수 있다. 언어의 비경제는 순결하고 고유한 화자의 내면세계가 적절한 긴장을 상실하는 조건이 된다.

김진광 시의 탄광 소재들은 정작 지역의 것이 아닌 화자 혹은 서정적 자아의 내면으로 집중되고 있다. 김진광 시의 서정과 언어의 중심에 견고한 자아의 세계가 있다는 것이다. 환언하자면 탄광과 관련된 일상적 소재들이 빈번하되 구체적 체험의 시어가 부족하다는 점을 지적할 수 있다. 시어의 구체성은 체험적 소재가 차용되는 단순한 차원에 국한되지 않는다. 한 편의 서정시에서 일상적 소재나 체험은 필연적으로 주관적 변용을 거친다. 그렇기에 시의 일상은 도식적 모방이 아닌 잠재적 현실의 재현을 계기하는 언어여야 한다. 그것이 시어의 물성이고 서정시의 현실인식일 것이다. 김진광 시의 일상과 시어들이 주관적 변용을 거치는 과정에는 시인 내면의 서정으로 국한되는 경우가 많다. 그 지점에서 시어와 잠재적 현실과의 거리가 증폭된다. 또한 그 같은 이미지 제작 방식이 일정한 패턴으로 반복될 가능성을 내포하고 있기에 경계의 대상이 된다. 김진광 시가 추구하는 진정한 탄광서정 혹은 지역시의 세계를 완성하기 위해서라도 보다 조직화된 시적 언어가 필요하리라 본다. 지극히 서정적인 시어가 현실을 반영하고 살아 있는 감정으로 물화되는 서정시의 미학이 그로부터 비롯될 수 있다.

김진광과 같이 탄광지역의 삶에서 비롯되나 비애적 세계관과는 다른 긍정적 시세계를 추구하는 시인으로 김태수를 들 수 있다.

> 내 어린 시절이
> 갱목에 핀 물곰팡이처럼 살아있는
> 도계는
> 어머니의 자궁 속 같은 막장
> 니나없이
> 빈 가슴에 눈물만 가득 채워 와
> 떠날 때는 남김없이 쏟아놓는 곳
> 입갱을 해 본 사람은 알지
> 막장이 새로운 첫 장임을
> 머물 땐 떠나고자 몸부림치고
> 떠나있으면 목메이게 그리워지는
> 도계
> 혈관이 꽁꽁 얼어붙은 엄동에도
> 도계에 가면
> 잘 피어오른 석탄열기 같은 햇살이
> 소복 고여있다.
> 길가에 나뒹구는 가랑잎도
> 도계에 가면
> 싱그러운 초록잎으로 살아난다.
>
> —김태수, 「도계에 가면」 전문

강원영동의 척박한 지역 현실은 김태수 시의 모태라 하겠다. 그의 시는 지역적 삶을 바탕으로 주조되는 진솔한 언어를 특장으로 지닌다. 예컨대 고향을 묘사하는 위의 작품을 보면 김태수 시가 발원하는 장소로서의 고향과 그 정조를 이해할 수 있다. 탄광도시인 강원도 도계는 "어머니의 자궁 속 같은 막장"으로 상징된다. 한국 근대사회의 발전 과정에서 석탄산업의 명암은 뚜렷이 구분된다. 식민지시대로부터 비롯된 석탄산업은 개발독재를 거치며 활황을 맞았을 것이고, 산업구조의 변모와 함께 쇠락의 길로 접어들어 오늘에 이른다. 그 명멸의 역사가 위 작품의 배경이 된다. 그곳에서의 구체적 체험이 전제되기에 화자는 떠나고자 몸부림치면서도 목메어 그리워질 수밖에 없는 애증의 공간을 이해할 수 있는 것이다. 시적 자아는 자궁의 어둠이 결코 적멸이 아니라 모든 생의 원천임을 체험으로 깨닫고 있다. 이로부터 이미 죽은 낙엽이 "싱그러운 초록잎으로 살아"나는 이유, 비루한 삶을 의지로 승화시키어 "막장이 새로운 첫 장"이 되는 맥락을 발견할 수 있다.

이런 식으로 김태수 시는 구체적인 현실의 상처를 서정의 언어로 채색해가는 발생적 맥락을 지니게 된다. 현실의 상처는 다양하게 변주된다. 탄광을 소재로 한 것뿐만 아니라 기타 작품에서도 개인적 슬픔은 물론 사회적이고 민족적인 비애를 볼 수 있다. 한편 현실이 궁핍할수록 자연을 향한 응시가 부각된다. 상처를 치유하는 생성의 원리가 자연에 있기 때문일 것이다. 김태수 시는 이 다양한 서정의 길을 친절한 언어로 제시하고 있다. 여기서 중요한 것은 김태수 시가 발원하는 장소로서 '도계'라는 지역성을 확인할 수 있다는 점이다. 그곳은 '막장'으로 상징되는 애증의 공간이었다. 탄광도시의 척박한 삶이 인생은 물론 시적 근거로 작용하면서 "잘 피어오른 석탄열기 같은 햇살"을 환기하는 것은 지역적 삶이 이른 긍정의 태도라 할 만하다.

> 막장의 갱목에 피어있는
> 하얀 물곰팡이꽃은
> 별빛처럼 영롱합니다.
> 지상의 날씨와는 달리
> 늘 비가 내리는 막장에서
> 석탄보다 더 단단한
> 어둠을 뚫고 피어나는
> 물곰팡이꽃은
> 광부들이 사랑하는

니르바나의 꽃
캡램프의 빛은 막장길을 열고
물곰팡이꽃은 꿈길을 엽니다.
그대여, 막장에선
휘파람을 불지 마세요.
물곰팡이꽃이 집니다.
광부들의 청자빛
꿈이 깨어집니다.

—김태수, 「물곰팡이꽃」 전문

「물곰팡이꽃」 역시 탄광촌의 비애를 '물곰팡이꽃'에 투사하여 서정적으로 묘사하고 있다. 김태수 시에서 전형적으로 드러나는 바와 같이 일련의 탄광시 작품들은 단형 서정의 방식을 취하고 있다. 이는 탄광시 뿐만이 아닌 서정시의 공통된 운명이기도 하다. 근대시는 대개 단형 서정의 양태를 지니는 것이다. 리얼리즘 미학을 전면에 내세우는 80년대 민중시의 경우에도 서정을 제대로 내재화하지 못했을 때 시적 감동은 물론 문학사적 평가가 반감된다는 사실은 주지하는 바와 같다. 카프시에 각인된 정형(stereotype)에서도 이러한 맥락을 쉽게 발견할 수 있다. 이 같은 사실은 시의 운명에 대한 비근한 예시로서, 이를 통해서도 현대사회의 시라는 개념에 내포된 서정이라는 본질을 확인하게 된다.

한편 우리 시의 다양성은 서정을 외화하는 다채로운 방식을 보여주었다. 근래의 사례로서 90년대를 분기로 탈거대담론적인 모색이 시도되었고, 새로운 세기를 전후하여 소위 '신서정'의 양상에 대한 논의가 본격 제기된 바 있다. 이러한 담론 현상은 서정이라는 시의 선험적 조건에 대한 최근의 모색이며 새롭게 마련된 공론장의 양상이라 할 수 있다. 그럼에도 불구하고 서정을 이끌었던 전통 방식의 반복을 우려하는 목소리도 크다. 이러한 입장은 소재와 표현의 다양성에도 불구하고 전통 서정의 메커니즘에 제한되는 우리 시의 경향을 아쉬워하는 시각일 수 있다.

요컨대 시를 논함에 있어 대상 텍스트 속에서 서정이 작동하는 방식에 대한 천착은 필연적인 과정의 하나일 수 있다. 그것은 시라는 보편적 존재를 향한 질문이 될 것이며, 구체적 개별 작품의 존재 이유를 묻는 과정이기도 하다. 여기서 문제는 김태수의 탄광시에 나타난 서정의 방식이 기존의 서정적 목가풍 노래들과 그다지 변별되지 않는다는 사실일 것이다. 현실을 소재로 하고 있는 시편들에서는 깊은 상처에 공감하면서도 그 울림을 더욱 빛낼 긴장된 언어조직을 경험하기 힘들다는 데 아쉬움을 느끼게 된다. 상투적 진술과 반복되는 모티프가 발견되기도 한다. 지나친 설명의 태도는 역설적으로 쇠락한 서정을 동반하게 된다. 궁핍한 현실 속에서 서정을 되찾기 위한 과잉된 의도가 오히려 시적 서정의 결핍을 기인하고 있는 셈이다. 탄광시의 서정적 지향이 언어의 긴장과 이를 통한 자신만의 문채(文彩)나 서정을 형성하지 못한다면 아쉬운 면모가 아닐 수 없다. 이상은 김태수나 김진광의 시만이 아닌 탄광지역에 대한 서정적 묘사의 작품군에서 공통적으로 지적될 수 있는 요소라고 할 수 있다.

2.2. 단편 서사와 과잉된 관념

탄광시의 또 다른 주요 경향은 비극적 현실의 고발에 있다. 대개 시적 진술의 형식을 취하는 이러한 유형은 지역의 역사를 기록하고 참담한 현실을 증언하는 문학사적 의미를 지닌다. 이에 해당되는 대표적 작가로 성희직을 들 수 있다.

> 광주항쟁이 있기 전
> 80년 4월 사북노동자항쟁이 있었다
>
> 노동자투쟁이 들불처럼 번져나던 해

수천의 광부들 철길을 베고 드러누웠고
올림픽 치르던 88년에는
한 젊은 광부가 온몸에 기름불 붙여
'광산쟁이도 인간'임을 선언하였다

흔히 '물태우'라 불리운 사람이 대통령이던 시절
또 한 사람의 광부가 도끼로 손가락 잘라
'광산노동자 만세'라는 혈서로써
이 땅엔 광부가 있음을 세상에 알렸었다

유류파동에 탄광마다 생산제일이던 시절
매년 2백 수십 명이 막장에서 죽어갔다
76년엔 함백광업소 화약폭발사고로 26명이 숨지고
79년 10월 27일엔 은성광업소에서
갱내화재로 한꺼번에 44명이 생목숨을 잃었지만
전날, 한 사람의 죽음뉴스에 가려 알려지지 않았다

10년이면 강산도 변한다는데
광부들도 이제는 사람 대접받고 있는지?
막장일도 이제는 할 만해진 건지?
투쟁도, 분노도, 불만도, 절망마저 까맣게 잊고
거세당한 짐승처럼
아무런 감정도 없이 일만 하는 사람들

연탄은 이제 TV연속극에서나 볼 수 있고
탄광촌도 이제는 폐광카지노로만 기억되면
피와 땀으로 얼룩졌던
지난날 광부들의 투쟁과 노동의 역사는
폐갱도 속에 묻혀 그렇게 잊혀지고 마는가!

사양산업이라지만 아직 탄광이 남아있고
요즘도 막장에서는 석탄을 캐고 있지만

그곳엔 이제 진짜 광부가 없다
한때는, 이 땅에서 가장 자랑스러운 노동자의 이름
광부는 이제 그 어디에도 없다

—성희직, 「광부는 없다」 전문

위 작품은 여지없이 탄광촌의 비극적 역사와 현재를 직설적으로 묘사하거나 시적으로 진술하는 탄광시의 경향을 보여주고 있다. 성희직은 탄광시의 역사상 상징적 인물 중 한 사람에 해당된다. 1991년에 상재한 『광부의 하늘』은 당대 노동운동과 민족문학 진영에 큰 반향을 일으킨 바 있다. 처절한 탄광노동의 현실과 생존권을 위해 투쟁했던 시인의 모습이 그대로 시집 전편에 반영되었다. 위 작품은 시인 자신의 변화는 물론 달라진 광부의 현실을 묘사한다. 여기에는 어느 보고서보다도 간략하고 명쾌한 광산의 역사가 기록되어 있다. 이 작품이 취하고 있는 단편 서사의 시적 전략은 특정 지역을 넘어 탄광촌의 보편적 역사를 증언한다. 이는 구체적인 지역의 체험이 보편적 노동의 역사로 지양되는 시적 형상이라고도 할 수 있겠다. 여기에는 민중운동의 주요한 계기와 늘 함께했던 광산노동의 역사에 대한 인식이 반영되어 있다. 또한 알려지지 않은 탄광의 현실을 분명히 기록하고 있다. 이러한 증언과 고발의 시학은 성희직 시의 특장이요 현실비판적 경향의 탄광시들이 대개 취하는 시적 서사의 전략이기도 하다. 특히 단편 서사의 방식이 성희직 시에서 주목되는 것은 일회적 시도에 그치지 않는 지속적인 관심과 시적 실천을 그의 시세계가 보여주고 있다는 사실 때문일 것이다.

위 작품에서 주목되는 부분은 달라진 현실과 함께 "광부는 이제 그 어디에도 없"는 허상이 되고 있음을 단언하는 종연이다. 광산노동자의 전투적 입장과 절박했던 생존의 문제를 다루던 초기시와는 판이하게 달라진 현실인식이라 하겠다. 여기에는 시인 자신의 달라진 삶의 조건과 석탄산업 합리화 이후 사양길에 접어든 탄광지역의 변모가 반영된다. 실제로 광부가 없다는 것이 아닌 광부의 전형이 시대와 환경에 따라 변모되고 있음을 역설적으로 묘파하려는 표현일 것이다. 이러한 판단은 "팔 것이라곤 몸뚱이 뿐이라 찾은 막장 아니고/언제라도 돌아갈 고향 있고/언제 그만두어도 밥걱정 없는 사람이면/그는 광부가 아니다"(「진짜 광부는」)라는 인식을 통해서도 쉽게 확인된다. 그러한 시적 진술이 추상적이거나 공허한 관념으로만 해석되지 않는 것은 변화된 사회적 관계에도 불구하고 그가 지녔던 탄광노동운동의 진정성, 여전히 지속되고 있는 시적 모색의 길항 때문이 아닐까 한다.

그럼에도 불구하고 시적 감정의 과잉이라는 면모는 성희직 시의 일관된 경향이요 한계상황이라 파악된다. 객관화된 서정적 주인공의 설정이 필요하며, '장면' 아닌 '의도'의 과잉이 부를 수 있는 문제에 대해 경계해야 한다는 지적[7]을 상기해야 하겠다. 이러한 한계 역시 성희직 시만의 것은 아니다. 거대담론의 해체와 함께 80년대의 현장노동문학운동이 급속한 퇴조를 보인 것은 우연한 현상이 아니다. 성희직 식의 탄광 역사에 대한 증언이 지닌 문학적 한계가 냉철히 평가되어야 하는 것도 이 때문이다. 탄광에 대한 효과적인 '시적 고발'을 위해서라도 단편 서사가 지녀야 할 미학적 요소에 대한 심도 있는 반성과 탐구가 이론적・창작적인 측면에서 시도되어야 할 것이다.

2.3. 이야기시와 리얼리즘 시학의 가능성

정연수 시 역시 비극적 세계관을 주로 드러낸다. 대개의 탄광시와 유사하게 단형 서정의 방식으로 탄광촌의 비극을 다루는 방식이 그것이다. 그러나 정연수 시는 지속적인 탄광 묘사를 통해 다양한 형식 실험 역시 도모하고 있다.

---

7) 김형수, 「위대한 인생, 투박한 언어—성희직의 『광부의 하늘』에 부쳐」, 성희직, 『광부의 하늘』, 도서출판 황토, 1991.

> 위로 우르르 몰려가는 시대에 굳이 아래로, 맨 밑바닥에 서겠다고 겸손을 보이는 강물을 보면 시대에 뒤떨어진 게 아닌가 하면서도 어딘가 범상치 않은 흐름이 있어 함부로 위로 오르는 가벼움을 부끄럽게 합니다. 지방으로 전출되면 좌천이라고 야단들이니 지방서 태어나 지방서 살고 있는 나는 그들이 우습기도 하고 때로 내가 우습기도 합니다. 강물이 아래로 흐른다지만 맨 밑바닥에 바다라는 든든한 권좌가 있고 보면 밑바닥을 사는 것은 싫은 일만은 아니겠습니다. 사람이 영원한 안식처로 땅 밑바닥을 택하는데도 그만그만한 까닭이 있고 보면 살아서 땅 속과 친해두는 것이 그다지 슬픈 일만은 아니겠습니다.
>
> —정연수, 「강—막장지대 1」 전문

위의 작품은 드물게도 산문시의 형태를 취하고 있다. 많은 탄광시가 단형 서정을 통해 탄광노동의 비참한 현실을 고발하는 양상은 여러 문제를 또한 내포한다고 본다. 이는 리얼리즘적 세계관과 서정시의 양식 사이에 놓인 미학적 거리이기도 하다. 현단계 탄광시가 보다 다양한 형상화 방법을 심도있게 모색해야 하는 이유가 여기에 있다. 위 작품은 정제된 산문 형식을 통해 막장의 비극이 환기하는 감정을 의도적으로 통제하고 있으며, 탄광노동이 지닌 분명한 의미를 역설적인 비유를 통해 전경화하고 있다. 시적 표현이 지녀야 하는 적절한 미적 거리는 바로 이런 것이다. 시적 현실을 전면으로 감각하되 슬픔의 토로에 그치지 않는 시적 지양의 과정은 철저한 언어의 자각과 구체적 이미지의 재현을 통해 가능하다.

박노해와 김남주를 잇는 시적 서사를 실험했던 성희직의 시세계가 변화된 현실을 수용하는 시적 성취의 과정을 보여주고 있지 못한 것은 지역문학은 물론 한국시의 아쉬움이라 하겠다. 정연수 역시 지속되는 탄광시의 과정 속에 반복되는 패턴으로 인한 일종의 매너리즘을 보이기도 한다. 위와 같은 형식적 실험과 다양한 시적 인식에 대한 고려는 탄광시의 저변을 보다 확대하는 계기가 되리라 본다.

하늘에 구멍이 뚫렸나 보다 한 파수 내내
비가 내린다
막장을 받쳐줄 동발 밑둥에
새파랗게 새순이 돋아
흐린 눈을 찌른다
국수를 삶아야 할 가마솥에 가득한 빗물
석 달 굴진으로 간신히 잡힌 탄맥이
한 달도 안 가 끊기고
사장 얼굴 구경한 것이 보름 전
감독은 아내의 해산을 본다며
시내에 나가 돌아올 생각을 않는다
다른 막장을 찾아 벌써 떴다는 소문이
추적추적 내린다
밀가루 포대가 반으로 접힌 것이 엊저녁
조개탄 화덕 앞에 모여앉은 조무래기들이
나절 내내 음식 타령으로 시간을 보내고
을용이 아내가 수제비 뜰 반죽을 치대며
보이지 않는 누군가에게 육두문자를 푼다

—박대용, 「장마」 전문

위 작품은 탄광시가 지향해야 할 하나의 방향을 제시하고 있다. 탄광시의 경향은 대개 시적 리얼리즘의 미학을 지니고 있다. 탄광시는 내용이나 제재에 따라 몇 가지 범주화가 가능하지만[8] 주로 탄광지역의 궁핍한 현실과 열악한 탄광노동 현장, 석탄산업 합리화 이후의 사회적

8) 맹문재는 광산 노동시의 주요 주제 혹은 관심사를 1) 작업 상황 2) 산업재해 문제 3) 진폐 및 규폐 문제 4) 임금 문제 5) 열악한 생활 실태 6) 노동조합 문제 7) 석탄합리화 문제 등으로 분류하고 있다.(「문학과 노동의 관계와 의의—광산 노동시를 중심으로」(『문학마당』, 2007년 가을호) 정연수는 1) 체념에서 출발한 구원의 시학 2) 생존 문학으로서의 탄전시 3) 탄전 현실에 대한 비판적 인식 4) 공동체 붕괴와 대안 모색 등으로 탄광시의 시적 경향을 범주화한 바 있다.(정연수, 앞의 논문)

변모, 탄광 체험의 서정적 형상화 등이 중심 내용을 이룬다. 이 과정에서 현실과 정서의 직설적 묘사가 주된 형상화 방법이 된다. 그러나 긴장 없는 현실 묘사와 감정의 직접적 토로가 결코 리얼리즘의 미학이 아님은 주지의 사실이다. 시적 언어의 차원에서도 여러 문제를 지닐 수밖에 없다. 현단계 탄광시의 문제적 지형 중 하나가 이러한 직설적인 시적 언어가 지닌 한계인 것이다. 그러한 정황 속에서 박대용의 위 작품은 이른바 '이야기시'가 지닌 미덕을 적절하게 전유하고 있다.

이 작품 역시 쇠락해가는 어느 탄광촌의 비극적 현실을 묘사한다. 그러나 그것은 철저한 주관적 변용을 거친다. 시적 전형을 창조하고 이야기를 도입하여 긴장된 언어조직과 시적 현실을 창조하는 데 성공한 듯하다. 이러한 일련의 노력이 지속되고 있지 못하는 것은 아쉬운 현실이 아닐 수 없다.

사물과 현상에 대한 인식을 직접 표명하지 않는 시장르에 있어서 현실인식의 양상은 보다 상세하게 따져보아야 할 문제일 것이다. 즉 전형성을 강조하는 리얼리즘의 이론을 시 해석에는 그대로 적용시킬 수 없는 것이다. 이에 대해서는 다양한 견해가 제시되어 왔지만 아직까지도 논란의 대상인 것만은 확실하다.[9] 중요한 것은 주관적으로 변용된 시

---

9) 이와 관련된 논의들은 90년대 이후 활발히 전개된 적이 있으나 아직도 논란의 여지가 많이 남아있다. 주목할 만한 논의로서 윤여탁, 「1920-30년대 리얼리즘 시의 현실인식과 형상화 방법에 대한 연구」(서울대 박사학위논문, 1990); 오성호, 「시에 있어서의 리얼리즘 문제에 관한 시론」(『실천문학』, 1991년 봄호); 김형수, 「서정시의 운명을 밝히는 사실주의」(『한길문학』, 1991년 여름호); 윤여탁, 「시에서 리얼리즘은 어떻게 실현되는가」(『한길문학』, 1991년 가을호); 염무웅, 「'시와 리얼리즘'에 대하여」(『창작과비평』, 1992년 봄호); 황정산, 「'시와 현실주의' 논의의 진전을 위하여」(『창작과비평』, 1992년 여름호); 실천문학 편집위원회 편, 『다시 문제는 리얼리즘이다』(실천문학사, 1992. 이 시기까지 진행된 기타 논의에 대해서는 이 책의 '자료목록' 참조); 윤여탁, 「'시와 리얼리즘' 논의의 문제점과 앞으로의 과제」(『실천문학』, 1993년 봄호); 오성호, 「1920-30년대 한국시의 리얼리즘적 성격 연구」(연세대 박사학위논문, 1993); 이은봉 편, 『시와 리얼리즘』(공동체, 1993); 최두석, 『시와 리얼리즘』(창작과비평사, 1996) 등이 있다.

적 현실을 통해서 작가의 현실인식을 읽는 데에는 객관적 현실의 총체성과 전형성의 문제를 직접적으로 다룰 수 없다는 사실이 전제되어야 한다는 점이다. 시인의 현실인식은 주관적 변용을 통해 재해석된 현실이다. 시의 언어가 대상을 지시하는 의미론적 기능을 벗어나 삶의 리얼리티를 구현하는 이유는 그것이 정서로 살아 있는 언어이기 때문이라는 주장[10]도 육화된 시어의 존재를 강조하는 것이다. 추상과 관념에 치우친 탄광시의 현재가 기억해야 할 중요한 명제이기도 할 것이다.

3. 탄광문학의 실정성

이 글은 강원영동지역문학으로서의 탄광시에 대한 하나의 입장을 제시하고자 하였다. 이러한 방법론적 전제는 『전집』을 포함하여 보편적 탄광문학의 양상에 대한 지엽적 논의라는 한계를 스스로 인정하는 것이기도 하다. 그럼에도 불구하고 보편성은 특수성으로 현상하는 것이며 특수성 속에 보편성이 내재된 것이라는 믿음, 나아가 그간 한국문학사가 되풀이한 보편주의의 오류가 '탄광문학사'에서는 반복되지 않아야 한다는 바람이 필자만의 것은 아니리라 본다.

이상 살펴본 탄광시의 전형적 작품들은 공통적으로 형상에 비해 관념이 지배적인 특징을 지닌다. 형식적 파격과 상징적 시어들, 그로 인해 시가 지닌 여백의 미학을 구현하는 양상은 오랜 지역작가의 작품에서보다는 한두 편을 발표한 일부 작가들의 실험적 경향에서 더 두드러진다. 대개의 탄광시들은 단형 서정의 방식으로 비극적 현실을 묘사하고 있다. 이러한 경향은 진솔한 체험을 바탕으로 한 삶의 문학으로서의 진정성을 지니지만, 한편 짜임새 있는 언어조직과 시적 긴장이 아쉬운 요소로 발견되기도 한다. 탄광의 비극적 현실과 석탄합리화 이후의 세

---

10) 김준오, 『시론』, 삼지원, 1982(1997), 65쪽.

태를 고발하는 단편 서사의 유형은 지역의 역사를 기록하고 참담한 현실을 증언하는 문학사적 의미를 지닌다. 반면 시적 감정의 과잉으로 인한 미학적 상실은 단편 서사가 지녀야 할 미학적 요소에 대한 심도 있는 반성과 탐구가 이론적・창작적인 측면에서 시도되어야 함을 시사하고 있다. 또 다른 유형으로 일부 이야기시의 경우 시적 전형을 창조하고 이야기를 도입하여 긴장된 언어조직과 시적 현실을 창조하고 있다. 이러한 경향은 추상과 관념에 치우친 탄광시의 현재가 지역문학과 관련하여 추구해야 할 하나의 방향성을 시사하기도 한다.

탄광시라는 범주가 탄광노동을 경험한 사람만의 영역은 아닐 것이다. 그럼에도 탄광시의 진정한 주체는 탄광의 노동자와 주민이어야 한다. 그들이 있기에 현실이 있고, 탄광문학이라는 범주가 근본적으로 가능한 것이기 때문이다. 탄광시가 지역문학이어야 하는 중요한 이유도 여기에 있다. 요컨대 현단계 탄광시는 직접적 현실의 추상적 묘사보다는 시적 이미지의 창출에 보다 주목해야 하리라 본다. 이미지에 대한 오래된 경구를 다시 환기하기로 한다. 리듬과 함께 시의 대표적 구성원리인 이미지는 사물에 대한 감각적 경험을 불러일으킨다. 이것이 시가 구체적이라고 말할 수 있는 하나의 방법이다. 시는 추상이 아니라 구체적이고 특수한 것, 곧 이미지를 통해 추상인 의미를 전달한다.[11] 『전집』을 통해 탄광시에 대한 보다 본격적이고 다양한 조망작업이 뒤따르길 바라며, 이러한 작업들 역시 탄광시의 향방을 견인하는 주요한 계기가 되리라 본다.

11) 위의 책, 157쪽.

강원지역문학과 매체의 사회학

1. 근대문학과 매체

근대문학의 제도화 과정에서 문학매체가 주요한 역할을 담당하였다는 것은 주지의 사실이다. 1920년대를 전후한 동인지 문단은 상징적 사례라 하겠다.[1] 근대적 인쇄술의 정착과 함께 언론, 출판의 제도화는 문학에 있어서 미적 근대성이 발현되는 양태를 '노래'에서 '문자'로 이행케 하는 결정적 요인이 된다. 그 과정은 강원지역문학의 경우도 예외일 수 없다. 문학매체의 양상을 탐구하는 데에는 이러한 배경이 전제되어야 하며, 이는 곧 강원지역문학의 정체성을 구명하는 하나의 방법일 수 있다.

강원지역문학과 관련된 문학매체는 '동인지'로 대표될 수 있다. 이곳 지역문학장의 양상 역시 이른바 '동인지 문단'이라 일컬을 수 있을 만큼 각종 동인이나 문학단체의 활동이 주류를 이룬다. 이를 중심으로 동인지 혹은 기관지 발간, 시낭송이나 시화전 같은 관련 행사 개최 등이 문학적 아비투스(habitus)로 형성되어 있는 것이다. 이는 근대문학장이 정립된 시기로부터 오늘에 이르기까지 지역문단의 주류 경향으로 보인다.

---

1) 이에 대해서는 상허학회에서 기획한 '1920년대 동인지 문학과 근대성'의 글들(『상허학보』 6집, 상허학회, 2000. 8), 그리고 차혜영, 「1920년대 초반 동인지 문단 형성 과정—한국 근대 부르주아 지식인의 분화와 자기 정체성 형성과 관련하여」(『상허학보』 7집, 2001. 8) 참조.

이러한 성격은 강원지역문학과 관련된 기존의 언급들 속에서도 반복적으로 지적된 바이다. 이에 대한 예로는 서준섭,[2] 엄창섭,[3] 양문규[4], 전상국[5] 등이 대표적이다. 그러나 기존 연구들은 단평적인 언급이나 사료 정리에 그치는 경우가 많다. 이 글은 이를 참고로 하여 동인지로 상징되는 강원지역문학의 매체적 양상을 조명하고자 한다. 우선 일제강점기를 강원지역문학의 전사로 보고 이때 나타난 매체적 의미를 추론한 후, 강원지역문학이 정립되고 발전하는 1950년대 이후 최근까지의 과정에서 나타난 매체적 특징을 살필 것이다. 이를 통해 결론적으로 지역문학의 관점에서 매체가 지녀야 할 요소 혹은 지향점을 논구하고자 한다.

2. 지역문단 매체의 전사(前史)와 현동(現動)

근대문학 형성기에 있어 강원지역에는 문학매체라 할 만한 뚜렷한 흔적이 발견되지 않는다. 영동과 영서를 막론하고 강원지역에서 문학매체가 본격화되는 것은 1960년대 이후의 일이다. 그렇다고 해서 일제강점기에 강원지역문학이 존재하지 않았던 것은 아니다. 1930년대에 주로 활약한 이효석(1907-1942)과 김유정(1908-1937)은 대표적 예이다. 이들은 출신지역이라는 전기적 배경을 지님은 물론 구체적인 장소성을 문학작품으로 승화시킨바 지역문학이 지녀야 할 진정한 의미를 선취한 전범적 사례이기도 하다. 이들의 작품이 활자화되는 잡지나 출판사가 지역적 연관을 드러내는 것은 아니지만 이들의 활동이야말로 강원지역

2) 서준섭, 「강원도 근대문학 연구에 대하여」, 『강원문화연구』 11집, 강원대 강원문화연구소, 1992.
3) 엄창섭, 「강원문학의 사적 고찰—영동지역의 현대시문학을 중심으로」, 『한국문예비평연구』 1호, 한국현대문예비평학회, 1997.
4) 양문규, 「강원지역문학의 생성방식과 발현양상」, 『작가와사회』 2004년 가을호.
5) 전상국, 「강원문학의 역사와 현황」, 『물은 스스로 길을 낸다』, 이룸, 2005.

문학의 본격적 흐름을 형성하게 된다는 점은 부정할 수 없는 사실이다.

그 이전에 근대 강원지역문학의 효시라 할 만한 사료로는 구한말 의병장 유홍석(1841-1913)과 유인석(1842-1915)의 의병가사와 우국한시가 있다. 춘천 출신인 이들의 활약은 "근대사에서 중요한 사건이었을 뿐만 아니라 강원근대문학의 잠재력을 과시한 사건"[6]으로 평가되고 있다. 윤희순(1860-1935)의 의병가사 역시 이에 포함된다. 의병문학 양상은 근대문학의 범주 문제로부터 논란의 여지를 지닌다. 그러나 애국계몽기의 문학 형태에서도 문학적 근대성이 발견되고, 무엇보다도 자생적으로 계승 발전된 형태였다는 점에서 문학사적 의미를 지닌다.

신소설 역시 강원지역문학의 전사로서 주요한 논구 대상이다. 이인직(1862-1916)의 『은세계』, 『귀의 성』, 『치악산』 등이 여기 포함된다. 이들 작품은 강릉, 춘천, 원주 등을 배경으로 신구문화의 갈등에 놓인 주민들의 생활과 풍속을 다루고 있다. 이인직의 신소설은 구한말에서 애국계몽기에 이르는 시대에 탐관오리의 학정에 시달리는 강원도 민중의 생활상을 충실히 묘사하고 있다. 봉건적인 사회구조에 대한 작가의 비판과 억압받는 민중의 생활상 고발은 강원지역문학의 관점에서 지속적인 연구 대상이 되어야 한다.[7] 한편 이들 작품에서 강원지역은 처첩간의 갈등, 고부간의 갈등 등 전근대적 갈등이 온전하는 공간으로 타자화된다는 지적도 있다. 예컨대 『귀의 성』에서 춘천을 포함하여 광주, 부산 등의 지역은 원시적 보복이 행해지는 카니발리즘적 공간으로 설정되고 있으며, 『치악산』에서 원주와 서울은 수구파와 개화파의 갈등을 구조화하는 질적 위계이자 계층적 위계로 드러난다는 것이다.[8]

이들 작품에 반영된 지역성이 생생한 체험적 공간으로서의 의미를

---

6) 서준섭, 앞의 글, 109쪽.
7) 위의 글, 110-111쪽.
8) 김양선, 「탈식민의 관점에서 본 지역문학」, 『근대문학의 탈식민성과 젠더정치학』, 역락, 2009, 134-135쪽.

지니느냐(서준섭) 배타적으로 타자화된 차별적 공간성이냐(김양선) 하는 문제는 별도의 장을 통해 따져봐야 할 문제일 것이다. 이는 기본 전제와 접근 방식에 따라 달리 해석될 수 있는 문제일 수도 있다. 이 글에서는 이러한 입장들을 통해 근대문학 초기의 단계에서부터 강원지역문학의 전거가 발견된다는 사실에 주목하고자 한다. 한편 매체의 관점에서 볼 때 위와 같은 의병문학이나 신소설에서 지역문학적 요소가 주목되지는 않는다. 하지만 여기에 관계되는 제반 요소, 즉 필사본이나 초기 인쇄매체의 양식 등은 지역문학 연구의 차원에서 앞으로 천착해야 할 대상일 것이다.

해방 이전 강원지역의 시문학과 관련하여 거론되는 인물로는 김동명, 한용운, 박기원, 심연수, 박인환 등이 있다.[9] 이들 역시 출신 지역이 강원지역이라는 지연적 요소 이외에 지역문학적 내용이 특화되지는 않는다. 실제 강원도에 거주하면서 문단 형성에 직접적으로 영향을 준 것도 아니다. 한용운의 경우 『님의 침묵』의 산실이 인제 백담사라는 관련밖에 없다. 다만 이들 시인들의 작품세계 중에서 향토성과 관련된 시적 배경이 지역문학적 요소로 해석될 수 있겠다.

매체와 관련해서는 더더욱 직접적인 지역문학의 논거를 발견하기 어렵다. 따라서 간접적으로 지역문학과 관련된 매체적 의미를 추론할 수밖에 없다. 그렇게 보자면 이들 초기 강원지역시문학의 사례는 그들이 활동한 당대보다는 사후적으로(retroactively) 지역문학의 매체적 의미를 구성하고 있다는 점이 주목된다. 대표적인 것이 『유심』과 '만해마을'이라는 매체이다.

한용운(1879-1944)이 활동 당시 불교운동의 일환으로 제작한 『유심』은 최근 한국문학을 대표하는 문학잡지의 하나로 재현되고 있다. 강원지역의 경우 오늘날까지 전문 문예지가 부재하다는 것이 문학장의 특

---

9) 서준섭·박민수·송준영(좌담), 「강원도 시단과 시를 말한다—지역성, 특이성, 보편성」, 『현대시』 2003년 8월호, 40-41쪽 참조.

징 중 하나인데,[10] 『유심』의 존재는 이 지역을 거점으로 한 대표적 문예지로서 직간접적인 기능을 하고 있는 것이다. 만해마을 역시 강원도에 존재하는 대단위 하드웨어로서 만해문학상 시상을 위시하여 '만해축전'으로 표제되는 세계적 규모의 문학 행사가 시행되고 있다. 지리적 친연성도 없는 만해의 문학이 강원지역을 대표하는 문학매체요 컨텐츠로 작동하고 있는 현실은 지역문학의 범주 설정과 전유 방식을 사유하는 데 있어 여러 시사점을 제공하고 있다.

이러한 사후적 연관과 관련하여 빼놓을 수 없는 인물이 심연수(1918-1945)이다. 심연수의 경우 사후 50여 년이 지나 '심연수선양사업위원회'라는 조직을 탄생시킨다. 심연수의 출신 지역이라는 사실에 의거 강릉에서 구성된 이 조직은 '민족시인 심연수 문학심포지움'이라는 공론장을 2000년 이후 정기적으로 진행해오고 있다.[11] 심연수 시세계는 그 내용에 있어서도 지역적 정체성과 관련된다. 유년 시절 고향을 떠나 중국 용정으로 이주한 그는 시를 통해 고향을 그리는 향수와 이주의 현실을 표현하였다. 이러한 내용은 끝내 활자화되지 못하고 자필시집 형태로 묶일 수밖에 없었는가 하면 대표작에 해당될 일제강점기 말기의 작품들은 소실되고 말았다. 스스로의 삶 역시 끝내 해방을 맞이하지 못하고 불의의 죽임을 당함으로써 마감되었다. 강릉 출신인 박기원(1908-1978)의 경우에도 등단을 했음에도 해방 이전에는 심연수와 마찬가지로 아예 매체를 지니지 못했다. 자신의 시집을 내려고 한 계획이 일제강점기에는 무산되고 말았던 것이다. 이주의 현실과 제국주의의 폭력으로 인해 제도적 매체로 외화되지 못했던 이들 문학의 운명은 근대 강원지역문학이 지닐 수밖에 없었던 매체적 낙후성 혹은 지역문학적 소외를 환기한다.

---

10) 이에 관해서는 다음 장에서 상론하기로 한다.
11) 심연수선양사업위원회 편, 『민족시인 심연수 학술세미나 논문총서』, 강원도민일보출판국, 2007 참조.

그 밖에 간접적으로나마 거론할 수 있는 요소로서 김동명(1900-1968)의 경우 등단(1923) 직후 「懷疑者들에게」, 「祈願」 등의 작품을 『개벽』 1923년 12월호에 발표한다. 그런데 이 잡지가 '강원도 특집호'였던바 김동명 시의 지역문학적 배경이 매체를 통해 확인되는 경우라 하겠다. 또한 김동명 시의 특징으로 거론되는 전형적인 서정의 심미화 방식은 이후 강원지역시문학의 주류 경향으로 정착하게 된다. 이러한 관점으로 볼 때 김유정, 이효석, 박인환 역시 각각 김유정 문학촌(춘천), 이효석 문학관(평창), 박인환 문학상(인제) 등으로 상징되는 지역문학적 컨텐츠로서 현동하고 있음은 특기할 만하다. 이는 강원지역문학의 주요한 현재적 의미를 구성하고 있으며, 이러한 맥락에서 강원지역문학의 매체적 의미 역시 근대문학의 형성기까지 소급될 수 있으리라 본다.

3. 문학장의 구성과 매체의 아비투스

3.1. 주류 매체의 양상

해방 이후 강원지역문학장이 본격적으로 성립된 계기로서 강릉권 '청포도 시동인회'의 결성(1951)을 들 수 있다.[12] 황금찬, 최인희, 김유

---

12) 한편 계급문학적 차원에서 '조선문화단체총연맹'(문련)의 지부활동을 들 수 있다. 문련은 1946년 2월 24일 '조선문화건설중앙협의회'와 '조선프롤레타리아예술동맹'이 통합하여 발족한 좌파단체이다. 이때 강원지역에도 문련의 지부가 존재했음을 확인할 수 있다. "이제 이와 가치 朝鮮民主主義 國家建設의 絶大한 推進力이 되어잇는 南朝鮮의 藝術運動과 文化運動은 다시 各 地方으로 擴散하야 名實이 相半한 人民의 藝術과 文化를 建設할 氣運이 濃厚해진 것은 참으로 우리가 慶賀해마지 아니하는 바이다. 우선 各道에 잇서서 朝鮮文化團體總聯盟의 支部로서 **江原道文化人聯盟**, (중략) 各其 結成되었다는 報道가 最近에 連續하여 들어왔다. 그리고 朝鮮文化團體總聯盟의 傘下團體로 서울시에는 이미 그 支部들이 결성된 지 오래고 仁川, 開城, 水原, 春川, 大田, 釜山, 木浦, 安城과 가튼 主要한 都市에 있는 文學, 音樂, 演劇 등 各種 文化團體도 中央에 잇는 朝鮮文化團體總聯盟이나 그 傘下團體와는 不絶한 有機的인 連絡을 갓고 있다."(「建國途上의 地方文化運動」(사설), 『문화일보』, 1947. 3. 15. 강조는 인용자) 이들 단체의 존재는

진, 이인수, 함혜련 등에 의해 조직된 이 모임은 1952년 강원도 최초의 동인지로 평가되는 『청포도』를 창간, 2집(1953)까지 발간한다. 『청포도』는 등단 문인들의 전문적인 활동이 아니었다. 단명에 그치고 만 역사 역시 아마추어적인 우발성의 사건이었음을 반증한다. 하지만 『청포도』의 존재는 이후 지역문학에 중요한 영향을 미치게 된다.

당시 교사의 신분으로 『청포도』를 주도했던 황금찬, 최인희의 존재는 『청포도』 이전에도 각 학교에서 『영동』(농업학교), 『대관령』(상업학교), 『花浮山』(여학교), 『師道』(사범학교) 등의 교지가 발간되는 계기를 이룬다. 또한 『청포도』 이후 이들 동인과 더불어 신봉승, 심구섭 등 학생을 포함하는 또 다른 동인지 『보리밭』이 1952년에 창간되기도 한다.[13] 다음과 같은 일화는 당대의 사정을 잘 보여주고 있다.

> 이 무렵 양양지역에 주둔하고 있던 통역장교들도 그들 나름의 동인지인 『造山』을 내고 있었는데, 그 내용 중에 『보리밭』 창간호에 발표된 시를 비평하는 글이 실렸다.
>
> 제목은 「강릉지방 학생문단을 논함」이었다. 그러나 그 내용에는 포복졸도할 대목도 있었다. 예컨대 모두가 학생일 것이라고 믿었던 모양으로 신봉승 군의 시 「寺趾」는 지금 당장 기성문단에 내놓아도 손색이 없겠으나, 황금찬, 최인희 군의 작품은 아직 미숙하므로 더 분발해야 할 것이라는 어이없는 대목도 포함되어 있어서다.
>
> 최인희 선생은 그 논문을 필자에게 읽어 주면서
>
> "이런 망할 놈들이 날 학생으로 보았어……. 허나 우린 앞으로도 이렇게 사세……."
>
> 라고 따뜻한 격려의 말씀을 주시기도 했다.

해방 이후 사회 각 부분은 물론 문화예술계의 흐름을 주도했던 좌파계열의 활동이 강원지역에도 영향을 미쳤음을 반증하는 사례이다. 하지만 이에 대한 구체적 사료의 부족으로 상세한 논급이 어려운 점이 한계로 남는다.

13) 신봉승, 「『관동문학』 50년과 함께한 세월」, 『관동문학』 21호, 관동문학회, 2008, 12-14쪽.

그 후에도 동인지 『보리밭』은 특별히 기간을 정하지 않은 채 원고가 모이면 수시로 발간되곤 하였다.[14]

『보리밭』 발간 당시 황금찬, 최인희는 교사였고 등단 과정을 밟고 있었다. 위의 에피소드는 아마추어적이었던 당대 동인지의 내용으로부터 비롯된 것이겠으나, 사제의 벽을 넘어 대등한 문청으로 활동했던 사실은 이후 지역문단의 주역들에게 깊은 인상을 남긴다.

학계의 조명을 받지 못했으나 지역문학장에 주요한 기능을 하는 인물로서 최인희(1926-1958)는 특기할 만하다. 최인희는 1950-53년에 걸쳐 『문예』의 추천으로 등단하였고 주로 『현대문학』에 작품을 발표하였다. 그런데 요절로 인해 생존 당시에는 시집을 내지 못하고 유고시집으로 『여정백척』(1982)이 있을 뿐이다. 이는 해방 이후 강원지역문단의 주요 작가에 해당되는 김유진, 김영준의 경우도 유사하다. 진인탁 역시 말년에야 시집을 간행한다. 이러한 매체적 양상은 강원지역시문학의 성질을 아마추어리즘적인 것으로 해석하게 하는 한 요인이 된다. 지역문학이 지니고 있는 일종의 마이너리티일 수도 있겠다. 그럼에도 불구하고 최인희 시는 지역문단에 많은 영향을 미치고 있다. 최인희의 문학적 영향은 동해지역을 중심으로 진행되고 있는 최인희 문학상이나[15] 인근 지역(강릉 경포호변, 동해 무릉계곡 입구)에 세워진 시비 등의 제도가 증명하고 있다.

『청포도』의 뒤를 잇는 매체는 『관동문학』이다. 이는 1959년 조직된 '관동문학회'의 기관지로서, 이 단체는 오늘날까지 강원지역문학을 이끄는 중요한 역할을 담당하게 된다.[16] 그런 만큼 지역문단의 성격을

14) 위의 글, 14-15쪽.
15) 현재 동해문인협회를 중심으로 그의 문학적 업적과 정신을 기리기 위한 '최인희 문학상'이 제정, 운영되어 매년 시행된다. 수상 대상은 동해지역을 연고로 둔 작가에 한정하고 있다.
16) 신봉승, 『내 기억 속에 살아있는 향기』, 혜화당, 1993, 195-200쪽. 그리고 엄창

대표한다고 볼 수 있다. 그러나 실질적인 활동은 1980년대 이후 본격화되는데 그 결과 기관지 창간호가 1988년에야 발간된다. 관동문학회는 현재 "문학의 향상발전과 회원 상호간의 친목을 도모하고 작가의 이익을 옹호하며 향토의 문학발전을 촉진"[17]함을 강령으로 두고 50여 년에 이르는 지속적 활동을 펼치고 있다. 회원의 자격을 특정지역으로 한정하고 있지는 않으나 실질적인 회원 면모를 보면 강릉을 중심으로 하는 강원영동지역에 집중되고 있음을 볼 수 있다.[18]

2008년 발간된 21호는 관동문학회 50주년을 기념하고 있다. 전체 구성은 아래와 같으며 기관지로서의 편집체계를 전형적으로 보여준다.

> 발간사(관동문학회 회장)
>
> 축사(강릉시장, 강릉시의회 의장)
>
> 특집 신봉승(명예회장) 산문, 엄창섭(전임 회장) 평론, 수상회원편(관동문학인상, 강원문학상, 강원문학작가상, 강원도여성문학인상, 강원한국수필문학상 등 수상인 작품)
>
> 회원작품 : 시, 시조, 동시, 수필, 동화, 소설
>
> 부록 : 관동문학후원회 현황, 관동문학회원주소록, 관동문학회원 가입안내, 관동문학 정관, 2008년 회원발간저서

『관동문학』이 지니는 매체로서의 영향력은 1995년 조직된 '관동문학후원회'의 존재로써 증명된다. 대개의 지역 매체가 그렇듯이 가장 큰 문제점은 재정과 관련된다. 그러나 지역 유지로 구성된 관동문학후원회는 『관동문학』의 연간지 발간을 보장하는 절대적 힘이 되고 있다.

『관동문학』이 지닌 문제는 앞서 거론한 바와 같이 기관지로서의 형식을 벗어나지 못하고 있다는 점이다. 강원영동지역을 대표하는 정통

섭, 「강원문학의 사적 고찰—영동지역의 현대시문학을 중심으로」, 『한국문예비평연구』 1호, 한국현대문예비평학회, 1997, 338-340쪽 참조.

17) 「관동문학 정관」, 『관동문학』 21호, 관동문학회, 2008, 374쪽.

18) 위의 책에 부록으로 실린 「회원주소록」 참조.

문예지임에도 불구하고 여전히 문단 계보에 의한 원고 배치와 회원작품 수록 등으로 내용을 구성함으로써 '기관지' 혹은 '동인지'로서의 성격을 벗어나지 못하고 있는 것이다. 이러한 지적은 『관동문학』이 그 자체로 지닌 의미를 부정하는 것이 아니다. 다만 보다 전문적이고 다양한 문예지의 구성을 통해 지역문단의 변화와 발전을 이끌어야 하는 역할 역시 『관동문학』의 소임일 것이라는 점을 지적하고자 한다.

기타 현단계 강원지역문학장을 견인하는 문학매체로는 『강원문학』과 『강원작가』가 있다. 이들은 각가 양대 문인단체를 상징한다. 전자가 한국문인협회 강원지회(이하 강원문인협회) 기관지이고 후자가 한국작가회의 강원지회(이하 강원작가회의) 기관지이다. 이 중 활동의 역사나 소속 회원의 규모 면에서는 단연 『강원문학』이 앞선다. 강원문인협회는 1962년 창립되어, 1971년 『강원문학』 창간호를 발간한 이래 지속적 활동을 펼치고 있다. 『강원문학』 이외에도 각 지부 단위의 기관지가 정기적으로 발간되고 있어서 강원지역문학의 실질적 매체 기능을 담당하고 있다.[19] 오늘날 강원지역문학장은 행정단위를 중심으로 형성되어 있는 각 동인 및 문인단체를 중심으로 움직이고 있고, 지역별로 조직되어 있는 문인협회 활동은 가장 중심된 축이라 할 수 있는 것이다.

이와 대비되는 문인단체는 한국작가회의 강원지회이다. 2002년에야 창간호를 낸 『강원작가』는 문인협회 중심의 지역문단에 대한 균형과 견제 세력으로 하나의 흐름을 형성하고 있다. 그러나 『강원작가』 역시 전문적인 문학활동의 면에서 보자면 아쉬운 면모를 드러낸다. 문학제도적 관점에서의 비전문성이 그것이다. 예컨대 전문 편집위원회의 부재, 회원 원고에 대한 원고료 미지급 등이 단적인 예이다. 한국민족예

19) 이들 지부의 기관지는 지역별 거점 동인회의 동인지를 승계하는 형태도 보인다. 지역별 문단을 이끌었던 동인지들이 결국 문인협회의 활동으로 제도화되는 과정으로 볼 수 있을 것이다. 강원문인협회 각 시군별 지부의 연혁과 활동에 대해서는 한국문인협회 강원도지회 편, 『강원도문학단체의 역사 및 문인인명록』(증보판), 강원일보사, 1996, 52-66쪽 참조.

술인총연합 강원지회에서 펴내는『강원민족문학』역시 동궤의 성격과 양상을 보이고 있다.

요컨대 양대 문인단체의 기관지는 강원지역문학의 매체적 양상을 대변한다. 이들 매체의 활동 이전에 강원지역문학을 태동하고 견인해오고 있는 것은 각종 동인지 매체이다. 그럼에도 불구하고 이들 양대 매체를 강원지역문학의 주류 매체로 상정한 것은 오늘날 문학제도의 중심으로 이들이 기능하고 있기 때문이다. 문예진흥기금으로 대표되는 문학제도는 이들 양대 단체를 중심으로 기획, 시행되고 있다. 또한 이들 매체는 산발적인 지역별 동인활동의 구심이자 강원지역문학을 이끄는 제도로 정착되고 있다.

3.2. 동인지 문단의 실체

양대 문인단체의 기관지가 아닌 강원도내 기타 동인 매체의 양상을 망라하자면 다음과 같다.[20]

동인단체	거점지역	장르	결성연도	매체	창간연도	비고
관동문학회	강릉	종합	1959	『관동문학』	1988	
조약돌아동문학회	강릉	아동문학	1960	『조약돌』	미상	
돌기와	평창	종합	1965	『돌기와』	1970	
두타문학회	삼척	종합	1969	『두타문학』	1970	창간 당시『삼척시단』
설악문우회	속초	종합	1969	『갈뫼』	1970	
강원아동문학회	춘천	아동문학	1972	『강원아동문학』	1972	
삼악시동인회	춘천	시	1974	『삼악시』	1976	
예맥문학동인회	춘천	소설	1975	『예맥문학』	1975	
아라리문학회	정선	종합	1980	『아라리문학』	1982	결성 당시 '물레문학회'(『물레문학』)

20) 위의 책의 '도내 각 동인회의 연혁과 활동'(67-139쪽)을 참조하되 불분명한 경우 해당 동인지 확인. 수록 순서 역시 이에 따른다.

동인단체	거점지역	장르	결성연도	매체	창간연도	비고
벗지문학동인회	영월	종합	1980	『태화산』	1982	
해안문학동인회	강릉	시	1980	『해안』	1980	
불뫼문학동인회	태백	종합	1980	『불뫼문학』	1980	
산까치동인회	강릉	시	1981	『산까치』	1981	여성
풀무동인회	춘천	종합	1984	『풀무』	1985	여성
솔바람동요문학회	강릉	동요 동시	1984	『솔바람』	1984	교사
강원시조문학회	강릉	시조	1984	『강원시조』	1985	창간 당시 『강원시조문학』
풀잎시동인회	춘천	시	1986	『풀잎』	1986	
오죽문학회	강릉	종합	1987	강연자료집		독서토론, 문학강연
내린문학회	인제	종합	1988	『내린문학』	1989	
석우문인회	춘천	종합	1989	『석우문학』	1989	춘천교대 동문
영동시조문학회	강릉	시조	1990	『시조시집』	1993	
강원공무원문학회	춘천	종합	1991	『새붉』	1992	공무원
여성문학회	춘천	종합	1991	『여성문학동인지』	1991	여성
강원수필문학회	춘천	수필	1991	『강원수필문학』	1992	
시맥동인회	홍천	시	1992	『시맥동인지』	1993	
북원문학회	원주	종합	1972	『한울』	1972	교사. 결성 당시 '신작동인회'
물보라문학회	삼척	종합	1991	동인시집	1993	여성
횡성문학회	횡성	종합	1994	『횡성문학』	1994	
동해문인협회	동해	종합	1985	『동해문학』	1988	1994년 문인협회 동해지부로 전환
대관령시인들시동인회	강릉	시	1995	『대관령시인』	1996	
물소리시낭송회	속초	시	1981	사화집		시낭송회
수향시낭송회	춘천	시	1986	사화집		시낭송회
열린시낭송회	강릉	시	1990	『열린시』	1994	시낭송회
문학동해안시대연구소	강릉	종합	1993	『동해안시대문학』	1995	
호암시조선향회	춘천	시조	1986	『어린이 시조』	1986	어린이 시조 보급

이상 동인 단체의 현황은 강원지역문학의 성격과 특성을 보여주는

주요한 지표라 하겠다. 물론 여기에는 현단계 활동하고 있는 A4 문학동인회(춘천), 강원대학교문인회(춘천), 강원도여성문학인회(연합), 낮달동인회(홍천), 동해여성문학회(동해), 어화문학동인회(강릉), 영동수필문학회(강릉, 영동), 시마을동인회(속초), 작가동인 · 동안(동해, 삼척), 탄전문화연구소(태백) 등의 내용이 빠져 있다. 그 이유는 이들 단체가 주로 1990년대 후반이나 2000년대 이후 결성된 신진 단체들이기 때문이다. 한편 위 자료는 강원문인협회 주관으로 취합, 정리된 내용으로서 강원지역의 동인 매체를 완전하게 재구하기 위해서는 보다 면밀한 조사가 필요하리라 본다.

위에 나타난 자료를 두고 분석하자면 가장 많은 동인단체가 활동하고 있는 강원도내 지역은 단연 춘천과 강릉으로서 각 11단체가 있다. 그 밖에는 삼척, 속초의 2단체를 제외하고 평창, 정선, 영월, 태백, 인제, 홍천, 원주, 횡성, 동해에 1단체씩이 있다. 이러한 현황을 통해서 강원문학 내에서 춘천과 강릉지역이 각각 영서와 영동을 대표하는 지역으로 기능하고 있음을 확인할 수 있다.

장르별로 보자면 종합장르의 동인회가 18단체이고 시가 9단체, 아동문학 · 동시(동요)가 3단체, 시조 3단체, 소설과 수필이 각각 1단체로 분류된다. 특정 장르에 한정된 동인회를 대상으로 지역별 분포를 보면 춘천의 경우 시 3단체, 소설, 아동문학, 수필, 시조가 각 1단체로 나타난다. 강릉은 시 4단체, 시조 2단체, 아동문학 · 동시(동요) 2단체이며, 기타 홍천과 속초에 시 1단체씩이 분포되고 있다. 영서지역과 영동지역의 분포를 운문과 산문으로 나누어 보면, 운문장르(시, 시조)의 경우 영서지역이 5단체(춘천 4, 홍천 1), 영동지역이 7단체(강릉 6, 속초 1)로 나타난다. 산문장르(소설, 수필)의 경우 영서지역이 2단체(춘천)이고 영동지역은 존재하지 않는다. 기타 아동문학과 동시(동요)장르는 영동지역 1단체, 영서지역 2단체로 나타난다.

이를 종합해 보면, 전체적으로 시장르가 우세한 경향을 보이는 속에서, 영서지역은 산문장르가 영동지역은 운문장르와 아동문학 분야가 상대적으로 활성화되어 있음을 알 수 있다. 이는 강원지역문학의 특성을 이해하는 데 주요한 근거가 되리라 본다.

그 밖에 강원지역문학을 집대성하는 기획 매체로서 『강원문학대선집』[21]이 발간된 바 있다. 이 책은 '시, 소설, 수필, 희곡 · 평론, 아동문학, 시조' 등의 총 7권으로 이루어진 방대한 저작이다. 이 기획물은 "흩어진 문인 작품을 정리하여 강원문학의 역사 모습을 한눈에 볼 수 있는" 자료로서 "강원문인의 역사와 문화를 연구하는 귀중한 자료로 활용할 수 있을 뿐 아니라 장구한 역사적 자부심과 공동체 의식 속에서 강원문인의 결속을 배가시킬" 것을 목적으로 제작되었다.[22] 그럼에도 이 선집이 아우르지 못하는 지역작가와 작품이 많이 존재한다. 기획 단계와 작업 과정에서 지역문단 내의 불협화음이 있었고, 시대와 계층을 초월하여 모든 작품을 망라하기란 불가능에 가깝기 때문에 '선집'으로서의 한계를 지닐 수밖에 없다. 또한 단순한 실수 이외에도 전문적 문학제도의 부재, 문학적 세계관의 차이에 따른 배제와 차별 등도 하나의 이유가 될 수 있다. 그럼에도 불구하고 강원문학 100년의 주요 흔적을 기록하고 사료집화 하기 위한 노력이라는 일차적 의의를 지니고 있는 것은 사실이다. 나아가 세부 지역별, 동인별, 문학계층별 사료작업의 노력이 뒤따라야 할 것이다.[23]

매체의 구체적 양상을 논의하기 위해 동해, 삼척지역을 예시하기로 한다. 이 지역은 강원문학의 주도 지역인 춘천과 강릉 다음으로 동인회가 활성화된 지역으로 분석된다. 또한 춘천, 강릉과 달리 현 행정 단위로는 분리되어 있지만 지리적 인접성과 역사적 친연성으로 인해 활발

---

21) 강원문학대선집 발간위원회, 『강원문학대선집』, 금강출판사, 2005.

22) 위의 책 '편찬사', vii쪽.

23) 남기택, 「탄광시와 강원영동지역문학—『한국탄광시전집』을 중심으로」, 『한국언어문학』 63집, 2007. 12, 309-310쪽.

한 지역적 교류가 나타나는바[24] 지역문단의 현황과 장단점을 논구하기에 적절한 대상으로 사료된다.

동해, 삼척지역 문학매체의 역사는 『두타문학』, 『삼척문단』, 『동해문학』 등의 그것으로 대표된다. 각각 두타문학회, 삼척문인협회, 동해문인협회의 기관지인 이들 매체는 문화의 불모지와 같았던 이곳 지역에서의 문학적 전통을 반증하고 있다. 이들 중 가장 오래되고 주도적인 매체는 『두타문학』이다. 이 지역 최초의 동인지 『동예』(1961)와 『불모지』(1965)의 문학적 성과를 이어받은 두타문학회는 1969년에 결성, 1970년에 동인지 창간호를 발간한다.[25] 『삼척문단』은 1991년 결성된 삼척문인협회에 의해 이듬해 창간호를 낸다. 『삼척문단』의 내용은 결국 두타문학회의 동인들에 의해 구성된다고 보아도 무방하다. 『동해문학』은 위에 도표로 제시한 바대로 1985년에 결성된 동인회 성격의 동해문인협회에 의해 1988년에 창간호를 낸다. 이 단체는 1994년 한국문인협회 동해지부로 확대 전환되어 지속적으로 기관지를 발행하고 있다. 그 밖에 이 지역에는 물보라동인회(삼척), 동해여성문학회(동해) 등 여성문학동인회가 독자적인 활동을 펴며 사화집 형태의 동인지를 정기적으로 펴내고 있다.

동해, 삼척지역의 이러한 매체들이 전문성을 담보하지 못한다는 점은 분명한 한계로 분석된다. 앞서 주류 매체의 양상에서도 지적한 바와 같이 전문 편집위원 제도의 부재, 원고료 미지급, 전국적 배포와 구입의 곤란 등이 단적인 예이다. 기타 상징적인 사례로서 아직까지 『동해문학』을 포함하여 기타 지역의 많은 동인지들이 전문 출판물의 필수 조건인 국제도서번호(ISBN)조차 부여받지 않고 있는 실정이다. 무엇보

24) 오늘날 동해시는 1980년 당시 삼척군 북평읍과 명주군 묵호읍을 통합하여 신설한 도시이다.

25) 이에 관한 구체적 설명에 대해서는 남기택, 「삼척지역문학의 양상 고찰」, 『한국언어문학』 67집, 한국언어문학회, 2008. 12, 363-365쪽 참조.

다도 정기적인 합평을 통해 동인회원 상호간의 작품에 대한 비평과 강제가 부재하다는 점이 문제적이다. 이들 매체는 위의 문제보다는 정기적 시화전이나 시낭송회 같은 제도적 행사에 주목하고 있다. 일종의 관변단체 행사나 아마추어리즘적인 것으로 해석될 수 있는 이러한 양상은 물론 그 나름대로의 의미를 지닌다. 이는 지역공동체 단위가 지닌 특수한 지역정서 혹은 사회적 토대의 결과물이기도 하다. 지역문학의 현단계가 지역적 삶과 제도에 밀착된 생활문학으로서 지역문화의 한 축을 담당하는 주요 기제라는 점은 그 자체로 소중한 가치를 지닌다.

한편 이 지역에서 최근 활동하고 있는 『동안』[26]의 경우는 다른 양상을 보인다. '작가동인 · 동안'에 의해 발행되는 이 매체는 대개 동인지 혹은 기관지 형식이던 지역 매체와 달리 공식적으로 무크지를 표명하며 기타 동인지와는 차별적인 활동을 펴고 있다.

> 『동안』은 지난 창간호에서 지역문학에 대한 일반론(「지역문학의 성찰과 갱신의 전략」)과 지역적 특수성과 관계된 장르론(「해양 시문학의 현실」)을 실었다. 이번 특집은 『동안』의 주요한 문제의식인 지역문학 활성화를 위한 실천적 노력의 일환으로 마련되었으며, 보다 구체적인 논의를 위해 동해와 삼척의 지역문학에 국한하여 그 현황과 문제점을 살펴보았다. (중략) 비록 연간 무크 형식을 벗어나지 못하고 있지만 『동안』의 지향은 전문성을 지닌 문학잡지이고자 한다. 여기 실린 작품들이 지닌 저마다의 언어와 고유한 결은 무크지의 초라한 구색을 상쇄하고 남는 보석들일 것이다. 이를 통해 우리는 문학적 소통을 지향하고자 한다. 우리에게 필요한 것은 대립과 차별이 아닌, 공존과 차이의 문학적 실천이다. 그것이 곧 문학의 다양성을 실현하는 길이요 문학성을 궁구하는 방법론이라고 우리는 믿는다.[27]

이러한 의도가 얼마나 실현될지는 아직 미지수이다. 하지만 정체되

---

26) 4년여의 개별 동인활동을 거쳐 2007년에 창간.
27) 작가동인 · 동안 편집위원회, 「다시, 회통을 위하여」(권두언), 『동안』 2호, 작가동인 · 동안, 2008, 9-11쪽.

어 있는 지역문단의 현황을 문제적으로 인식하고, 이를 전문적 활동과 매체적 자의식으로써 극복하려는 의식적 지향이 엿보이는 대목이라 하겠다. 실제로 『동안』은 편집위원회의 구성과 활동을 통해 매호 기획특집글을 싣는 한편 동인 이외의 외부 작가를 선별하고 공식적인 원고청탁에 의해 작품을 수록하고 있다. 또한 수록 작품에 대한 원고료를 지급하는 것도 남다른 면모로 보인다.

기타 강원지역문단의 매체 중에서 지금까지 예시한 경향과는 또 다른 활동으로서 태백지역의 『탄전시연구』를 들고자 한다. 이는 1991년 태백지역 일부 시인을 중심으로 설립된 탄전문화연구소에서 발행하였다. 탄전문화연구소는 지역사회의 이슈 중 하나인 재가진폐환자의 문제를 공론화하기 위한 문학행사를 지역 사회단체와 결합하여 시행한 바 있다. 지역문학의 매체적 기능은 물론 사회적 문화적 현실과 통섭하며 일익을 담당하는 사례였던 것이다. 이러한 매체가 보조금 지급 중단을 이유로 2004년 13호로 종간된다는 사실은 지역문학 매체가 처한 실정적 곤란을 또한 반영한다 하겠다.

한편 이상과 같이 정형화된 지역문단의 아비투스가 지닌 문제점 역시 분명하다. 최근의 한국문단이 보여주는 제반 양상은 그야말로 문학의 다양성을 증거하고 있다. 근대문학 100년의 역사적 과정을 정리하며 새로운 모색을 시도하는 과정에서 여러 가지 화제로 문학담론의 활황을 보이는 것이다. 특히 전통 서정의 본질과 이에 대한 근본적 회의는 다각도의 모색을 통해 한국문학의 신지평을 제시하고 있다. 서정의 방식을 재구하려는 경향은 20세기 후반 대두된 인식 지평의 선회와 긴밀히 연관된다. 기타 장르에서도 추리소설, 판타지, SF 등 이른바 '장르문학'의 성가가 두드러지고 있다. 이처럼 한국문학은 정론성에 바탕한 근대문학의 패러다임을 다양하게 변주하는 중이다.

그러나 이러한 현상은 강원지역문학의 현실과는 거리가 먼 사건들이다. 강원지역문학장에는 앞서 분석한 것처럼 주요 기관 단체의 시낭송회와 기관지 혹은 동인지 발간 등이 지속적으로 진행되고 있고, 순수 서정을 강조하는 여러 작품집들이 지역을 거점으로 발간되고 있다. 이들 현상은 그 자체로 강원지역문학장의 실체를 구성하는 결실일 것이다. 그럼에도 불구하고 지역문단의 현실은 다단한 한국문학장의 편린으로부터 자유로운 것이 또한 사실이다. 정형화된 문학행사를 넘어서 문학의 다양성을 목적의식적으로 시도하려는 노력이 필요하리라 본다.

이와 관련하여 강원지역문학이 앞으로 주목해야 할 과제 중 하나는 전문 문예지라는 매체의 창출이다. 강원지역은 여타 지역과 달리 전문 문예지가 존재하지 않는다. 각 지역이 문단 헤게모니와 관련하여 문예지들을 창간했던 1990년대 이후의 흐름과는 너무나 대비되는 양상이라 하겠다.

전문적 문예지의 구조가 부재하다는 지적은 앞서 예시한 기존 동인지들의 구조적 한계를 아우르고 있다. 이 지역의 매체들은 대개 원고료를 지급하지 않는 문제를 인정과 의리로 정당화하는가 하면 열악한 지역문학장의 현실을 들어 적당히 타협하려 한다. 문예지다운 내용과 형식을 담보하기 위해서 편집위원회의 독립성과 전문성을 갖추어야 함에도 불구하고 그런 구조를 찾아보기 어렵다. 이 당연한 조건들이 구비되었을 때 비로소 제도적 지원의 대상에라도 오를 수 있다는 사실에 대한 인식조차도 부족한 편이다. 무엇보다도 이 지역 일부 매체는 동일 작품을 다른 지면에 중복 수록하는 자기표절적 행위에 대해서도 의식적으로 경계하지 않는 모습을 보인다.[28)]

이에 강원지역의 문학매체들은 동인지, 기관지 형식을 넘어 전문 문예지의 내용과 형식을 추구해나가야 할 것으로 사료된다. 이러한 모습은 전통의 동인지 『관동문학』류의 저력과 쇄신일 수도 있고, 의욕으로 충만한 신흥 『동안』류의 패기와 실험일 수도 있다. 새로운 전문 문예지

---

28) 「뼈아픈 반성」(책머리에), 『동안』 3호, 작가동인·동안, 2009, 6-7쪽 참조.

는 지역과 계파를 넘어, 인정과 안주를 극복하고 문학의 다양성과 전문성을 추구해야 할 것이다.

4. 제언과 전망

이상으로 강원지역문학장의 구조와 현황을 매체를 중심으로 살펴보았다. 이를 통해 강원지역문학의 정체성이 동인지 문단의 성격으로 귀납됨을 알 수 있다. 현단계 강원지역문학을 대표하는 매체는 양대 문인단체의 기관지인 『강원문학』과 『강원작가』이다. 그러나 문학장 형성기로부터 실질적으로 문단을 이끌고 있는 매체는 지역별 동인지라 하겠다. 각 지역 동인활동의 구체적 정황은 이를 증거하고 있다.

문제는 강원지역문학을 생성하고 전파하는 매체로서의 이들 기관지, 동인지가 지닌 일부 비전문성의 양상이다. 물론 이것은 가치판단의 개념이 될 수 없다. 이는 단지 강원지역문학장의 객관적 현상을 지적하는 것이요 그 자체로도 충분한 의미를 지닌다. 하지만 전문적이고 다양한 문학활동이 부족한 문제는 지역문학은 물론 한국문학의 발전을 위해서도 시급히 재고되어야 하리라 본다.

매체의 사회학적 관점이라 할 때 그것이 지닌 물리적 조건에만 주목하는 것이 아니다. 매체의 의미를 구성하는 제반 요인에는 그와 관련된 개별 작가의 활동, 문학작품의 양상, 기타 주변적인 요소 등이 두루 포함된다. 이를 종합해 볼 때 매체와 관련하여 강원지역문학이 앞으로 주목해야 할 과제 중 하나는 전문 문예지라는 제도의 창출로 보인다. 기존의 문학매체 역시 동인지 혹은 기관지 형식으로 상징되는 문학장의 아비투스를 넘어 보다 전문적인 내용과 형식을 추구해나가야 한다.

이러한 입장이 소위 저명한 문예지의 내용과 형식을 무조건 답습하자는 것은 아니다. 한국문단의 전문 문예지 구조는 분명 '한국적인 현상'이다. 한국문학에 있어 문학적 근대성의 선험적 조건이었던 서구의 경우에도 문예지 양태는 다양하게 변주되고 있다. 지역문학의 매체에 있어 중요한 초점이 지역의 삶과 문화를 체현하는 동시에 문학의 보편성을 실현하는 데 맞춰져야 함에는 이견이 있을 수 없다. 이와 관련하여 과거 모스크바와 페테르부르크에 집중되었던 문단 활동이 지역의 주요 도시로 확산되면서 『수도 이외 지역의 문학(Nestolichnaya literatura)』과 같은 지역작가 중심 무크지가 반향을 불러일으켰던 러시아의 경우는 주요한 참조가 되리라 본다.[29] 이러한 매체의 기능과 역할을 통해 지역문학은 '지역'과 계파를 넘어, 인정과 안주를 극복하고, 다양성과 전문성을 확보하는 문학의 당위를 실현할 수 있을 것이다.

---

29) 김현택, 「그 화려한 과거와 오늘의 위기」, 『문학사상』 2002년 3월호, 61쪽. 기타 해외 문예지의 양상에 대해서는 같은 책의 기획특집 '해외 문예지의 특징과 흐름' 참조.

강원지역 문학매체와『두타문학』

1. 문학매체의 주요 양상

강원지역의 근현대문학장은 1950년대에 이르러 본격적으로 성립, 전개된다. 동인지를 중심으로 하는 문학매체의 양상 역시 이와 다르지 않다. 물론 해방 이전에도 강원지역문학의 전사라 할 문학활동이 존재했던 것은 사실이나 오늘날과 같은 '지역문학'의 내용과 형식, 혹은 의식적 지향을 포함한 것은 아니었다. 이는 지역문학이라는 개념 자체가 1980년대 이후에야 정립되기 시작하는 문학사적 맥락과도 연동된다고 하겠다. 지역문학은 지방자치라는 제도의 본격화와 더불어 중앙 중심의 문단제도에 대한 대타적 개념으로 조명되고 있다.

강원지역의 문학매체에 관한 통시적 고찰로는 서준섭,[1] 엄창섭,[2] 양문규[3], 전상국[4], 남기택[5] 등이 대표적이다. 이러한 기존 연구들은 단평적인 언급이나 사료 정리에 그치는 경우가 많다. 이들을 종합하자면 강원지역의 문학매체는 1950년대를 전후하여 동인지를 중심으로 형성

1) 서준섭,「강원도 근대문학 연구에 대하여」,『강원문화연구』 11집, 강원대 강원문화연구소, 1992.
2) 엄창섭,「강원문학의 사적 고찰—영동지역의 현대시문학을 중심으로」,『한국문예비평연구』 1호, 한국현대문예비평학회, 1997.
3) 양문규,「강원지역문학의 생성방식과 발현양상」,『작가와사회』 2004년 가을호.
4) 전상국,「강원문학의 역사와 현황」,『물은 스스로 길을 낸다』, 이룸, 2005.
5) 남기택,「강원지역문학과 매체의 사회학」,『Comparative Korean Studies』 17권 3호, 국제비교한국학회, 2009. 12.

되었으며 오늘날 한국문인협회와 한국작가회의 등 양대 문인단체의 기관지가 중심 매체로 기능하고 있음을 알 수 있다. 특히 『관동문학』(관동문학회), 『돌기와』(돌기와동인회), 『두타문학』(두타문학회), 『예맥문학』(예맥문학동인회) 등은 이 지역의 대표적인 동인지로서 40여년에 이르는 활동을 보여주고 있다.

이 글에서는 대표적인 문학매체의 종류를 편의상 동인지, 기관지, 문학잡지 등으로 구분하고 각각 대표적인 형태와 특징을 제시하기로 한다. 나아가 『두타문학』을 중심으로 구체적인 텍스트 분석을 시도할 것이다. 『두타문학』을 강원지역 문학매체의 대표적 형태로 예시하는 데에는 몇 가지 이유가 있다. 우선 다양한 지역문학매체를 구체적으로 거론하기 어려운 물리적 한계가 있겠다. 따라서 구체적 분석을 위한 텍스트 선별을 시도하였다. 이때 선택의 기준으로 작용하는 요소로서 강원지역문학의 특성, 특히 이 글에서 주목하고자 하는 매체적 전형성이 필요하다. 앞서 언급한 바와 같이 이 지역의 대표적인 매체 형태는 동인지이다. 이때 『두타문학』은 각 지역을 중심으로 진행되어온 동인 활동 중 가장 오랜 역사성을 지닌 매체 중 하나이다. 또한 개별 장르에 한정된 것이 아닌 종합장르의 문학동인지라는 점이 주목된다. 이처럼 『두타문학』은 강원지역문학의 정체성을 적절히 반영하고 있는 문학매체로 판단되는바 이 글에서는 초기 양상에 대해 보다 심층적 접근을 시도하고자 한다. 이러한 접근을 통해 강원지역문학의 매체적 특징이 귀납될 수 있을 것이며 나아가 지역문학적 정체성[6]에 관한 하나의 입

---

6) 지역문학 연구의 주된 목적 중 하나가 그 정체성 구명이라 하겠다. 그것이 없다면 '지역문학'이라는 개념의 성립 자체가 불가능하기 때문이다. 따라서 정체성 문제는 한국문학에 있어서 지역문학이라는 단위 설정을 위한 전제조건이기도 하다. 한편 정체성이라는 것이 하나의 고정된 실체가 아닌 유동적이고 구성적인 개념이라는 사실을 확인할 필요가 있다. 그렇다면 지역문학의 정체성은 그에 관한 역사적이고 이론적인 접근을 통해 실증되어야 하는 동시에 현재적 관점에서의 실천을 통해 완성되어야 하는 것이기도 하다. 문학 연구에 있어서 지역문학이라는 범주가 유의미한 것은 바로 이러한 구성적 개념의 차원일 것이다.

장을 도출할 수 있으리라 본다.

강원지역을 대표하는 문학매체라 할 때 우선 동인지의 양상을 들 수 있다. 강원지역 최초의 동인지로 기록되고 있는 것은 『좁은문』(1948, 춘천), 『청포도』(1952, 강릉) 등이다. 『좁은문』 동인으로는 이재학, 김세한, 이형근, 신철균, 장운상, 유광열, 구혜영, 한옥수, 임혜자, 장동림, 장독, 장건 등이었다고 한다.[7] 『청포도』는 황금찬, 최인희, 김유진, 이인수, 함혜련 등이 활동한 시동인지이다.[8] 이들 활동은 전문 문인활동이라기보다는 불모지와 같던 지역문화의 현실 속에서 자생한 의욕적 문청 활동으로 보인다.

지역문단 형성기로부터 최근에 이르기까지 지속적인 활동을 펼치고 있는 대표적인 동인지로는 『관동문학』과 『두타문학』 등을 들 수 있다. '관동문학회'는 1959년 조직되었으며 오늘날까지 강원지역문학을 이끄는 중요한 역할을 담당하고 있는데, 동인지 『관동문학』이 창간되는 것은 1988년에 이르러서이다.[9] 한편 '두타문학회'는 1969년에 결성되어 1970년에 창간호를 내고 40여년에 이르는 활동을 지속하고 있다. 종합장르의 동인지로는 '설악문우회'(1969)의 『갈뫼』(1970) 등과 더불어 오랜 역사를 지닌 매체라 하겠다.[10]

다음으로 강원지역문학장에서 활황을 보이는 매체는 각 문인단체의 기관지 형태이다. 대표적인 것이 한국문인협회의 기관지인 『강원문학』과 한국작가회의 기관지인 『강원작가』이다. 이 중 『강원문학』은 매체

---

7) 전상국, 앞의 글, 316쪽.

8) 전상국은 "1969년 첫 모임을 가진 뒤 1971년 1월에 발간된 『표현』 1집은 춘천은 물론 강원도 최초의 시동인지"(위의 글, 321쪽)라고 기록하는데, 이보다 앞서 비록 단명에 그쳤지만 강릉을 중심으로 한 시동인지 『청포도』의 존재를 기억해야 할 것이다.

9) 남기택, 앞의 글, 211-212쪽 참조.

10) 기타 강원도내 동인 매체의 양상에 대해서는 위의 글, 214-216쪽 및 한국문인협회 강원도지회 편, 『강원도문학단체의 역사 및 문인인명록』(증보판), 강원일보사, 1996, 67-139쪽 참조.

의 역사나 관련 문인의 규모면에서 단연 앞선다.

1961년 문총(文總)이 해체된 뒤 1962년 예총이 발족되면서 동년 2월 예총강원도지회 아래 한국문인협회 강원도지부가 결성된다. 강원문협이 결성되면서 비로소 강원도 문단이 본격적으로 가동되기 시작한다.[11] 이후 1971년 『강원문학』 1집이 "향토성과 한국성이 일치되는 보편적 가치를 얻어내는 일"[12]에 주목함을 천명하며 발행, 이후 지역매체의 대명사로 기능하게 된다. 이 단체는 『강원문학』 이외에도 각 지부 단위에서 기관지를 정기적으로 발간하고 있는바 강원지역문학의 실질적 매체 기능을 담당하고 있다.[13] 오늘날 강원지역문학장은 행정단위를 중심으로 형성되어 있는 각 동인 및 문인단체를 중심으로 움직이고 있고, 지역별로 조직되어 있는 문인협회 활동은 가장 중심된 축이라 할 수 있는 것이다.

이와 대비되는 문인단체는 한국작가회의 강원지회라 하겠다. 2002년에야 창간호를 낸 『강원작가』는 문인협회 중심의 지역문단에 대한 균형과 견제 세력으로 하나의 흐름을 형성하고 있다. 그러나 『강원작가』 역시 전문적인 문학활동의 면에서 보자면 아쉬운 면모를 드러낸다. 문학제도적 관점에서의 비전문성이 그것이다. 전문 편집위원회의 부재, 회원 원고에 대한 원고료 미지급 등이 단적인 예이다. 한국민족예술인총연합 강원지회에서 펴내는 『강원민족문학』 역시 동궤의 성격과 양상을 보인다.

요컨대 양대 문인단체의 기관지는 현단계 강원지역문학의 매체적 양상을 대변하고 있다. 이들 매체의 활동 이전에 강원지역문학을 태동하

---

11) 전상국, 앞의 글, 318쪽.

12) 권두사, 『강원문학』 1집, 한국문인협회 강원지회, 1971.

13) 이들 지부의 기관지는 지역별 거점 동인회의 동인지를 승계하는 형태도 보인다. 지역별 문단을 이끌었던 동인지들이 결국 문인협회의 활동으로 제도화되는 과정으로 볼 수 있을 것이다. 강원문인협회 각 시군별 지부의 연혁과 활동에 대해서는 한국문인협회 강원도지회 편, 앞의 책, 52-66쪽 참조.

고 견인해오고 있는 것은 각종 동인지 매체이다. 그럼에도 불구하고 이들 양대 기관지를 강원지역문학의 주류 매체로 상정할 수 있는 것은 오늘날 문학제도의 실정 때문이다. 문예진흥기금으로 대표되는 문학제도는 이들 양대 단체를 중심으로 기획, 시행되고 있다. 또한 이들 매체는 산발적인 지역별 동인활동의 구심이자 강원지역문학을 이끄는 제도로 정착되고 있다.[14]

문인협회와 강원작가는 문학적 이데올로기를 달리 하는 한국의 대표적 문학단체이다. 그럼에도 불구하고 강원지역문단에서의 실제 내용을 보면 문학적 정체성의 차이가 불분명한 경우도 많이 발견된다. 단적인 사례로 동해지역의 경우 문인협회 회원 중 상당수가 작가회의 회원으로도 활동하고 있고, 문학적 내용 역시 대동소이하다. 이러한 현상의 원인 중 하나로 지리적 조건과 전문 문학활동의 미비 등을 들 수 있다. 지역사회의 특수성이 반영된 결과로도 보인다. 분명한 문학적 정체성을 형성하는 것은 매우 중요한 의미를 지닐 것이다. 그렇다고 해서 좁은 지역사회에서 정치적, 계급적 차이를 강조하는 것만이 능사는 아니다. 자신의 문학적 이념을 명확히 설정하되 지나치게 이분법적 대립을 강조하는 태도는 지양해야 할 것이다. 이것이 지역문단의 실정이고 문화적 토대이리라 본다.

다음으로 전문 문예지 및 신문의 양상을 들 수 있다. 강원지역을 거점으로 한 전문 문예지의 양상은 그것을 어떻게 전제하느냐에 따라 달리 설명될 수 있다. 일반적 관점에서 전문 편집위원 체제에 따른 기획과 청탁, 원고료 지급 등의 요소를 들 때 현단계 강원지역을 중심으로 발간되는 전문 문예지는 부재한다고 보아 무방하다.[15] 그런 만큼 이곳

---

14) 남기택, 앞의 글, 213-214쪽.

15) 이와 관련하여『유심』,『시와세계』등의 잡지를 강원지역 사례로 드는 경우가 있다. 그러나 만해사상선양실천회에서 서울에 근거를 두고 발행하는『유심』을 지역문예지로 볼 수는 없다. 강릉에서 발행되던『시와세계』역시 서울로 근거지를 이미 옮겼고, 지역에서 발간될 당시에도 그 면면을 보면 지역문예지

지역은 앞서 거론한 동인지나 기관지 형태의 문학매체와 활동이 지배적이라 하겠다. 그 중 『동안(東岸)』의 발간은 남다른 의미를 지니는 것으로 보인다. 2012년 현재 6호를 발행한 연간 무크지 형태의 이 잡지는 기존 문학매체와는 달리 전문 문예지를 표방하며 기획, 제작되고 있다. 발간 시기를 좁히고 매체적 전문성을 더함으로써 지역문단 활성화에 기여하는 것이 앞으로의 과제라 하겠다.

한편 지역언론 역시 지역문학의 매체로서 주요한 의미를 지닌다. 강원지역의 경우 『강원일보』와 『강원도민일보』는 그 대표적 형태라 하겠다. 초기 문단의 형성과 관련하여 하나의 사례를 제시하자면, 1945년 창간된 『강원일보』는 1958, 1959년 2년에 걸쳐 신춘학생문예작품을 공모한다. 이때 입상한 춘천 시내 고등학교 학생들이 1959년 '봉의문학회'를 결성하게 되는데 이는 한국전쟁 이후 춘천지역 최초의 동인활동으로 기록되고 있다.[16] 『강원도민일보』 역시 『강원일보』와의 균형과 견제를 목적으로 1992년 창간되어 현재 지역문화 활성화에 주요한 역할을 담당하는 매체로 기능하고 있다.

2. 『두타문학』의 전사

두타문학회는 1969년 '삼척문학회'라는 이름으로 결성되었다. 이 모임은 1960년대 초부터 존재해왔던 '동예문학회', '죽서루아동문학회', '불모지문학회' 등이 통합하여 창립된 것으로 기록된 바 있다.[17] 따라

의 성격과는 거리가 멀었던 것이 사실이다.

16) 전상국, 앞의 글, 318쪽. 이승훈, 전상국, 허남헌, 유근, 유연선, 손명희, 김주경, 백혜자 등이 활동한 봉의문학회는 이후 '예맥문학회'로 개칭, 재결성된 뒤 동인지 『예맥문학』(1959)을 발간하게 된다.(같은 쪽)

17) 『두타문학』 7집의 '두타문학동인회 약사'(31쪽) 등 참조. 이들에 대한 사료적 기록은 남기택, 「삼척지역문학의 양상 고찰」, 『한국언어문학』 67집, 한국언어문학회, 2008. 12, 363-364쪽 참조.

서 『두타문학』의 전모를 이해하기 위해서는 이전 매체에 대한 언급이 필수적이라 하겠다. 이 중에서도 실질적인 연관관계를 지닌 매체는 『동예(東藝)』(동예문학회)와 『불모지』(불모지문학회)로 파악된다. 우선 『동예』는 1961년 수기로 등사된 1집이 제작된다. 목차를 보면 다음과 같다.

〈머리말〉 '능금나무의 主人들'……末路
〈창작〉(소설) 「象」……박종철
〈시〉
「밤의 소고」 외 1편……김영준
「北」 외 1편……정일남
「年輪」……이경국
「日岁」 외 1편……김정남
〈수필〉 「손짓」……懤響
〈여운〉[18]
회원명단

목차만을 두고 보자면 강원남부지역 최초의 동인지임에도 제법 장르별 구색을 갖춘 면모를 보인다. 활동한 회원은 위에 나타난 것처럼 김영준, 정일남, 박종철, 이경국, 김정남 등으로서 이들은 자칭 葛山(김영준), 末路(정일남), 蜻岩(박종철) 등의 필명을 사용하며 문학적 멋을 부리는 모습을 보이기도 한다.

애초에 우리는 文壇에 돌을 던지는 作業은 하지 않기로 했다. 그럴 힘도 없거니와 섯불리 돌을 던졌다가는 기관총이나 야포의 사격을 오히려 감당할 수 없다는 이야기였다. 아직 열매가 열리기에는 數年의 其間이 필요하다. 정작 그 時期에 가서 능금나무의 主人들은 文壇에 이 열매를 던져볼 참이다. 그래서 맛과 향기와 生理를 沈滯된 文壇위에 풍겨보자는 것과 나아가

18) 동인지를 내는 동인 각자의 소회를 비유적으로 기록한 잡문에 해당된다.

서는 우리대로의 地方文壇을 世界의 水準에까지 끌어 올리자는데 終局的 目標가 있는 것이다.[19)]

정일남이 쓴 이 글은 "지방문단을 세계의 수준에까지 끌어 올리자"는 포부를 밝히고 있다. 어조는 과장되어 있지만 세계성이라는 보편태를 실현하는 지역성의 구체태에 대한 문제의식은 시대를 앞선 것이었다. 지역문단의 중요성에 대한 인식과 열의만큼은 어느 지역과 비교해도 뒤지지 않아 보인다.

『동예』 2집은 같은 해 11월에 제작되고, 1962년 5월에 3집이 간행된다. 이들의 활동은 그후 중단된다. 동인들의 이직과 군입대 등이 주된 원인인 것으로 파악된다. 여기서 활약했던 김영준, 박종철, 정일남 등은 강원영동지역문학의 1세대로서 기억되고 있으며 실질적으로도 많은 영향을 미친 것을 확인할 수 있다.[20)]

『불모지』는 『동예』의 뒤를 이어 1965년 간행되는데 1집만을 발간하고 만다. 동인으로는 김익하, 이종한, 최홍걸, 정연휘, 박학래 등이 참여하고 있다. 목차는 아래와 같다.

'不毛地 序章'……김익하
〈시〉
「正午 위에서」 외 2편……이종한
「넝마 悲歌」 외 1편……최홍걸
「님의 便紙」……김익하
〈수필〉 「五月의 對話」……정연휘
〈소론〉 「젊은 親友에게」……최홍걸
〈서간〉 「窓門을 열다」……정연휘

---

19) 정일남, 「능금나무의 주인들」(머리말), 『동예』 1집, 7쪽. 이하 동인지의 서지사항은 본문에서도 설명되는바 제호와 호수만 기록하기로 한다.
20) 1세대 문인들의 문학적 경향에 대해서는 남기택, 「삼척지역문학의 양상 고찰」, 앞의 글 참조.

〈小品〉「執念」……이종한
〈단편소설〉「干潟地」……최홍걸
편집후기

이와 같이 동예문학회의 후배 세대로 보이는 문청들이 중심이 되어 『불모지』는 탄생하게 된다. 이 역시 이곳 지역문학장의 당대 여건으로 볼 때 획기적인 사건이있음이 분명하다. 이들은 지역문단 형성과 전개에 큰 역할을 담당하게 되는바 정연휘 시인은 현단계 지역문단을 이끄는 중심 역할을 자임하고 있다.

> 이러할진데 하나의 모임은 不毛地에서 播種하고 싶다는 엄청난 집념(?)에서였다. 不毛地에서 어거리 豊年을 기약하기란 억지에 가까운 無謀한 짓이지만, 土質改養만 하면 알찬 한톨의 열매인들 어찌 結實치 않겠는가. 그러기 爲해선 文學的 土質改養이 不毛地의 課題이며, '나르시즘'의 大地에 竹筍을 기르는데 그 目的이 있다.[21]

김익하가 작성한 이 글은 당대 지역문단의 현실을 '불모지'로 파악하면서, 일종의 소명의식으로 동인활동을 시작하고 있음을 강한 어조로 피력하고 있다.

삼척문학회는 이들의 활동을 토대로 1969년 결성된다. 결성 당시의 동인으로는 김영준, 최홍걸, 정연휘, 김익하, 정일남, 박종철, 김종욱 등이 이름을 올린다.[22] 동인지 1집은 1970년 4월 『삼척시단』이라는 제하로 발행되는데, 가장 먼저 이곳 지역 출신이자 문학평론가로 활동하고 있던 김영기가 축사를 작성한다.

---

21) 김익하, 「불모지의 서장」, 『불모지』 1집, 2쪽.
22) 첫 동인지의 '회원주소록'에 따르면 기타 함영범, 이희돈, 심낙영, 최성희, 박자운, 김형화, 고성범, 김광용, 이종한 등의 명단이 보인다. 『삼척시단』 1집, 31쪽. 타자로 식자하여 등사된 이 동인지는 발행 겸 편집인 삼척문학회, 발행소 삼척문화원, 발행일 1970. 4. 26 등으로 서지사항이 기록되어 있다.

창조한다는 무상의 행위는 그러나 작품집만으로 끝나는 것이 아닌줄 알고 있습니다. 거기에는 오히려 숨겨진 생명의 의지와 보다높은 차원으로서의 갈등 그리고 초극이 있는 것입니다.

또한 세대간의 차이, 이 세계와의 차이, 나아가서는 우주로 비상하는 관념의 편차를 개개인의 위기의식에서 장화(정화)시키는 경고자로서의 임무도 있는 것입니다.

우리가 더 기대를 건다면 아마 그 속에 진리를 모사할 뿐만아니라 진실을 찾아내라고 할 것입니다. 그러나 지금 당장에 요청되는 것은 감정의 지식으로 이해하고 그 지식 위에 생명감을 깃들게 하는 것입니다.[23]

이어서 이 글은 "삼척지방문학이면 당연히 강원도 지방문학인 것이고 한국문학인 것"이요 "그때 지방문학은 한국적이길 원하는 것이고 세계적 보편성을 띠우기를 원하는 것"[24]임을 강조한다.

동인들의 면면을 보면 대부분 아직 등단하지 않은 문청들로서 문학적 열의가 두드러진다. 이러한 열정과 공감을 통해 의욕적인 활동을 시작한 것으로 보인다. 이는 "저이(저희)들은 (……) 아직 습작과정에 있습니다. 그러나 회원 중에는 신춘문예를 거쳐 시인이 되신 정일남 씨 같은 분들도 계심을 알려드립니다"[25]와 같은 자서를 통해서도 확인할 수 있다.

『삼척시단』 1집에는 정일남(「어부사」, 「산울림」), 김영준(「개나리 피다」, 「무제・3」), 김익하(「학은 典刑에 날다」), 정연휘(「기억・4」, 「무궁화 동산」), 함영범(「애틋한 가슴」, 「이대로 간다해도」), 고성범(「흑애」, 「해당화」), 김경희(「파문」, 「이삭」), 이종한(「거리의 푸라타나스」), 김광용(「이사」, 「다리」), 박자운(「하늘」), 최홍걸(「우기」, 「어항속 언어」), 이희돈(「그 우연의 날을」, 「이슬 찾는 아침」) 등이 수록된

23) 김영기, 「門을 여는 첫소리」, 『삼척시단』 1집, 2쪽. 괄호는 인용자.
24) 위의 글, 3쪽.
25) 김영준, 「작품집을 내면서」, 『삼척시단』 1집, 4쪽.

다. 동인 시화전을 계획하고 자료집 겸 제작된 것임을 '편집후기'를 통해 알 수 있다.[26] 이들 작품은 제목에서도 드러나는 것처럼 다소 과잉된 감정을 절제된 수사 없이 장황하게 표출하는 경우가 상당하여 습작기의 전형적 형태를 보인다. 소재나 주제 역시 구체적인 체험에 바탕한 것보다는 추상적이고 보편 서정에 기댄 감상주의 경향이 지배적이다.

밤 불빛은 잠겼네
밤 바다의 불빛은
우리 형들 서러운 불빛.

　　우리가 이 어촌에서
　　길들은 설움이사
　　억대를 이어온 저 붉은 불빛 아닌가.

배 만들어
거기 한 생활 실어 담고
어두운 밤 불빛도 실어 담고
배 멀미 다앓고 난 질긴 목숨들

　　고기잡이에 길든 형들
　　출입하는 길은 하늘 닿은 물길.

(……)

우리 어촌은
뜬 눈으로 밤을 새우고.
해송 허리에 열리는 아침이

26) "삼척문학회 동인 시화전(1970. 4. 26-30. 태백다방)을 계기로 이 작품집이 급히 꾸며졌는데 동인 여러분 시화전이 끝나는 날 합평회를 겸해 웃어보고 싶습니다."(정연휘의 편집후기, 『삼척시단』 1집, 30쪽)

해당화 꽃 한송이로
온 바다를 붉히네.

—정일남, 「어부사」 부분[27)]

그럼에도 불구하고 위 작품은 지역적 삶의 환경과 역사가 농축된 시적 묘사로서 일정한 수준을 보여준다. “이 어촌”의 삶에 담긴 애환을 담화 주체의 변화를 통해 시적으로 이끌어가고 있으며, 감정을 진술하는 것에 그치지 않고 적절한 대상에 이입 전이시키는 데 성공하고 있다. 전문적인 문학수업이 어려웠을 지역의 문화적 토양 속에서 이처럼 자생적이고 의식적인 문학적 지향을 펴나갔던 것은 『두타문학』은 물론 강원지역문학사의 획기적 사건이라 할 만하다.

3. 『두타문학』의 형성과 강원지역문학

『두타문학』 전신인 삼척문학회의 동인지 2집은 동년(1970) 10월 『삼척문학』이라 제호를 변경, 자필 프린트판으로 발행된다. 역시 ‘제3회 광공제’라는 행사의 일환으로 제작되긴 하였으나 같은 해에 두 권의 동인지를 발간하기 위해서는 당시로서 남다른 열정과 노력이 필요했을 것이다.

『삼척문학』 2집에는 1집에 수록된 동인들 외에 박운(「진실」, 「사랑이 싹터오는 계절에서」), 윤성우(「무지개」, 「낙엽」), 이종희(「여행의 노래」, 「고독한 신앙」), 홍말순(「빛바랜 사랑」, 「외로움의 시간에」), 윤경희(「가을의 창을 열자」, 「구름」), 박종철(「불꽃」) 등의 작품이 추가된다. 또한 이란희(「벗에게 띄우는 글」), 정연휘(「어떤 분노와 슬픔의 충격」) 등의 수필과 김익하(「花紋城」)의 소설이 새로운 장르로 포함되고 있다. 편집후기에도 기록되어 있는 것처럼 “시위주에서 종합지로

---

27) 『삼척시단』 1집, 5쪽.

상승한 셈"[28]인 면모는 남다른 성과가 아닐 수 없다.

소설 「화문성」은 "나이/ 열 여덟/ 無涯한 草原에/ 城이 하나// 門은/ 終日/ 噴水로 열리고// 여리게 부픈/ 表皮마다/ 脫紙緬 소리"라는 제사로 시작된다. 이 작품은 제사 그대로 '나'와 어린 소녀 '계원'의 만남과 사별을 그린 소설이다. '나'는 친구가 개원한 해촌 병원을 방문하던 중 폐병 환자로 입원해있던 '계원'을 우연히 만났고, 근 일년 후 병원을 다시 찾았을 때 병세가 악화된 '계원'은 '나'의 품에 안겨 죽음을 맞는다.

> 이윽고 계원은 갔다. 인간이기에 인간품에 안겨 종말을 기다렸단 말인가. 나는 이미 싸느랗게 식은 계원의 시체를 안고 휘청 일어섰다.
> 그리고 병원 반대편인 철길을 바라보며 갈대밭으로 향했다.
> 무더기 바람에 꽃잎이 병약한 계원의 얼굴 위로 떨어졌고 그 떨어진 꽃잎 위로 석양 마무리로 던진 노을이 아슬하게 불타 지고 있었다.
> 그처럼 짙던 아까시아 향기마저 일몰의 순간으로 사라지고 없었다.[29]

통속적인 연애소설의 줄거리와 문체를 지닌 이 작품을 통해 소설의 긴밀한 구성을 기대하기는 어렵다. 그럼에도 불구하고 자연과 인생의 깨달음이나 깊이를 '꽃잎'을 통해 상징하는 서사구조는 통속적 이야기라는 외연을 확장시키는 소설적 기제로 보인다. 소설 속의 '나'와 '계원'을 잇는 도구가 아카시아 숲길에서의 '잎따기 놀이'였고, 해변에서의 개화가 늦은 이유를 조만(早晩)의 이치로 설명하는 것은 어린 소녀였다. 늘 기다리던 사람과 함께 추억의 장소인 아카시아 숲에서 생을 마감한 소녀의 운명은 자연이 지닌 낙차요 생의 꽃무늬('花紋城')임을 이 작품은 상징하고 있다.

『삼척문학』 3집은 1971년 2월, 역시 자필 프린트판으로 제작된다. 여기에는 정일남이 쓴 「동인서약서」와 평론가 김영기의 특별기고문 「

28) 김영준의 편집후기, 『삼척문학』 2집, 67쪽.
29) 김익하, 「화문성」, 『삼척문학』 2집, 65-66쪽.

두타산의 인상」을 필두로 시(김영준, 김형화, 정일남, 이희돈, 함영범, 고성범, 윤경희, 박자운, 윤성우), 수필(박종철), 단편소설(김익하) 등이 수록된다. 그 밖에 특집으로 '시 특집 · 정연휘 편'이 마련되어 신작시 9편이 실리는 등 동인지의 체재를 규모 있게 갖추려 한 흔적이 엿보인다.

1971년 10월에 간행되는 『삼척문학』 4집은 비로소 활자본의 형태를 지닌다. 5집은 공백기를 거쳐 1977년에야 발행되는데, 여기에는 평론가 김영기와의 대담을 전재한 「삼척문학 · 기타」가 주목된다. 이 글은 동인지가 지역문단에서 지닌 위상, 문제점, 그리고 지역문학의 방향성과 기존 동인들의 전반적 작품세계에 대한 촌평을 포함하고 있다.

> 『삼척문학』은 도내 다른 지방과 비교해서 조금도 손색이 없습니다. 춘천의 『예맥문학』 『삼악시』, 원주의 『북원문학』, 강릉의 『조약돌』, 평창의 『돌기와』 등과 비교해도 그렇습니다.[30]

> 지방문학을 중앙문단과의 종속관계로 파악해서는 안됩니다. 대등한 관계의 정립이 아쉽습니다. 모든 사람은 어렸을 때의 체험을 문학적 모티브로 사용합니다. 그것이 곧 향토성의 뿌리입니다. 그러므로 향토성은 자랑스러운 것으로 변용됩니다. 태백산맥의 억센 기상, 동해의 푸르름, 태백탄전의 검은 바람, 그리고 이 모든 것의 역사가 바로 영향을 줄 것입니다. 반면에 여러분들은 향토에 대한 창조적 방향의 제시로 공헌해야 합니다.[31]

두타문학회의 『두타문학』은 1979년에 속간된 6집부터 지금의 동인명과 제호로 변경된다. 지면도 훨씬 풍요로워져서 시, 수필, 단편소설 이외에 꽁트, 동화 장르를 볼 수 있으며, 무엇보다도 김익하의 중편 「삼백 예순 한 개의 못」이 수록되고 있음이 주목된다. 특별기고 형식으로

---

30) 김영기 · 김형화, 「삼척문학 · 기타」(대담), 『삼척문학』 5집, 12쪽.
31) 위의 글, 13쪽.

실린 김영기의 「두타문학론」은 이승휴 문학사상을 중심으로 강원영동 지역의 문학적 역사를 기술하면서 그에 대한 상징으로 '두타문학'이라는 표제를 내세우고 있다.

> (……) 따지고 보면 두타 · 죽서의 이름은 이승휴와 연결되어 있고 고려 중기에 발흥한 민족서사시 「제왕운기」의 정신과 연결되어 있다. 그러므로 '두타문학'은 향토문학으로 머물러 있는 것이 아니라 민속문학으로 뻗어나가는 것이며 한국적 진실을 말할 뿐만 아니라 한국적인 것의 모든 것을 말하며 한국문학을 창조적 영역으로 확대해 나가는 것이어야 할 것이다.[32)]

이를 통해 두타문학회로의 개명 의도와 지향을 알 수 있다. 기존 '삼척문학'이 환기하는 국지적 의미를 벗어나 지역색을 드러내면서도 보편성을 상징하는 표제로서 '두타문학'은 선택된 것으로 보인다. 이에 앞서 동인 대표 역시 "두타문학으로 改題하면서 오늘을 바탕으로 내일을 설계하는 정신적 자세를 확립하여 지역사회에 기여하는 문학인으로서의 긍지와 보람을 자랑으로 알며 진취적이고 행동적인 정진을 다짐"[33)]함으로써 위의 과정과 의도를 설명하고 있지만 문학이론적인 논의는 김영기의 글로부터 부각된다. 한편 이러한 사실을 통해 두타문학회의 형성과 전개 과정에서 김영기를 비롯한 일세대 문인들의 입장이 많은 영향을 미치고 있음 역시 추론할 수 있다.

> 이 벌판을 누가 만들었는가.
> 이 벌판에서 누가 목숨을 뿌려놓고
> 무슨 理由 하나로
> 아주 버리지를 못하고
> 바닷바람에 귀를 적시면서
> 서로 다른 바다를

---

32) 김영기, 「두타문학론」, 『두타문학』 6집, 12쪽.
33) 김영준, 「또 다시 신념을」(머리말), 『두타문학』 6집, 6쪽.

이 벌판에 심어 왔는가.

내 고향은 아니지만
이 질곡의 땅 어디에
오촌 숙모는 살아가고
北坪땅 어디에 가 보아도
버릴 것 하나 없는 공간,
조금씩 소금 섞인 바람 불어오지만
日本 사람이 세워놓은 제철소만이
붉게 비애가 녹쓸어 있다.

누가 서쪽으로 멀리
南韓으로 두타산을 달리게 하고
누가 이 단조로운 해안선을
北韓으로 멀리 치달리게 하는가.

—정일남, 「北坪」 전문[34)]

6집에 실린 이 작품은 초기로부터 지속된 정일남 시가 지역적 삶의 형상화로써 이룬 하나의 지평을 보여준다. 동해시 북평동 일원의 지형과 역사를 소재로 한 이 작품은 지역의 오랜 경험으로부터 빚어지는 문학지리적 공간성을 창출한다. '바닷바람'과 '벌판'이라는 외형적 요소와 "질곡의 땅"과 "붉은 비애"의 내면적 삶이 남북을 아울러 반도의 그것으로 확대되고 있으며, 그 과정에서 '북평'이라는 역사적 공간을 적절히 형상화하고 있다.

한쪽박의 샘물을
안으로 쌓아
다시금 피워올리는

---

34) 『두타문학』 6집, 14쪽.

숨결을 듣는가
魚缸은

스스로의 정맥을 뚫어
진한 밤의 內部로
이윽고 뿌려지는
日月의 鮮血인가
어항은

홍진의 두터운
空間 사이를 헤엄쳐
짧은 年輪의
부력을 시험하는가
魚缸은

깊은 잠에서 깨어나
수척한 초침의
逆回를 보는가
魚缸은

—최홍걸, 「魚缸」 전문[35]

한편 위 작품은 사물에 대한 주지적이고도 즉물적인 묘사를 통해 '어항'의 존재론적 비의를 드러낸다. 사물에 대한 깊이 있는 관찰과 탁월한 묘사능력을 보여주는 작품이라 하겠다. 이 작품을 포함하여 『두타문학』의 순수서정적 작품 경향에 대해 "자기의 세계를 구축하면서 어떤 유파나 사조에도 영향 받지 않고 독특한 예술성을 발휘하는 경우"[36]로 해석하는 견해가 있다. 물론 이는 지역문단의 방향에 대한 바람이 담긴 언급이겠지만, 위 최홍걸 식 서정은 그에 손색없는 자신만의 개성

35) 『두타문학』 6집, 23쪽.
36) 김영기 · 김형화, 앞의 글, 16쪽.

과 문체를 형성하고 있는 듯하다.

『두타문학』은 1983년 시화전 자료집 형태로 약식 발행한 7집을 거쳐 8집(1985)부터는 제대로 된 연간지 형식을 갖춘다. 이때부터는 완전한 자생력을 지니어 2009년 현재 32집에 이르고 있다. 여기에는 『삼척문학』 시절부터 편집을 담당했던 시인 정연휘의 노력이 큰 원동력으로 작용했던 것으로 파악된다.[37]

이처럼 『두타문학』은 전체적으로 시장르의 우위를 보이는 가운데 소설, 산문, 아동문학 등 다양한 장르의 창작이 지속적으로 이어지고 있다. 내용적으로는 전통적 리리시즘 경향을 위시하여 지역적 경험이나 이른바 향토문학의 양상이 주종을 이룬다. 이는 그대로 강원지역문학의 특성에 해당된다. 한편 지역문학의 정체성이 고정된 실체가 아니라 유동적이고 구성적 개념이라는 점을 염두에 두어야 할 것이다. 중요한 것은 『두타문학』 및 강원지역문학의 정체성이 무엇인가 라는 질문보다는 그것을 어떻게 형상화해 나갈 것인가에 있다고 본다. 이와 관련하여 기존의 문학사적 방법과 미학적 기준에 대한 재고가 필요하다. 지역문학론은 텍스트의 실증적 의미를 밝혀내는 작업뿐만 아니라 지역문학을 보는 미학적 기준을 새롭게 설정하고, 연구방법론을 체계화하려는 시도를 동반해야 한다. 창작방법에 있어서도 기존의 미적 판단기준이 지닌 폭을 넓히고, 지역적 삶의 형상화라는 큰 틀에서 다양한 문학적 실천을 위한 노력이 필요하다 하겠다.

이 글은 지금까지 강원지역의 매체적 양상 중 대표적인 경우를 예시하고 초기 『두타문학』을 중심으로 그 특성을 살펴보았다. 강원지역의 근현대문학장은 1950년대에 이르러 본격적으로 성립되었으며, 동인지

37) 동해와 삼척은 물론 강원지역문학의 주요 자료인 『두타문학』의 전모는 정연휘에 의해 생생히 보존되어 왔다. 『두타문학』의 전신이라 할 『동예』, 『불모지』 등의 동인지는 물론 『두타문학』 전권을 그는 소장하고 있다. 지역문학자료는 어느 도서관에서도 전편을 구하기 힘든 실정이다. 필자 역시 그에 빚진 바 지면을 빌려 사의를 표한다.

를 중심으로 하는 문학매체가 주종을 이루고 있다. 특히 『관동문학』, 『돌기와』, 『두타문학』, 『예맥문학』 등은 이 지역의 대표적 동인지라 하겠다.

기타 문학매체의 양상으로는 각 문인단체의 기관지 형태와 전문 문예지 및 신문의 양상을 들 수 있다. 『강원문학』과 『강원작가』, 『동안』 및 『강원일보』 등을 예시할 수 있겠다. 이들 매체는 각각 현단계 지역문화의 활성화를 위한 다양한 활동을 전개하고 있다.

『두타문학』으로 본 강원영동지역의 문학활동은 1960년대를 전후하여 본격적으로 전개된다. 이 글에서는 『두타문학』의 전사라 할 수 있는 『동예』와 『불모지』, 이어 『삼척시단』, 『삼척문단』으로의 전개과정을 살펴보았다. 또한 초기 『두타문학』의 구성과 지향을 통해 강원영동지역문학장의 특성을 추론하였다.

이를 종합하자면 강원지역문학은 세부 지역별 동인지를 중심으로 하는 매체적 양상을 지닌다. 또한 그 내용으로는 전통적 서정과 부분적이지만 지역적 특수성을 문학적으로 형상화하는 경향을 볼 수 있다. 이 모든 현상이 강원지역문학의 정체성과 관련될 것이지만 지역적 특성을 전략적으로 전유하려는 노력이 보다 필요하다 하겠다. 지역의 삶에 바탕한 지역성의 전유야말로 지역문학이라는 범주적 정당성을 위한 필수적 자질이기 때문이다.

『두타문학』의 문학적 양상은 강원영동지역은 물론 강원문학의 정체성을 형성하는 일요소가 된다. 강원문학은 이러한 기존 양상을 계승함은 물론 보다 다양한 문학활동을 의식적으로 실천해야 하리라 본다. 『두타문학』으로 본 기존 양상은 다소 일방적 흐름을 반복하고 있기 때문이다. 제도적으로 고착화된 시낭송 및 시화전, 연간지 형태의 동인지 발간 등으로는 문학의 다양성을 실현하거나 한국문학을 선도하기 어렵다. 보다 전문적이고 다양한 창작활동을 통해 지역문학의 진정성과 소수성을 선취해야 할 것이다. 지역문학에 대한 학술적 조명 역시 기타 사료에 대한 심층적이고도 실증적인 접근을 앞으로의 과제로 남겨놓고 있다.

‘생태-지역시’의 모색과 전망

1. 생태시론의 현황과 과제

오늘날 생태학(ecology)의 시대적 당위성에 대해서는 전지구적 공감대가 형성되어 있는 듯하다. 심각한 환경 변화와 그에 따른 공멸의 위기가 이른바 ‘생태학적 전환(ecological turn)’을 가져왔고, 이제 시대적 명제로서 거의 모든 분야에 영향을 미치고 있는 것이다. 초국가적 환경 정책, 일상화된 환경운동, 다양한 분과 학문의 파생 등 예를 들지 않더라도 생태학의 중요성을 반증하는 사례는 어느 분야에서든 쉽게 확인된다.

한국문학장에 있어서 생태 담론이 주요한 범주로 부각된 것은 거대 담론의 시기를 거친 이후, 시기적으로 1990년대를 전후해서이다. 문학과 생태학의 결합은 리얼리즘과 모더니즘으로 대별되던 한국문학의 두 동력이 실질적 지평을 상실하던 시기와 맞물리면서 하나의 대안적 범주로 등장, 이론적 · 창작적 지침을 제공하고 있다.[1)]

서구의 문학 담론에서 ‘생태시(ecopoetry, eclogical poetry)’란 일반적으로 “생태중심주의(ecocentrism), 야생성에 대한 겸허한 인식(a humble appreciation of wildness), 초이성성과 그 결과 과학기술에의 과잉의존

---

1) 90년대를 전후한 생태문학의 부각 이전에도 그에 관한 문학사료가 존재함은 당연하다. 다만 이 글에서 전제하는 생태문학의 개념이 사회적 실천을 강조하는 생태사회학적 관점이라는 점에서 90년대 이후의 본격적 시도에 주목하는 기술이다. 한편 이 같은 발생적 맥락은 각종 포스트모던 담론, 몸 담론, 후기구조주의, 탈식민주의 등의 등장 과정에도 동일하게 적용될 수 있겠다.

에 대한 회의(a skepticism toward hyperrationality and its resultant overreliance on technology)" 등을 주요 특징으로 지닌다.[2] 국내의 논의도 대개 비슷한 합의과정에 이르고 있다. 기존 생태시 논의를 학문적으로 집약한 임도한은 현대 생태학의 문제의식이 기반이 된 문학을 '생태문학'으로, 환경문제의 심각성에 대한 인식과 그에 대한 문제의식이 표면화되기 시작한 1970년대 이후의 작품을 '한국 현대 생태시'로 규정하고 있다.[3]

이에 대한 기존의 논의는 일일이 개관하기가 어려울 정도로 활황을 보이고 있는데,[4] 이는 생태시에 대한 그만큼 높은 관심을 반영하는 현상이다. 생태문학에 관한 기존 논의를 참고하면서, 이로부터 비롯되는 생태문학의 발본적 성격, 즉 그것이 지닌 정치적 성격을 다시 환기하고자 한다. 정치적 의미망이라 함은 난관에 빠진 문학의 지형을 극복하고자 하는 이념적 모색에서 생태문학이 비롯된 것이라는 발생적 맥락을 가리킨다. 생태학의 사유는 새로운 시대적 감수성과 근대라는 제도적 모순에 대한 인식을 내재화하고 있는바,[5] 생태 이념의 실현을 위해서

---

2) 신양숙, 「생태시란 무엇인가?」, 『문학과 환경』 4권, 문학과환경학회, 2005. 10, 187쪽. 이 논문은 J. Scott Bryson의 *Ecopoetry: A Crytical Introduction*(The University of Utah Press, 2002)을 리뷰한 글이다. 원저는 '생태시의 선조들', '성공한 생태시인들', '생태시의 경계를 확장하며' 등의 장으로 서구의 다양한 생태시 관련 비평을 소개하고 있다고 한다.

3) 임도한, 「한국 현대 생태시 연구」, 고려대 박사학위논문, 1999, 27쪽. 그는 이어서 "생태학적 문제의식이란, 오늘날 환경 위기의 심각성을 인식하고 위기의 원인에 대한 근본적인 분석과 반성 작업에 임하는 것"(같은 쪽)이라고 전제하고 있다.

4) 이에 대한 국내외 연구 동향에 대해서는 위의 글과 장정렬, 「한국 현대 생태주의 시 연구」(한남대 박사학위논문, 1999) 참조. 그 밖에 최근 논의들은 유성호, 「생태 시학의 형상과 논리」(『문학과 환경』 6권 1호, 문학과환경학회, 2007. 6), 김선태, 「한국 생태시의 현황과 과제」(『비평문학』 28호, 한국비평문학회, 2008. 4), 강연호, 「생태학적 상상력과 현대시」(『한국문학이론과 비평』 39집, 한국문학이론과비평학회, 2008. 6) 등에 집약되어 있다.

5) 신철하, 「문화운동과 생태자치—김지하 미학론의 현재성」, 『미완의 시대와 문학』, 실천문학사, 2007, 78쪽.

는 대사회적 지향과 개별적 실천의 '문학 외적' 수요가 필연적으로 요청된다.

이 글에서는 생태문학 중에서도 특히 활황을 보이고 있는 생태시에 국한하여 이론적 지형을 점검하고 대안을 모색해보고자 한다. 그 일환으로 생태시 연구에서 고려할 만한 방법론적 고찰을 시도한다. 이와 관련 오늘날 삶의 조건과 정치 구도를 상징하는 '생명권력(bio-power)'의 개념에 주목하여 네그리, 아감벤, 에스포지토 등의 이론적 입장으로부터 생태시의 가능한 방향을 모색하는 시론적 고찰이 될 것이다. 또한 생태주의와 지역문학을 결합한 '생태-지역시(eco-regional poetry)' 개념을 도출하여 실천적 대안으로 제시하고자 한다. 장르상으로 시문학에 주목하여 현황과 전망을 살피는 것은, 현단계 생태문학 논의의 양상이 시장르에 치중되고 있는 점을 전제한다면, 그대로 생태문학의 향방을 가늠하는 하나의 지표일 수 있으리라 본다.

생태시에 관한 논의는 생태문학의 본격 전개와 더불어 90년대 이후 급증하고 있다. 개별 작가와 작품에 대한 생태학적 접근을 포함한다면 더욱 방대한 체계를 이룬다. 이런 현황은 우리 문학과 생태학의 친연성을 반증하는 사례일 것이다. 이들 논의의 상당수는 생태문학(시)의 개념 및 기원과 전개, 유형과 의의 등을 개관하고 있다. 용어와 강조점은 차이가 있되 생태시의 당위성을 확인하고 주요 내용 및 유형을 정리하는 일정한 패턴을 보이는 것이 특징 중 하나인 것이다. 임도한은 이에 관한 기존 논의를 종합하면서 시의식의 발전 단계에 따라 '환경오염의 현장 고발 및 현대문명 비판, 생태학적 자각 유도, 생태학적 전망 구현' 등으로 생태시의 유형을 나누고 있다.[6)]

이어지는 논의들 역시 대동소이하다. 최근의 논의를 간략히 점검하자면, 강연호는 최동호, 송희복, 이형권 등의 논의를 대표적 사례로 들

---

6) 임도한, 「한국 현대 생태시 연구」, 앞의 글, 60쪽.

면서 이들의 생태시 유형화 시도는 생태문학에 대한 일반적 논의 양상과 유사하다고 진단한다. 그에 따라 생태학적 상상력의 시적 구현 양상을 '생태 위기의 인식과 비판, 생태 본질의 성찰과 의식의 전환, 생태 미래를 향한 교감과 합일' 등으로 규정하고 있다.[7] 이처럼 강연호의 글은 생태시 논의를 종합 요약한 후 생태시 양상을 요령 있게 정리하고 있어서 기존의 연구 동향을 살피는 데 도움을 준다. 그럼에도 불구하고 작품에 대한 심층적 분석이나 이론적 대안을 제시하기에는 역부족이다. 생태시의 범주 구분도 기존 논의와 크게 다르지 않다. 결론에서 대안을 제시하는 부분은 스스로 경계한 "추상적 당위론"[8]의 수준을 벗어나고 있지 못한 듯하다. 그러나 이것은 이 글만의 한계가 아닌 일반론적으로 기술된 대개 생태시론의 선험적 한계일 것이요 이 글 역시 예외일 수 없다.

김선태는 선행 송희복의 분류 방식을 따라 생태학적 문명비판시와 생태학적 서정시로 생태시의 전개 양상을 개관한 후, 한계와 문제점을 제기한다.[9] 그 과정에서 도출된 관습적 소재, 문학적 형상화, 선시풍, 자연 인식의 오류, 농경사회 동경, 관념성 등의 지적은 설득력을 지니지만 역시 일반론적이다. 결론에서 강조하는 "생태학적 인식의 심화"[10]가 생태시의 창작 방향에서는 물론 비평 및 이론의 차원에서도 필요하리라 본다.

그 밖에 현단계 관련 연구를 종합해보면 생태시에 관한 개관과 당위적 위상 강조는 충분한 수준이라는 것을 알 수 있다. 이는 당위론을 넘어서 구체적 방법론과 심도 있는 실증적 논의가 필요한 시점이라는 것을 시사한다. 여기에 대해서도 이미 기존의 언급들이 있다. 예컨대

7) 강연호, 「생태학적 상상력과 현대시」, 앞의 글, 117쪽.
8) 위의 글, 135쪽.
9) 김선태, 「한국 생태시의 현황과 과제」, 앞의 글, 13-14쪽.
10) 위의 글, 28쪽.

남송우는 기존 작품론은 녹색문학으로서의 가능성을 확인하는 수준에 그치고 있는 점이 한계이며, 기타 서구와의 적극적 비교검토 부족, 비판적 안목 부재 등의 문제를 지닌다고 지적한다.[11] 또한 김용민은 생태문학 연구의 궁극적 목표는 유형 분류가 아니라 진정한 문제 제기와 대안 제시, 생태계 문제 해결에 문학이 기여할 수 있는 방향의 탐구라고 강조한다.[12] 이에 대한 실증적 연구가 창작적 노력과 함께 지속될 때 생태시는 이 시대 문화 담론의 진정한 견인차로 기능할 수 있을 것이다.

생태시학이 지닌 가치는 실로 다양하고 매력적이다. 무엇보다도 시대적 화두인 '통섭'의 이론적 토대를 제공할 수 있다. 진정한 생태시학의 발현은 다양한 학제간 연구를 필수적으로 요청하기 때문이다. 그리하여 생태학은 새로운 세기의 지배적 문화 담론으로 기능할 수 있다는 주장도 공공연하다. 이른바 '탈근대 생태학의 기획(postmodern ecology project)'은 21세기의 새로운 문화윤리학이 될 수 있다는 것이다.[13]

이 점에 주목하여 문학 내적 파생의 예를 연구한 기존 논의를 이어 소개하기로 한다. 생태시는 현장 교육에서도 효율적으로 활용될 수 있는 기제를 담보하고 있다. 김수이는 "급속한 변화에 따라 문학의 형질과 존재 방식이 변하고 있는 현 상황을 문학교육에도 생생히 적용해야 한다"[14]는 상호텍스트적 문학교육관을 강조하며 생태시 교육에서의

---

11) 남송우, 「생태문학론 혹은 녹색문학론의 현황과 과제」, 신덕룡 엮음, 『초록 생명의 길 · II』, 시와사람, 2001, 22-25쪽 참조.

12) 김용민, 「생태사회를 위한 문학」, 신덕룡 엮음, 『초록 생명의 길 · II』, 앞의 책, 40쪽.

13) 정정호, 「탈근대 문화윤리학과 생태학적 유토피아」, 『문학과 환경』, 중앙대출판부, 2003, 93쪽. 이어서 정정호는 이에 대한 예로써 들뢰즈와 가타리의 '리좀의 세계'를 든다. 하지만 들뢰즈 사상의 유목성을 '탈근대적 생태학'의 관점으로 일반화하는 것은 문제적이다. 들뢰즈와 가타리의 노마디즘에 바탕한 정치적 상상력이 간과되어 있기 때문이다. 근대성 일반을 부정하고 탈근대적 생태학의 입장으로 들뢰즈의 사상이 전유되는 맥락에는 논리적 비약이 따른다고 본다.

텍스트 선정을 시도하고 있다. 생태시의 성과를 현장 교육에 적극적으로 활용하고자 하는 김수이의 시도는 시의적인 의미를 지닌다. 그러나 생태시의 교육 목표가 지나치게 문학 외적으로 초점화되는 것도 경계해야 할 문제이다. 생태시가 문학과 사회문화의 상호텍스트성을 미학원리로 내재하고 있음은 사실이지만, 생태학에 관한 인식론적 전환의 수단으로만 전용될 수는 없을 것이다. 그 밖에 텍스트 선정의 자의성 문제를 포함하여 생태시론은 이 미묘한 사이—내재적 완성과 외재적 실천 간—의 간극을 부단한 이론적 검증과 실천적 노력을 통해 메워가야 하리라고 본다.

이상 약술한 현단계 생태시론의 현황을 통해서 시급한 천착 대상을 도출하자면 정치한 방법론적 대안을 우선 들 수 있다. 방법론과 관련하여 유성호는 생태시학의 형상과 논리적 지향을 살핀다는 전제 아래 '시간 인식과 생명 현상'의 감각과 묘사에 주목하고 있다. 생태시학은 전지구적 자본주의에 대한 저항 담론이자 대안 담론이 될 수 있으며, 이를 위해 시간 관념과 생명 현상의 세밀한 육화가 필요하다는 것이다.[15] 그 밖에도 생태시의 다양한 가치를 현재화할 수 있는 보다 세밀한 범주와 방법이 아쉬운 것이 사실이다.

연관되는 문제이기도 하지만, 현단계 생태시 담론이 지닌 한계 중 하나는 이론적 창작적 영역 공히 '생태시의 현실구성력'에 대한 이해의 부족에 있다. 생태시의 현실구성력이란 생태시 담론이 지니는 실정적 영향(positivity)이라고 할 수 있을 것이다. 기존의 생태시 연구는 현상 추수적 기능에 치중하는 경향이 있고, 이는 생태시의 문학사상적・방법론적 대안에 대한 심층적 인식과 노력이 부족하다는 말과 같다. 어느 자연과학자의 지적처럼 현재 양산되고 있는 생태시 작품이나 평론, 논

14) 김수이, 「생태시의 교육 목표와 범주 설정—문학 교과서 수록작품 선정을 위한 시론」, 『비평문학』 28호, 한국비평문학회, 2008. 4, 37-38쪽.
15) 유성호, 「생태 시학의 형상과 논리」, 앞의 글, 115쪽.

문에서 정작 현대 과학기술과 관련된 이야기는 부족하여 '현실적합성'을 결여하고 있는 것이 사실이다.[16] 뼈아픈 자기반성과 학제간 연구가 필요한 시점이다.

2. 생명정치와 생태시학

생태시 담론이 현실적합성을 지니기 위해서는 현대 과학기술에 대한 이해를 통해 인문학적 지식에 원용할 수 있어야 하는 동시에 정치사회적 상상력을 적극적으로 모색해야 할 것이다. 정치사회적 상상력은 생태문학의 발생적 조건이기도 하며, 오늘날 문학의 정론성 상실을 가리켜 일컫는 '죽음'의 선언에 대응하는 방법이기도 하다.

생태시론의 정치사회적 입론과 관련된 기존 논의 중에는 포스트모더니즘과의 관계에 대한 고찰이 있다. 이에 대해 윤지관은 생태문학이 지니고 있는 이분법적 사고를 경계하고 사회적 특수성을 접목시킬 것을 강조한 바 있다.[17] 윤지관의 논리가 다소 비약적인 것은 생태문학과 포스트모더니즘의 입론을 등치시킨 후 포스트모더니즘을 자본 확장의 문화논리로 일반화하는 점, 결국 리얼리즘과의 결합을 능사로 단정하는 점 등에서 발견된다. 하지만 생태학적 인식이 계급, 민족, 독재, 분단 등 구체적이고 사회적인 인식을 동반해야 한다는 지적에는 이론의 여지가 없다. 오늘날 생태시의 현황을 보면 "우리가 처해 있는 사회현실의 구체성 대신 문명 일반의 파괴성만이 강조될 위험"[18] 앞에 자유롭지 못한 것이 사실이다.

반면 김성곤은 몸 담론 · 생태주의 등이 포스트모더니즘과 불가분의

16) 이필렬, 「과학기술과 인문학의 역할」, 『녹색평론』, 2005, 9-10, 152쪽.
17) 윤지관, 「'녹색문학', 무엇이 문제인가—생태학적 상상력의 올바른 발현을 위하여」, 『문학사상』, 1999년 7월호 참조.
18) 위의 글, 101쪽.

관계에 있는 맥락을 강조하며 포스트모더니즘 자체를 부정적으로 가치 평가하는 입장을 지적 무지로 일축한다.[19] 이들 논의는 대상 자체가 방대하기 때문에 별도의 각론으로 따져봐야 하리라고 본다. 포스트모더니즘이 거대 담론의 시대를 선회하여 대두된 근대 극복의 이론적 모색인 것은 사실이지만 이 역시 또 하나의 트렌드와 정치적 입장을 함의한 중층적 현상인 것 역시 명확하다. 문제는 중층성 속에 내재되어 있을 긍정적인 요소를 어떻게 전유하느냐에 있을 것이다.

포스트모더니즘의 부정적 가능성 중의 하나가 새로운 제국적 질서의 문화 담론 기능이었듯이 '문학의 녹색적 본질'[20]이 지니는 형이상학적 의미망은 보다 구체적으로 현실에 접목되어야 한다. 그것은 문학의 녹색이념과 가치를 실현하려는 노력과 다르지 않을 것이다. 이와 관련하여 이 글은 생태시가 주목해야 할 환경의 변화에 주목하고자 한다. 오늘날 생태환경의 위기를 낳게 한 요인으로서 구조화된 '생명권력(bio-power)'의 양상을 들 수 있다. 푸코에 의해 정식화된 생명권력 개념은 규율 사회의 권력 메커니즘을 적절히 설명한다. 푸코의 이론적 함의를 전제하지 않더라도 우리 사회의 권력이 구성원의 생명활동과 직결된다는 사실은 일상적 풍경으로부터 쉽게 확인할 수 있다. 최근의 사례로 정권의 무능에 대한 국민의 요구가 다수의 불법자를 규정한 채 성공적으로 '정화된' 촛불집회 양상은 동시대 생명권력이 지닌 포획의 힘을 증거한다.

푸코로부터 나아가 아감벤은 현대인의 운명을 '호모 사케르(homo sacer)'로 명명한다. 이는 현대인이 고대의 제의물과 같이 무시로 죽임 앞에 속수무책인 희생양과 같은 존재라는 뜻이다.[21] 이러한 주장은 고

---

19) 김성곤, 「녹색문화와 포스트모더니즘, 그리고 녹색—50년대 말 시작된 녹색문학의 본령과 전망들」, 『문학사상』, 1999년 7월호, 84-86쪽 참조.

20) 이남호, 『녹색을 위한 문학』, 민음사, 1998, 22쪽.

21) 조르조 아감벤(Giorgio Agamben), 박진우 옮김, 『호모 사케르』, 새물결, 2008. 'sacer'는 '성스럽게 되다'라는 의미와 함께 '저주를 받다'라는 의미를 동시에

대 그리스의 어법인 '조에(zoe, 모든 생명체에 공통된 것, 살아 있음이라는 단순한 사실)'와 '비오스(bios, 어떤 개인이나 집단에 특유한 삶의 형태나 방식)'의 구분을 수용하여 가치 있는 삶이라는 특정한 삶의 양식을 단순한 자연 생명과 구분하는 데서 비롯된다.[22] 결국 호모 사케르의 '헐벗은 삶(nuda vita, 벌거벗겨진/순수한 삶)'은 정치로부터 배제된 형태로만 정치의 영역 안에 포함될 수 있는 역설적인 존재이며 이는 현대 정치의 일탈이나 실패가 아니라 "현대인 모두의 잠재성을 가시화하는 본보기(paradigm)"라는 것이다.[23]

아감벤의 입론은 '주권 대 헐벗은 삶'이라는 운명적 구도를 벗어날 수 없는 현대인들에게 근본적이고 대안적인 사유의 방향을 제시한다. 기존 정치철학의 범주들이 처한 딜레마, 즉 지배와 배제의 반복 모순을 인식하고 이를 해결할 수 있는 법과 삶의 관계를 숙고하도록 유도하는 것이다.[24] 이러한 시사점은 생태시학의 현실 인식에도 원용될 수 있다. 존재와 순환의 고리를 임의적으로 통제하는 생명권력의 전횡은 생태시의 근본적 태도와 상치되며, 제도와 삶의 관계에 대한 항상적 성찰은 '생태학적 인식 전환'의 주요한 계기이기 때문이다.

이러한 시사적인 입론에도 불구하고 아감벤의 명제를 그대로 수용하기에는 난관이 따른다. 이진경에 따르면 아감벤의 생명정치학은 지나치게 '휴머니즘적'이다. 생명권력 내지 생명정치의 문제는 인간의 삶을 특권화해서 접근할 수 없다. 즉 아감벤이 주장하듯 인간의 삶이 동물적인 생명으로 다루어지는 게 문제가 아니라 인간중심적으로 기타 존재

갖고 있는 라틴어이다.(45쪽 역주) 아감벤은 이를 "살해는 가능하되 희생물로 바칠 수는 없는 생명"(45쪽, 177쪽)으로 규정하며, 현대인의 삶의 조건과 주권 권력의 구조를 설명하는 키워드로 활용하고 있다.

22) 위의 책, 33-34쪽.

23) 유홍림 · 홍철기, 「조르지오 아감벤의 포스트모던 정치철학—주권, 헐벗은 삶, 그리고 잠재성의 정치」, 『정치사상연구』 13집 2호, 한국정치사학회, 2007. 11, 155-158쪽.

24) 위의 글, 180쪽 참조.

를 다루는 것이 생명정치의 본질이라는 것이다.[25] 그렇게 볼 때 아감벤의 입장은 이른바 심층생태학의 관점과도 상충된다.

반면 네그리와 하트는 생명정치적 생산을 인식하려는 기존 연구(푸코, 들뢰즈와 가타리, 현대 이탈리아 맑스주의 저자들)의 특징을 결합하여 생명정치적 신체의 새로운 형상을 확인한다. 요컨대 이 신체는 생산이자 재생산이고 구조(토대)이자 상부구조이다. 이렇듯 네그리는 '내재성(immanence)의 구도'를 강조한다. 주체와 대상을 유토피아적 외부의 초월적 가능성이 아니라 내재성의 관계, 즉 자기 생산의 과정에 두어야 한다는 것이다. 따라서 오늘날의 정치적 담론은 "미래를 위한 공백"이 아닌 대중의 현실적 활동과 생산에 존재론적으로 근거한 대항권력이어야 한다고 말한다.[26] 네그리의 생명정치는 긍정적인 방향에서 시대적 대응의 방법론으로 적극 모색되고 있음을 알 수 있다.

한편 에스포지토는 네그리가 긍정적으로 묘사하는 생명정치가 아감벤이 비판하는 생명정치와 극도로 대비된다는 점을 정확히 지적하고 대안을 제시한다. 에스포지토에 따르면 아감벤과 네그리가 생명정치에 대해 상반되는 입장을 지니고 있는 것은 애당초 푸코가 정식화한 생명정치가 정치와 삶의 연관성을 외재적인 방식으로만 생각한 데서 기인한다. 이에 반해 자신은 '면역화 패러다임'을 통해 정치와 삶의 유기적 연계성을 탐구하는데, 예컨대 산모의 면역체계는 이질적인 것을 가로막는 방어벽이나 무기가 아니라 이질적인 것과 상호소통할 때 사용하는 '여과장치' 같은 것이다. 이는 나(산모)와 타자(태아)의 '집단적 현존'임과 동시에 '사회적 흐름'인 공동체성을 가능케 해주는 원인이라고 한다. 마찬가지로 삶과 정치의 관계는 외재적 형태로 병치되기보다는 서

25) 이진경, 「근대적 생명정치의 계보학적 계기들—생명복제시대의 생명정치학을 위하여」, 『시대와 철학』 18권 4호, 2007, 99쪽.
26) 안토니오 네그리 · 마이클 하트, 윤수종 옮김, 『제국』, 이학사, 2001, 51-63쪽, 103-107쪽.

로와의 관계맺음을 근거로 해서만 의미를 갖게 되는 두 가지 구성요소라는 것이다.[27)]

이상 다소 장황하지만 생명정치와 관련된 입장을 요약해 보았다. 그 밖에도 생태시의 사회학적 상상력과 관련해서 머레이 북친의 사회생태주의를 빼놓을 수 없겠으나[28)] 이 글에서는 생명권력 혹은 생명정치와 제국의 환경 변화를 바탕으로 한 논의틀을 주로 참고하였다. 위의 이론적 지평들이 그대로 우리 사회에 적용될 수는 없겠지만, 이들이 우려하는 근대적 생명정치와 나아가 제국적 신질서는 나날이 공고화되고 있다. 따라서 이로부터 전지구적 자본주의와 제국적 생명정치에 대응할 수 있는 생태시학의 방법적 틀을 모색하는 것이 무비판적인 이론 추수는 아니리라 본다. 네그리와 에스포지토가 강조하는바 내재성의 확보를 통한 유기적 삶의 회복은 생태학적 세계관의 지향과 다르지 않다. 이러한 정치철학적 인식은 생태시학의 활성화는 물론 이를 담보하는 물질적 조건인 주체의 실천적 삶을 이끌어낼 수 있다. 생태시가 경도되기 쉬운 초월적 가치 지향으로부터의 적절한 거리도 이로부터 유지될 수 있으리라 본다.

생태시 논의의 현장에 이 같은 정치철학적 사유를 개입시키는 것도 생명정치의 시대에 대응하는 실천적 노력의 일환일 것이다. 생태시론에서 거론되는 전범적 작품과 가장 최근의 작품을 통해 실례를 들기로 한다.

---

27) 이상 로렌조 키에사(Lorenzo Chiesa), 「에스포지토(Roberto Esposito), 아감벤과 네그리를 넘어서」(『대학원신문』 253호, 중앙대학교, 2008. 10. 1)에서 요약. 결론적으로 "삶은 결코 권력관계의 외부에 존재하지 않으며 이와 동시에 권력 역시 결코 삶의 외부에 존재하지 않는다. 정치는 삶을 살아가게 만드는 가능성, 혹은 도구일 뿐이"라는 것이 에스포지토의 입장이라고 한다.

28) 머레이 북친, 『사회생태주의란 무엇인가』, 민음사, 1998 참조. 북친의 입론은 사회학적 인식을 강조하는 원론적 입장을 지니지만 그 자신의 무정부주의적 경향과 현대 이탈리아 사상과의 차이 역시 분명하다고 본다. 이에 대해서는 후속 논의를 통해 다루고자 한다.

봄에
가만 보니
꽃대가 흔들린다

흙 밑으로부터
밀고 올라오던 치열한
중심의 힘

꽃피어
퍼지려
사방으로 흩어지려

괴롭다
흔들린다

나도 흔들린다

내일
시골 가
가
비우리라 피우리라.

―김지하, 「중심의 괴로움」[29] 전문

김지하의 생명사상은 잘 알려져 있다. 그의 최근 작품은 생태시의 장을 새롭게 열고 미학적 대안으로서 영향력을 발휘하고 있다. 임동확의 설명대로 있음과 없음, 존재함과 존재하지 않음을 함께 보는 시적 사유야말로 김지하 시론과 생명사상의 요체라 하겠다.[30] 위 작품에서

29) 김지하, 『중심의 괴로움』, 솔출판사, 1994.
30) 임동확, 「꽃핌, 드러남과 숨음의 이중주」, 김지하, 『화개』, 실천문학사, 2002, 184쪽.

도 드러나는바 김지하 시의 현재적 의미 중 하나는 생성의 감각을 제공하고 새로운 시적 리얼리티를 제공하는 데 있다. 시적 화자는 개화의 과정과 운동을 미세한 감각으로 포착한다. "나도 흔들린다"는 단행의 연은 꽃잎의 감각과 화자의 그것을 동일시하는 언명이자 형식이다. 짧고 단일하며 군더더기가 없는, 언어 그대로 확연무성(廓然無聲)의 감각이라 할 수 있겠다.

또한 낙향의 의지("시골 가")로 표현되는 자아의 개방 역시 자연의 '중심'을 체득함에 따른 태도일 것이다. 자연의 원리에 대한 자아의 투사 등에서 앞서 거론한 자기 생산의 내재성의 구도, 삶과 정치의 유기적 연관을 발견할 수 있다. 「중심의 괴로움」을 포함하여 김지하의 텍스트가 지닌 정치적 함의와 생태학적 의미를 간과할 수는 없을 것이다. 김지하의 생명 사상은 학문적 체계화를 거친 담론이라기보다 미적 직관의 자기 승화일 가능성을 내포한다는 지적[31]도 김지하 시론의 실정성을 강조하고 있다. 요컨대 오랜 시간 문학적, 생태학적 실천으로 지양된 것이 김지하의 생명시라는 사실은 정치철학적 생태시의 의미를 파생하는 주요한 요인일 수 있다.

> 정원의 길은 둥글고 버섯의 왕은
> 포자의 모자를 쓰고 어둠의 수풀 속을 걸어간다.
> 어둠의 수풀 수풀 수풀 그런 수풀 수풀 수풀.
>
> 보퉁이를 들고 모퉁이를 돌았을 때, 어젯밤 여름이 내게 왔을 때,
> 울고 싶어도 울지 못할 때, 웃지 못해 울 때, 그때,
> 네가 누구냐라는 질문에 머뭇거리며 말 못 할 때,
> 깨어진 거울을 사이에 두고 너와 마주 앉았을 때,
> 그때,
> 기적이 일어나,

---

31) 신철하, 「문화운동과 생태자치」, 앞의 글, 79쪽.

너와 나의 입이 하나가 된다면,
나는,

소리 없는 방을 지나는 둥근 바퀴처럼
검은 사각형을 지우는 검은 사각형처럼
나무들은 그럼에도 흐른다 버섯의 왕이 자라듯
길게 위로 위로 내면에서 열리는 창문을 향해
문명의 운명의 말굽 발굽은 높이 높이
발 없는 발을 가진 슬픔을 뿌리에 묻고
검은흙을 감싸 안으며 흐르고 흘러

그림자 정원사는 내게 말했지.
너는 한 번 결혼하고 또 한 번 결혼하게 될 거야.
한 번은 네 자신과 또 한 번은 네 그림자와.
난 아직 한 번도 결혼하지 못했는데.
난 아직 그 어떤 영혼과도 손잡아본 적이 없는데.
내가 그림자인가요 그림자가 나인가요.

내가 잡은 푸른 벌레는 매번 죽어 있었지.
나는 녹색병에 든 내 심장을 두 번 흔들었다.
거품이 날 때까지 거품이 날 때까지 살아 있으라고.

내 취향 내 기행 내 만행 내 악행 내 결백.
나는 과거의 사람처럼 말하는 버릇이 있고
이 작은 인공의 숲에서 검은색으로 은둔 중.
거미줄 시계풀 곤충들의 소리에만 귀 기울인 채
너는 네가 믿는 유령의 모습으로 희미하게 읽히고.

초점 초침 초월.
나의 동공은 녹청으로 물들어가는 정원의 빛.
너의 거짓이 우거지도록 내버려두는 대신

내 오랜 그림자의 끝을 향해 여행하기로 했다.

—이제니, 「그림자 정원사」[32] 전문

다소 길지만 이 작품이 최근 신예들의 경향을 상징적으로 보여주고 있다는 판단으로 전문을 인용해 보았다. 이를 통해 신진 시인들의 생태학적 감수성과 향방을 추론코자 한다. 이 작가와 더불어 최근 등단한 신인들의 작품에 대하여 무성한 상상력의 지평, 활발한 언어의 신생 등을 통해 문학의 위기를 가볍게 넘어서는 우리 시의 자생력을 발견하는 의견도 있다.[33] 이 고유하고 절대적인 개체들의 세계 속에서 "두더지의 구조화된 굴은 뱀의 무한한 파동으로 대체"[34]되고 있음을 발견하기도 한다. 네그리의 지적은 근대적 노동운동의 구조가 새로운 제국적 질서에 따라 자연발생적이고 파동적으로 변모되고 있는 점을 비유하는 맥락일진데 최근 시단의 다양성이 그에 유비될 수 있는지는 선불리 판단할 수 없다.

위 작품은 생태 인식의 신경향이라 할 정도로 다양한 자연 현상을 소재로 하되 새로운 질서를 변주하고 있다. 반복되는 어형 역시 자유로운 형식 속에 리듬감을 부여하지만 전통적 비트와는 다른 방식이며, 정형화된 의미 구현을 염두에 두지 않은 듯 즉자적인 감각만이 두드러진다. 따라서 '나'와 '그림자 정원사' 사이의 시적 서사는 기존 서정의 방식과는 달리 다양하게 개방된다. 생태시학적 관점에서 보자면 「그림자 정원사」는 자연으로 확장된 자아의 또 다른 내면세계인 것으로 보인다.

결과적으로 위 작품은 의도적인 생태시의 지향과는 거리가 있다. 그럼에도 불구하고 일종의 무의식적 생태 지향이 시적 장치로 구조화되

---

32) 『실천문학』, 2008년 가을호.
33) 남기택, 「말(言), 달리다—2008년의 신인들」, 『현대시』 2008년 11월호, 206-207쪽.
34) 안토니오 네그리·마이클 하트, 『제국』, 앞의 책, 97쪽.

어 있다. 매 연 등장하는 자연의 소재는 물론 앞서 언급한 형식적 특징으로부터 생태학적 리듬을 읽을 수 있다. 오늘날 생태시의 범주에는 의도적인 생태의식의 추구는 물론 이처럼 변화된 현실과 시적 수용의 다양한 양상이 포함될 수 있다. 이른바 '탈서정'의 기획으로 제작된 텍스트 속에서도, 생명권력의 현실장에서 발현되는 상부구조로서의 시형태인 이상, 생태적 인식을 직간접적으로 매개하게 된다. 이는 오늘날 생태문학 담론이 지니는 당위성의 이유이기도 하다. 생명권력과 관계된 정치철학적 상상력은 그 진위를 판단하고 향방을 가르는 효과적인 이론틀일 수 있다.

3. '생태-지역시(eco-regional poetry)'의 가능성

생태시의 지향점이 문학성 확보는 물론 생태학적 세계관의 확산과 대안을 제시하는 것이라는 점에 주목하자면, 생태시의 전망 모색에서 현실구성적 담론의 수준은 중요한 문제가 된다. 이때 지역(적 삶)은 생태시가 천착해야 할 의도적 방향이 될 수 있다.

소복이 山마루에는 햇빛만 솟아 오른 듯이
솔들의 푸른 빛이 잠자고 있다.

골을 따라 山길로 더듬어 오르면
나와 더부러 벗할 친구도 없고

묵중히 서서 세월 지키는 느티나무랑
雲霧도 서렸다 녹아진 바위의 아래위로

은은히 흔들며
새여 오는 梵鐘소리

白石이 씻겨가는 시낼랑 뒤로 흘려 보내고
고개넘어 낡은 丹靑
山門은 트였는데

千年 묵은 기왓장도
푸르른채 어둡나니.

—최인희, 「落照」[35] 전문

겨울이 다른 곳보다 일찍 도착하는 바닷가
그 마을에 가면
정동진이라는 억새꽃 같은 간이역이 있다.
계절마다 쓸쓸한 꽃들과 벤치를 내려놓고
가끔 두 칸 열차 가득
조개껍질이 되어버린 몸들을 싣고 떠나는 역.
여기에는 혼자 뒹굴기에 좋은 모래사장이 있고,
해안선을 잡아 넣고 끓이는 라면집과
파도를 의자에 앉혀놓고
잔을 주고받기 좋은 소주집이 있다.
그리고 밤이 되면
외로운 방들 위에 영롱한 불빛을 다는
아름다운 천장도 볼 수 있다.

강릉에서 20분, 7번 국도를 따라가면
바닷바람에 철로 쪽으로 휘어진 소나무 한 그루와
푸른 깃발로 열차를 세우는 역사(驛舍),
같은 그녀를 만날 수 있다.

—김영남, 「정동진역」[36] 전문

대관령 관통 고속도로 생긴 후 돌개바람 심해지고 안개가 자주 낀다

35) 최인희, 『旅情百尺』, 가리온출판사, 1982.
36) 김영남, 『정동진역』, 민음사, 1998.

아침저녁 안개의 점령지를 뚫고 헤드라이트 군단이 달려간다
안개는 도처에서 몰려오고 어디든 가는 무적이지만
대관령에 이르러 슬픔을 알게 되었다, 누군가 구술한다
나는 그의 말을 받아 적으며 꽃을 뿌리고 안개는 다만 떠다닌다
발자국 내면 그 뒤로 더 많은 발자국 들끓을까 봐
안개는 길을 내지 않는다 떠다닐 뿐
형상을 버린 세포만으로 새벽을 나부대면서

가장 오래된 안개의 족속 중 현자인 족장 하나가 물파이프를 빨아올리다 옅은 기침을 할 때
쪼개진 손톱 속으로 안개의 혼이 스민다

저 길이 두렵고 아뜩하다 강릉을 향해 직선으로 내뻗은 고속도로
영혼은 직선을 타고 오는 법이 없으니 저 물 아래가 황량하구나, 현자의 목소리가 젖어 있어 나는 꽃 대신 잔기침을 하며 펜 끝에 침을 묻힌다
공중을 날 듯 이 길은 동해를 향해 내려가는 것 같지만
아니다 실은, 이 공화국의 모든 길은
서울을 향해 놓인 길이다

—김선우, 「공화국의 모든 길은」[37] 전문

위 세 편의 시는 한국문학장 속에서 가장 소외된 지역이라 판단되는 강원영동지역을 소재로 한 작품들이다. 최인희(1926-1958)는 이 지역을 대표하는 시인 중 한 사람이다.[38] 최인희 시는 대개 자연을 중심으

---

37) 김선우, 『내 몸속에 잠든 이 누구신가』, 문학과지성사, 2007.
38) 강원도 동해가 고향인 최인희는 1953년 『문예』를 통해 3편의 시를 발표하며 등단하였고, 『현대문학』 등으로 작품활동을 하였다. 또한 시인 황금찬과 함께 강릉 중심의 시동인회 '청포도'를 주도하였으며, 유고집 『여정백척』(앞의 책)을 남겼다. 현재 동해문인협회를 중심으로 그의 문학적 업적과 정신을 기리기 위한 '최인희 문학상'이 운영되고 있다. 최인희의 문학세계는 그간 정당한 평가를 받지 못하였다. 시인의 요절로 인한 문학적 단절과 소략한 작품세계 등의 이유가 있겠으나 그것이 전부는 아니라고 본다. 중앙(서울) 중심의 한국 근대문학 구도는 최인희를 비롯한 강원영동지역의 문학적 소외를 반복하는

로 한 순수 서정의 정신으로 주조된다. 전통적 동양사상을 근저에 둔 구도의 자세와 물아 합일의 자세도 최인희 시의 특장이라 하겠다. 「낙조」 역시 전통사회의 목가적 분위기를 연출함으로써 생태학적 이상향을 이미지화하고 있다. 이러한 작품세계는 이 지역 생태시의 전사로서 손색이 없지만, 문제는 구체적인 지역의 이미지와 삶의 형태가 부재한다는 점이다. 이러한 생태낙원의 이미지는 오늘날 생태시의 방향과는 감각적 거리를 형성하는 것이 사실이다.

김영남의 「정동진역」은 정동진을 노래한 잘 알려진 작품이다. 정동진의 풍경과 나그네의 삶이, 더불어 다소 극화된 인정어린 정취가 소담스러운 이미지를 이루고 있다. 이처럼 인간과 자연, 야생과 문명이 조화를 이루는 삶의 순간 역시 진정한 생태낙원의 이미지일 수 있다. 그러나 지금의 정동진은 김영남 시가 묘사하는 풍경과는 다소 다르다. 현실의 물리적 변화는 「정동진역」이라는 텍스트의 이미지를 박제된 그것으로 변화시켜 놓았다. 변모되는 현실을 어떻게 반영할지의 문제는 생태시가 천착해야 할 주요한 문제 중의 하나이다.

이들은 또한 생태시가 하나의 틀로 고정될 수 없는 운동적 개념이라는 사실을 반증하는 사례이기도 하다. 요컨대 심층적인 인식을 바탕으로 있어야 할 현재를 시화하려는 노력으로 생태시의 의미망이 구성되어야 할 것이다.

김선우의 「공화국의 모든 길은」 역시 오랜 지역적 경험과 관찰이 빚어내는 생태시의 한 양상을 보여주고 있다. 영동고속도로가 개통된 이후의 기후변화를 시적 화자의 내면에 투사하여 표현하는 이 작품은 생태적 인식의 한 사례를 보여준다. 2001년에 완공 개통된 횡계-강릉 간 구간 곳곳에는 긴 터널이 뚫려 있다. 이 길은 서울-강릉 간의 주행시간을 1시간여 단축시켰으나, "대관령에 이르러"야만 알 수 있는 구체적

구조적 원인이다.

“슬픔”을 파생한다. 그것은 치유할 수 없는 생태적 파괴에 대한 정서일 것이다. 이 작품은 전천후 악천후라는 ‘대관령의 슬픔’이 결국 “서울을 향해 놓인” 경제만능의 자본논리로부터 비롯된다는 사실을 역설하고 있다.

이상 살펴본 작품들은 정도의 차이는 있지만 지역의 삶과 소재를 취하여 생태학적 주제를 다루는 공통점을 지닌다. 이는 생태학의 관심이 구체적인 삶의 현장과 관련된다는 사실을 증거하는 현상이기도 하다. 이들을 단순 비교할 수는 없겠지만 ‘생태-지역시(eco-regional poetry)’의 범주 속에서 공통된 논의틀이 가능하며 이로부터 생태시의 방향을 추론할 수 있으리라 본다. 생태시는 무엇보다 생태적 삶에 바탕해야 한다. 김지하는 풀뿌리 민주주의의 운동을 주장하며 주민자치와 지역자치의 실천적 행동을 강조한다. 그 근저에 생명론이 존재한다는 사실은 잘 알려져 있다.[39] 이러한 맥락 역시 생태시학의 시대적 위상과 구체적 실현 방향을 시사한다. 이에 이 글에서는 ‘생태-지역시’의 범주를 제안하고자 하는 것이다.

생태시학의 현황을 점검하고 방법론을 모색하는 이 글에서 지역적 삶을 강조하는 것이 다소 이질적일 수도 있겠다. 그러나 생태적 실천이 지역적 삶의 가치에 전거해야 한다는 견해에는 이견이 있을 수 없다. 오늘날의 환경문제, 기형적 자본 구도, 만연한 도구적 이성 등이 ‘지역의 해체’와 직간접으로 연관된다는 사실이 실재한다. 이로부터 지역적 삶의 형상화는 생태시에 국한된 문제가 아닌, 오늘날 한국문학의 문제적 지형을 재구하는 대안적·전략적 방법의 하나라는 입장을 도출할 수 있다.

이 글은 이제까지 생태시론의 양상을 정리하고 문제점과 방향에 대해 제안하였다. 시급한 과제는 기존의 생태시에 대한 유형 분석으로부

39) 신철하, 「문화운동과 생태자치」, 앞의 글, 78쪽.

터 나아가 다양한 방법론을 통한 구체적 실증의 차원이라 하겠다.

전면화되고 있는 생명권력 혹은 생명정치의 양상은 생태시가 천착해야 할 주요한 국면이다. 오늘날 생태 환경 변화의 원인으로 '제국'의 등장, 더 정확하게는 제국적 질서를 근대 사회의 토대로 받아들인 한국 사회라는 특수성이 반드시 전제되어야 한다. 이는 생태 문제가 생태에만 국한된 것이 아닌 민족과 분단 등 사회의 '시스템'과 긴밀한 연관을 지닌다는 말과 같다. 이로부터 현단계 생명정치의 지형에 대한 인식의 필연성이 발생한다. 근대, 생명권력, 생명정치, 제국, 그리고 생태학은 모두 인과관계를 지닌 사회적 범주들이기 때문이다.

이와 관련하여 아감벤, 네그리, 에스포지토 등의 이론적 입장은 생태시의 현실 인식에 시사하는 바가 크다. 문제는 이론적 전유의 지점이라 하겠는데, 한국문학의 특수성과도 관련된 실정적 의미망을 생태문학의 현장 속에서 고민해야 할 필요성이 있다. 이론추수적인 관성을 극복하고자 하는 의식적 노력 속에서 한국 생태문학의 전망이 모색되어야 함은 당연하다.

이에 이 글에서는 '생태-지역시'의 개념을 제안해 보았다. 지역성 혹은 지역적 삶은 생태시의 전략적 목표가 될 수 있다. 오늘날 생태학적 문제는 중앙중심주의의 폐해에서도 그 원인을 찾을 수 있다. 문학적 모순 역시 이와 다르지 않다. 따라서 생태학적 관점과 지역문학의 결합은 현단계 한국문학의 구조적 모순을 극복하기 위한 방법론의 하나로 기능할 수 있을 것이다.

|제 Ⅲ 부|

강원영동지역문학의 정체성

심연수 시와 지역문학

1. 강원지역과 심연수 시

심연수(沈蓮洙, 1918-1945)의 문학세계는 『20세기중국조선족문학사료전집』 발간(2000)[1]을 계기로 처음 학계에 소개되었다. 심연수 문학은 여러 정황상 윤동주와 대비되기도 한다.[2] 그런 만큼 심연수 시의 발견은 일제강점기 민족문학의 새로운 흔적으로서 학계의 반향을 불러일으켰다. 심연수의 문학적 생애는 우리 근대문학이 지닐 수밖에 없었던 비극적 구도를 그대로 간직하고 있다. 유년 시절 고향을 떠나 소련 블라디보스토크를 거쳐 중국 용정으로 이주할 수밖에 없었던 사실, 시집 한 권을 제대로 간행하지 못하고 해방 직전에 죽임을 당함으로써

1) 『20세기중국조선족문학사료전집』 제1집(심연수 문학편), 연변인민출판사, 2000(조선민족 문화예술출판사, 2004, 이하 『사료전집』으로 표기). 이 글에서 참조할 경우 2004년본을 대상으로 한다. 2004년본은 2000년본을 보완하여 재출판한 것으로서, 이 판본들이 지닌 문제점에 대해서는 김해웅, 『심연수 시문학 연구』, 한국학술정보, 2006의 '출판본 검토'(46-53쪽) 참조.

2) 한편 류지연, 「자기극복의 의지—시인 이육사와 심연수의 시적 비교」(『한국문예비평연구』 10권, 한국현대문예비평학회, 2002)는 이육사의 경우와 대비하고 있다. 윤동주와의 비교 논의로서 대표적인 예는 다음과 같다.
임헌영, 「심연수의 생애와 문학」, 『민족시인 심연수 학술세미나 논문총서』, 강원도민일보출판국, 2007.(2000년 세미나)
이명재, 「심연수 시인의 문학사적 위상」, 『민족시인 심연수 학술세미나 논문총서』, 강원도민일보출판국, 2007.(2002년 세미나)
황규수, 「윤동주 시와 심연수 시의 비교 고찰」, 『한국학연구』 12집, 인하대 한국학연구소, 2003.
홍윤기, 「윤동주와 심연수의 비교 연구」, 심연수선양사업위원회 편, 『심연수 학술세미나 논문총서』, 강원도민일보출판국, 2007.(2006년 세미나)

문학적 생애가 단절되고 만다는 사실, 50년 이상 그 존재조차 알려지지 않다가 뒤늦게 문학세계가 재조명되고 있다는 사실 등의 요소가 그에 해당된다.

그간 길지 않은 기간임에도 심연수 문학에 관한 연구 성과가 상당량 축적되고 있는 현황은 심연수 시의 문학사적 의미를 충분히 증거하는 것으로 보인다. 이 장에서는 지역문학의 관점에서 심연수 시의 의미를 조명해보고자 한다. 이러한 관심은 심연수 시가 지닌 실정적 의미망 속에서 비롯된다. 심연수 시는 자신의 고향인 강릉지역을 거점으로 활발하게 '현재화'되고 있다.[3] 또한 지역 연구자들에 의해 학술 및 학위논문의 주요 대상이 되고 있다.[4] 이러한 제도와 현상은 무엇보다도 심연수의 고향이 이 지역이라는 일차적 요인에서 비롯된다.

이러한 현황과 관련해서 제기해볼 문제는 과연 심연수 시가 강릉을 비롯하여 강원지역의 문학적 전사(前史)로서 충분한 내용과 형식을 지니고 있느냐의 차원일 것이다. 이에 대한 의문이 제기될 수밖에 없는 것은 심연수와 관련하여 활발히 전개되고 있는 강원지역의 문학제도적 실정에 비해 정작 지역문학으로서의 이론적 근거에 관해서는 그다지 진전된 논의를 보이고 있지 않다는 판단 때문이다.

강릉을 비롯한 강원지역을 대표하는 문학사료로서 심연수 시가 자리

---

3) 예컨대 강릉의 '심연수선양사업위원회'는 심연수 시를 대상으로 한 전국 단위의 학술심포지엄을 정기적으로 개최하고 있다. 이 단체는 '심연수 문학상'이라는 상당 규모의 제도 역시 주관하는 바이다.

4) 대표적인 예를 연도순으로 예시하자면 다음과 같다.
엄창섭, 「심연수 시인의 문학과 시적 층위—민족시인 심연수의 시사적 의미」, 『민족시인 심연수 국제학술심포지엄 자료집』, 2000. 11. 30.
류지연, 「자기극복의 의지」, 앞의 글.
김명준, 「심연수 시의 상상력과 모더니티 연구」, 관동대 석사학위논문, 2003.
엄창섭, 『민족시인 심연수의 문학과 삶』, 홍익출판사, 2003.
박복금, 「심연수 시의 시적 정서와 주제적 특성 연구」, 강릉대 석사학위논문, 2005.
최종인, 「심연수 시문학 연구」, 관동대 박사학위논문, 2006.
엄창섭, 『심연수의 시문학 탐색』, 제이앤씨, 2009.

매김되고 있는 현상이 진정한 의미를 지니기 위해서는 그의 문학세계에 반영된 지역성 혹은 지역적 요소가 구체적으로 탐구되어야 한다. 이에 이 글에서는 지역문학적 관점으로 심연수 시의 의미를 구명하고자 하며, 이러한 논의는 심연수 시의 지역문학적 위상에 대한 이론적 모색인 동시에 현단계 지역문학론이 추구해야 할 실증적 작업의 일환일 수 있다.

심연수의 고향인 강릉에는 경포호 주변에 심연수 시비가 건립(2003. 5. 20)되어 있다. 여기에 기록된 작품은 「눈보라」이다. 시비의 작품이라 하여 해당 시인의 대표작으로 단정할 객관적 근거는 없다. 하지만 그 제도가 지닌 상징적 의미를 고려할 때 「눈보라」는 심연수 문학을 특징하는 맥락을 '사후적으로(retroactively)' 지니게 된 작품이라 하겠다.

> 바람은 西北風
> 해질무렵의 넓은벌판에
> 싸르륵 몰려가는 눈가루
> 칼날보다 날카로운 이빨로
> 눈덮인 땅바닥을 갈거간다.
>
> 漠漠한 雪平線
> 눈물 어는 샛파란雪氣
> 추위를뿜는 매서운하늘에
> 조그만 해ㅅ떵이가
> 얼어 넘는다.
>
> —「눈보라」 전문[5]

---

5) 작품 인용은 황규수 편저, 『심연수 원본대조 시전집』, 한국학술정보, 2007(이하 『시전집』으로 표기)의 원문본에서 이루어졌으며, 필요한 경우 현대어문본 및 『사료전집』과 대비하였다.

여기에는 심연수 문학과 삶의 정한이 집약되어 있다. “칼날보다 날카로운 이빨”은 ‘눈보라’의 비유이지만, 곧 시인이 처한 현실의 고통에 비견될 수 있다. “추위를뿜는 매서운하늘” 역시 조국을 떠나 이주의 삶을 살아야 했던 한 개인의 비극적 운명을 전조한다. “조그만 해ㅅ떵이가/얼어 넘는다”는 종연구의 표현은 다소 중의적이다. 이 표현은 혹한의 계절이 생명을 상징하는 해마저 얼어붙게 만든다는 표면적 의미를 지닌다. 한편 그러한 어려움 속에서도 생명으로서의 해가 존재하며, “얼어 넘는” 행위를 통해 항상적인 운동성을 구현하고 있다는 이면적 해석 역시 가능하다. 표제 ‘눈보라’가 환기하듯이 이 작품의 시적 배경은 전반적으로 어둡지만, 화자의 정제되어 있는 어조는 작품 전체적 의미를 신파조의 상념으로만 볼 수 없게 만드는 형식적 요소로 기능하고 있다.

그럼에도 불구하고 정형화된 어구와 표현은 그대로 이 작품이 지닌 한계에 해당된다. 심연수 시는 대개 위와 같은 직정적 어조로 구성된다. 이는 시어의 밀도와 긴장을 떨어뜨리고, 대상과의 적절한 거리를 유지하지 못하는 원인이 된다. 전문적인 창작 단계에 들어서기 전 습작기 시작 형태가 지니는 전형적 특징이기도 하다.

「눈보라」로부터 심연수 시세계에 대한 언급을 시작한 이유는 이 글이 지닌 지역문학적 관점과 연관된다. 앞서 제시한 이 작품의 내용들은 기타 심연수 시세계의 특징으로 일반화될 수 있을 뿐만 아니라 강원지역 시문학의 전반적 경향과도 유사하다. 이곳 시문학을 거론할 때 주로 거론되는 시인 중 문학세계가 일단락된 경우로서 김동명(1900- 1968), 한용운(1879-1944), 박기원(1908-1978), 진인탁(1923-1993), 박인환(1926-1956), 최인희(1926-1958), 김영준(1934-1996) 등이 있다. 이 중 한용운과 박인환은 문학의 지역성을 발견하기 힘든 경우이다. 기타 시인들 역시 지역문학적 요소가 두드러진 것은 아니다. 다만 이들의 문학적 경향이 대개 전통 서정의 방식으로 주조되고 있다거나, 특히 강원도의 자연이 상상력의 근저에 작용하고 있다는 점에서 강원문학의 뿌리

로서 의미를 지니게 된다.[6)]

또한 「눈보라」의 현재적 의미는 지역문학의 범주에 포함되어야 하는 지역의 삶과 제도 등 실정적 내용과 연동되기도 한다. 단적인 사례로 심연수선양사업위원회의 활동을 들 수 있다. 이 단체는 심연수 문학의 문학사적 가치를 조명하고 현재적 의미를 부여하기 위한 조직적 활동을 펴고 있다. 『민족시인 심연수 학술세미나 논문총서』[7)]는 대표적 결과물이라 하겠다. 이 총서는 그동안 주관해온 심연수 관련 학술세미나의 과정을 중간 집대성한 사료집이다.

이와 같은 제도적 사업을 비롯하여 지역문학의 자장 내에서 심연수 시 연구를 주도하는 논자로는 엄창섭이 대표적이다. 그에 따르면 심연수 시로 인해 "강원문학의 토양과 지평은 새로운 의미망을 형성하게"[8)] 된다. 그는 이어지는 일련의 작업들을 통해 심연수 문학에 대한 관심과 애정을 학문적으로 실증하고 있다.[9)] 엄창섭의 활동은 윤동주의 유고를 모아 『하늘과 바람과 별과 시』(정음사, 1948)를 상재, 한국시사의 한 사람으로 정착시킨 정병욱의 그것에 비견되기도 한다.[10)] 이러한 노력 속에 심연수 시는 「눈보라」의 "해ㅅ덩이"처럼 난관 속에서도 지속적으로 현재화되고 있다.

그동안 강원지역문학에 대한 학계의 관심은 미비한 편이었다. 1990

---

6) 이들 중 박기원, 진인탁, 최인희, 김영준 등에 대해서는 학계의 관심조차 미비한 편이다. 이에 관해서는 엄창섭, 「강원문학의 사적 고찰—영동지역의 현대시문학을 중심으로」, 『한국문예비평연구』 1호, 한국현대문예비평학회, 1997. 그리고 남기택, 「삼척지역문학의 양상 고찰」, 『한국언어문학』 67집, 한국언어문학회, 2008. 12 참조.

7) 심연수선양사업위원회 편, 『민족시인 심연수 학술세미나 논문총서』, 강원도민일보출판국, 2007.

8) 엄창섭, 「강원문학의 새로운 시적 영토와 지평」, 심연수 시선집, 『소년아 봄은 오려니』, 강원도민일보사, 2001, 180쪽.

9) 그 결과물로서 엄창섭 · 최종인, 『심연수 문학 연구』(푸른사상, 2006)와 엄창섭, 『심연수의 시문학 탐색』(앞의 책) 등이 주목된다.

10) 문덕수, 「심연수론을 위한 각서」, 『민족시인 심연수 학술세미나 논문총서』, 앞의 책, 343-344쪽.

년대 이후 각 지역별로 거점 대학이나 관련 연구자를 중심으로 지역문학에 대한 본격적 접근이 시도되고 있다. 그럼에도 불구하고 강원지역은 지역문학 연구에서조차 낙후되어 있는 것이다.[11] 그나마 『현대시의 현상과 존재론적 해석』[12]과 같은 저작은 지역에 연고를 둔 작가들의 작품세계를 오랜 시간 주목해온 대표적 결과물에 해당된다. 한편 이 역시 심층적인 학술 연구의 양상이 아닌 단편적 소론들의 집약이라는 점은 아쉬운 사정이라 하겠다. 심연수 시의 존재는 이러한 측면에서도 의미 있는 계기를 이룰 것으로 보인다. 그에 대한 논의가 이어지는 과정에서 지역문학적 관점에 제기되는가 하면 기타 지역문화 활성화를 위한 공론장이 마련되고 있다. 심연수 선양사업의 활성화 방안과 관련된 일련의 논의들은 이러한 기대에 값하는 결과물들이다.[13]

물론 문학텍스트가 지역주의의 관점에서 아전인수격으로 전용되어서는 곤란할 것이다. 따라서 더더욱 엄밀한 학문적 접근이 필요하다. 현단계 강원지역문학이 심연수 시를 전유하는 과정에서 나타나는 문제점이 바로 이 지점에서 발견된다. 심연수 시에 대한 강원지역 문단과 학계의 관심은 위에 거론한 바와 같이 남다른 의미를 지닌다. 그럼에도 불구하고 학문적 엄밀성이나 비평적 정치함을 갖추지 못함으로써 "의욕의 과잉에서 오는 수식의 콤플렉스"[14]를 벗어나지 못하고 이른바 '감정적 동요'의 수준에 머무른다면 문제가 아닐 수 없다. 이에 대한 반성적 성찰과 대안 모색이 필요한 시점이라 하겠다.

---

11) 강원지역문학에 대한 최근의 연구 동향에 대해서는 남기택, 「글로컬리즘 시대의 지역문학—동해·삼척·태백지역의 방법론과 예시」, 『Comparative Korean Studies』 16권 2호, 국제비교한국학회, 2008. 12 참조.

12) 엄창섭, 『현대시의 현상과 존재론적 해석』, 영하, 2001.

13) 2005년도 심연수 학술세미나에서 심연수 선양사업 활성화 방안으로 제출된 권혁준(한중대 교수), 정영식(강릉MBC 심의부장), 박복금(강원대 강사), 김찬윤(강릉문인협회 회장) 등의 소론이 그것이다. 『민족시인 심연수 학술세미나 논문총서』, 앞의 책, 330-340쪽 참조.

14) 문덕수, 앞의 글, 344쪽.

2. 구극의 고향, 대지모신적 상상력

심연수 시가 강원지역문학으로서의 진정성을 지니기 위해서는 무엇보다도 문학작품에 나타난 지역성의 실체가 적극적으로 구명되어야 할 것이다. 7세가 되던 1925년에 고향 강릉을 떠나 중국 용정에서 수학, 창작시절을 보냈던 심연수에게 지역문학적 요소를 발견하기란 쉽지 않은 일이다. 그럼에도 불구하고 심연수 시세계의 근저에는 고향에 대한 그리움과 이주의 삶에 대한 회한이 자리하고 있다. 고향에 대한 애착은 지역에서의 경험이나 물리적 시간과는 무관한 인간 본연의 감정이자 문학과 지역의 필연적 연관을 증거하는 요인이기도 하다.

대개의 지역문학 연구방법이 그러하듯이 문학의 지역성과 관련하여 먼저 논구될 수 있는 요소는 지역적 소재와 삶의 형상화에 있다. 이와 관련하여 심연수 시에서 두드러지는 양상은 고향의 형상화 차원이다.[15)]

> 푸른물 뛰고치는 東海岸 모래불에
> 짧다란 솔나무는 다박솔 조롱솔나무
> 아침 안개자욱한 바닷불에 조을고있다
>
> 바다물 짠냄새와 솔나무 송진냄새
> 모래불 온판에는 깨여진 조개쪼각
> 車에서 뛰여나려서 놀다갈가 하노라.
>
> —「東海」 전문

---

15) '고향'을 주제로 심연수 시에 접근한 기존 논의로는 엄창섭, 「심연수의 의식에 관한 고찰—'고향회귀와 귀농의식'을 중심으로」와 이영자, 「심연수의 귀농의식 고찰」(이상 『민족시인 심연수 학술세미나 논문총서』, 앞의 책), 그리고 엄창섭, 「심연수의 시문학과 고향 이미지의 층위」(『심연수의 시문학 탐색』, 앞의 책), 임향란, 「심연수 시에 나타난 자연세계와 삶의 조화」(『우리문학연구』 16집, 우리문학회, 2003. 12) 등이 있다. 이들은 대개 고향에 대한 그리움과 귀농의식을 강조하고 있다.

시조 양식을 취하는 위 작품은 "푸른물 뛰고치는 東海岸 모래불"로 명시되는 것처럼 고향의 해변가 풍경을 소재로 하고 있다. 심연수는 1940년 5월, 중국 용정의 동흥중학 졸업시에 동창들과 17일간의 수학여행으로 조국을 방문하게 된다. 동년 8월에는 호적등본을 떼기 위해 고향 강릉을 방문하게 된다.[16] 「동해」를 비롯하여 9편의 기행시는 고향을 방문할 때의 소회를 표현한 작품들이다.[17] 이들 기행시편은 공동적으로 조국과 고향의 풍경에 대한 심정을 정제된 언어로 표현하고 있다.

그 밖에도 심연수 시에서 고향을 생각하는 마음은 "눈익은山川/ 녯날의그모양/ 변하긴하엿으나/ 그래도어덴가익어보여요"(「舊友를차저서(鄕土를밟으며)」)에서와 같이 근원적인 그리움으로 충만되어 있다. 이처럼 심연수 시에서 지역성을 발견하는 기제로서 주목되는 것은 고향의식과 관련된 원형적 심상의 차원이다. 고향은 근대인의 주체성을 형성하는 일계기로서의 의미를 지닌다. 이는 심연수 시에서 뿐만 아니라 근대문학의 주요한 화소이기도 하다. 고향의식의 심미화는 근대문학이 지닌 공통된 경향 중 하나인 것이다.

물신화로부터 비롯되는 고향 상실의 감정은 근대인의 보편적 소외감에 해당된다. 이는 고향과 세계를 재배치하면서, 초영토적이고 문화혼혈적인 것을 창시하는 이질적인 감각으로 변주되기도 한다.[18] 많은 근대 작가들이 고향을 소재로 짙은 향수와 페이소스를 표현했던 것은 인간이 지닌 본연의 미적 감정을 표출하는 과정이었을 뿐만 아니라 근대문학의 발생 과정에 따르는 필연적 결과일 수 있다. 심연수 역시 이주의 삶을 살면서 고향에 대한 시의식을 근저에 지니게 되었던 것으로

16) 김해응, 『심연수 시문학 연구』, 한국학술정보, 2006, 30-31쪽.
17) 해당 작품은 「옛터를 지나면서」, 「솔밭길을 걸으며」, 「바닷가에서」, 「鏡浦臺」, 「鏡湖亭」, 「兄弟岩」, 「海邊 一日」, 「새바위」, 「竹島」 등이다.
18) 호비 바바, 나병철 역, 『문화의 위치』, 소명출판, 2002, 41-42쪽 참조.

보인다.

①
짏은지 몇몇해요 찾은이 몇萬인고
해돗는 아참마다 달뜨는 저녁마다
遊子의 가삼과눈에 얼마나 들엇더냐.

(중략)

台옆에 묵은솔아 鶴이간지 오래엿지
그러나 네푸름은 그때와 똑같으리라
鶴은야 갇더란대도[19] 遊士야 찾어오소서.

—「鏡浦臺」 부분

②
나의 故鄕 앞내에
외쪽 널다리
혼자서 건너기는
너무 외로워
님 하고 달밤이면
건너려 하오
나의 故鄕 뒤ㅅ山에
묵은 솔밭 길
단 혼자서 오르기는
너무 힘들어
님 앞선 발자국
따라 예려오

—「고향」 부분

19) 『시전집』에는 이의 현대식 표기를 "같더란대도"로 쓰고 있는데, 문맥상 4연 초장의 "鶴이간지 오래엿지"와 관련하여 "갔더란대도"로 해석하는 것이 타당할 듯하다.

①은 기행시편의 하나로서 고향의 명물 경포대에 관한 심정을 4연의 연시조 형식으로 표현하고 있다. 종연 종장의 "鶴은야 갇더란대도 遊士야 찾어오소서"라는 영탄은 경포대에 관한 화자의 심경을 집약하는데, 이는 곧 실향민으로서 심연수 자신을 향한 기원과도 같다. 스스로의 삶을 대상화하여 경포대라는 소재에 감정이입하는 과정은 시적 표현에 대한 일정한 수준을 보여준다.

②에서는 표제를 '고향'으로 내세워 전형적인 향수를 표현하고 있다. 전통 시조의 변주된 형식을 취하고 있는 점이 특징적이다. 심연수 작품 중에는 시조의 양식으로 정형화된 감각을 드러내는 경우가 많다. 그 과정은 「고향」이 보여주는 것처럼 고답적인 내용과 형식으로 특화되기도 한다. 이는 미적 근대의 관점으로 보자면 심연수 시가 지닌 한계일 수 있다. 그 자신 대개의 시작 기간이 습작 단계에 해당된다는 현실적 조건과 시조 장르에 대한 개인적 관심이 전기적 사실로 발견되는 점 등으로 볼 때 고향에 대한 정형화된 서정은 심연수 시세계에서 부정할 수 없는 요소라 하겠다.[20] 그럼에도 불구하고 「고향」의 경우, 감각의 정형성을 2음보 대구가 연속되는 형식을 통해 변주함으로써 나름의 파격을 시도하고 있다는 점 역시 간과할 수 없는 부분이다.

나아가 심연수 시의 고향의식에서는 대지모신적 상상력이 발견된다. 이러한 사실은 다양한 의미를 파생한다. 우선 구체적 고향이 지닌 개별적 지역성을 보편적 시공간으로 확장시키고 있다는 점이다.

눈에 덮인 큰가슴
굵다란脈搏에 움직이는모양
햇살은 가늘게 찢어젓고

20) 심연수 문학에서 시조 형식이 지닌 배경과 의미에 대해서는 김해웅, 앞의 책과 임종찬, 「심연수 시조에 나타난 디아스포라 의식」, 『시조학논총』 31집, 한국시조학회, 2009. 7 참조.

바람결은 모질어졌다.

얼음에 甲옷입고 업드린大地
生命의 숨소리는 거세여지고
굳은 겨을 억세여지는 힘
大地는 살엇다 소리도살엇다.

(중략)

雪光에 늦 어둡는 大地의겨을저녁
일홈 珍奇한마을에 새손이들제
마중나온 늙은이는 이땅의주인
百戰老卒인양 추위도 않타면서.

—「大地의겨을」 부분

이 작품은 대지모신적 자연관을 드러내는 예로서, "大地는 살엇다 소리도살엇다"는 표현은 생명의 근원으로서 대지에 대한 믿음을 함의하고 있다. 또한 작품 전반적인 내용이 "추위에 자라는 이땅의아들"을 향한 청원의 형식으로 구성되고 있다는 사실에서 개별 지역의 풍경과 경험을 벗어나 보편적 시공성으로 확장되는 인식의 측면을 발견하게 된다. 종연의 "일홈 진기한마을에 새손이들제/ 마중나온 늙은이는 이땅의주인"이라는 시적 진술에서도 대지에 대한 궁극적 신뢰와 그 주체로서의 민초에 대한 믿음이 발견된다. 심연수 시에서 고향에 대한 그리움 혹은 지향은 개별 지역을 넘어 이처럼 궁극적 신뢰의 공간으로서 대지, 그에 투사된 주체로서의 인간 등으로 확장되고 있다.

또한 심연수 시에서 발견되는 대지모신적 자연관은 공간 인식에 있어서도 '타자화된 지역'을 벗어나고 있다. 타자화된 지역이란 '중앙'에 대한 대타적 개념으로써 구성된 '지방'의 개념과 일맥상통한다.[21] 주지하는 바와 같이 한국문학에 있어서 지방은 서울에 의해 타자화된 공간이라는 사회역사적 공간 개념을 그대로 반영하고 있다. 하여 근대문학 작품 속에서 타자화된 지역은 배타적 공간의 의미로 배치되는 경우를 종종 볼 수 있다. 이 글의 대상인 강원지역의 경우, 예컨대 이인직의 『치악산』과 『귀의 성』에서 지리적 배경으로 제시된 원주, 춘천 등 강원 영서지역은 문명과는 거리가 먼, 전근대적 갈등이 온존하는 공간으로 등장한다. 이는 "중심을 닮기 위해 지역을 배타적으로 고립시키고 열등성의 자질을 덧씌운 경우"[22]라 할 수 있다.

유년시절부터 고향을 등져야 했던 심연수에게 타자화된 지역이라는 공간 인식은 존재할 수 없었을지도 모른다. 그는 서울과 지방이라는 공간 구획의 제도로부터 원천적으로 배제된 이주의 삶을 살아야 했다. 그러나 심연수 시의 지역성은 현실적 삶의 조건으로부터 자연스럽게 형성되었다기보다는 미학적 인식 속에서 구조화된 것으로 보는 것이 타당할 듯하다. 심연수 시의 상당수 작품들이 고향에 대한 인식과 더불어 장소애적 의미를 체현하는 방식으로 반복적으로 구성되고 있기 때문이다.

> 봄은가처웠다.
> 말렀던풀에 새움이돗으리니
> 너의조상은 농부였다
> 너의아버지도 農夫다.
> 田地는남의것이되였으나
> 씨앗은너의집에있을게다
> 家山은팔렸으나 나무는그대로자라더라

---

21) 한편 이러한 발생론적 맥락으로 인해 지역문학은 지배집단의 언어로부터 탈영토화된 지역언어를 추구함으로써 소수집단 문학으로서 창조적 역량을 배태하기도 한다. 송기섭, 「지역문학의 정체와 전망」, 『현대문학이론연구』 24집, 현대문학이론학회, 2005, 20-22쪽 참조.

22) 김양선, 「탈식민의 관점에서 본 지역문학」, 『근대문학의 탈식민성과 젠더정치학』, 역락, 2009, 134쪽.

재밑에대장깐집 멀리떠나갔지만
끌풍구는 그대로놓였더구나
화덕에숱놓고불씨붗어
옛소리를 다시내여봐라
너의집이가난해도 그만불은있을게니.
서투른대장의땀방울이
무딘연장을 들게한다더라
너는農夫의아들
대장의아들은 아니래도……
겨을은가고야만다
季節은順次를 銘心한다
봄이오면해마다生命의歡喜가
生氣로운神秘의씨앗을받더라.

—「少年아 봄은오려니」 전문

이 작품은 원형적 공간으로서의 고향의 의미가 타자화된 공간으로서의 지역과 어울려 이상적 공간성을 창출하는 대표적 작품에 해당된다. 앞서 언급한 바와 같이 심연수 시에 있어서 '대지'는 궁극적 신뢰의 대상이다. '농부'는 대지를 일구는 자이다. "너의조상은 농부였다/ 너의아버지도 農夫"라는 표현은 농부의 삶을 민족적 정체성으로 강조하려는 언명과 같다. 화자는 "田地는남의것"임에도 불구하고 "씨앗은너의집에 있"다는 신념을 통해 대지의 삶을 이어가고자 한다. "季節은順次를 銘心한다"는 진술에서도 대지모신적 본성이 역사를 주관하는 동력이라는 믿음을 확인하고 있다. 이로부터 이육사의 '초인'이나 이상화의 '빼앗긴 봄'을 환기하는 것은 어렵지 않은 일이다. 이러한 대지모신적 상상력은 지역과 장소에 대한 사유 혹은 공간애(topophilia)가 심연수 시의식의 근간을 이루고 있음을 확인하는 주요한 기제라 하겠다.

3. 이주의 공간과 지역성의 변주

심연수 시의 또 하나의 경향은 실향에 따른 비탄의 정조가 드러난다는 점이다. 예컨대 「기다림」과 같은 작품은 "올리없는 사랑을 기다리"며 "님사는 바다저쪽"을 기리는 전형적인 연서의 형식을 취하고 있다. 중요한 것은 화자가 처한 상실의 근원이 "고향떠나 님을버린 신세"로부터 비롯된다는 점이다. 「기다림」이 지니는 서정의 본령이 고향을 떠나야 하는 이주의 운명에서 기인한다는 점은 심연수 시에 내재된 공간애의 정체를 구명하는 단서가 된다.

①
밤비나리는 異邦거리
흐린追憶에 뱃는孤寂
젖어드는 옷섭을 꺽그며
故鄕밤 별하늘에
님의 새ㅅ별눈그리노라.

—「비」 부분

②
바다를 언제건넛노
네行色너무나외로워
故鄕을그리는 애타는마음을
낯설은浦ㅁ에서 쉬고있느냐.

두나래飛沲에 함박젖어
피까지무거운 異域의설음
마시도먹도않는 고달픔에
타는듯가변몸을 어이하랴

—「무제」 부분[23]

23) 이 작품은 원래 제목이 없는데 『시전집』에는 「무제3」(386쪽)으로, 『사료전집』

①은 “밤비나리는 이방거리”를 묘사하는 작품이다. 이국적 풍경을 묘사하는 경우는 일본 유학 시절 창작된 작품 속에서 두드러진다. 달라진 현실적 삶이 시의 배경으로 등장하는 맥락은 당연한 결과로 보인다. 지역성과 관련하여 주목하고자 하는 점은 이국적 풍경에 대한 정취가 고향의 정서와 결합하면서 일종의 몽타주적 효과를 산파하게 된다는 점이다. 몽타주적 효과란 이질적 장면을 교차함으로써 제3의 이미지를 구현하고자 하는 기법을 가리킨다. 앞서 제시되었던 이국의 소재는 “흐린추억에 뺏는고적”을 환기하고, 이어 “고향밤 별하늘”의 서정이 대비적으로 제시되고 있다. 이처럼 심연수 시에서 이국의 거리는 고향에 대한 향수를 환기하면서 그것과는 이질적 요소로 대비되는 것이 특징적이다.

②에서도 화자는 떠도는 자의 비애를 정제된 감정으로 표현하고 있다. 직정의 수사가 특징인 심연수 시에 있어서도 위와 같은 감각적 통어는 남다른 시적 성취로 보인다. 그 과정에서도 “고향을그리는 애타는 마음”은 “낯설은포구”와 등치되면서 역시 몽타주적 효과를 파생하고 있다.[24] 심연수 시에는 그 밖에도 이주의 현실을 노래한 작품이 다수를 차지하고 있다.

> 잘살려고 故鄕떠나
> 못사는게 他鄕사리
> 간곧마다 펴친心荷
> 뜰 때마다 허실됐다

에는 「무제(1)」(44-45쪽)로 소개된다. 후자에는 동일 작품이 「갈매기」(159쪽)라는 제목으로 중복 수록되기도 한다.

24) 몽타주 기법을 중심으로 시와 영화의 미학적 상사성에 대해 고찰한 선행 자료로는 송희복, 「시와 영화의 상호관련성 연구」(『동악어문논집』 34집, 동악어문학회, 1999. 2)와 김용희, 「시와 영화의 문법과 현대적 미학성」(『대중서사연구』 15호, 대중서사학회, 2006. 6) 등 참조.

흐무할 품을찾어
들뜬마음 잡으려고
두러서 東海를 漁船에실려
대인곧은 漠漠한 벌판이엿다.

싸늘한 北風바지 헤넓은곧
떼장막을 치고누어
떠돌든몸 쉬이려든心思
불상한流浪民의 꿈이엿다

서글퍼 가엾든 부모형제
헐벗고 주림을 참든일
지금도 뼈○은 눈물의記錄
잊지못할 拓史의 血痕이엿다.

—「滿洲」 전문

이 작품은 이주민의 서글픈 운명을 서정적 어조로 그려낸 작품에 해당된다. 역시 '고향'이라는 키워드가 현실의 다단한 운명에 관계하고 있으며, 시적 감정을 주조하는 메인 모티프로 반복되고 있음을 확인할 수 있다. 이러한 구조는 "머언追憶의故鄕에돌아온외로운나그네"의 "한낱이서러운 鄕愁의愛着/ 지고간설음에 늙어온半生"(「나그네」[25])이라는 회한에서도 동일하게 발견된다. 한편 「만주」에서 "불상한流浪民의 꿈"이라든가 "잊지못할 拓史의 血痕"과 같은 표현은 앞에서 보았던 서정적 어조와 사뭇 다르다. 이주의 운명을 구체적인 시어와 이미지로 명시함으로써 보다 강렬한 시의식을 담아내고 있는 것이다.

이주의 현실을 시화하는 맥락으로 인해 심연수 시는 디아스포라 문

25) 이 작품은 원본에는 번호가 없는바 동명의 다른 작품과 구분하여 『시전집』에는 「나그네 1」(250쪽)로, 「20세기중국조선족문학사료집』에는 「나그네(2)」(147쪽)로 소개된다.

학의 한 사례로 설명될 수 있다. 디아스포라는 최근 문학담론의 주요 주제 중 하나로서 한국문학의 외연을 확장하고 또한 다민족사회로 이행중인 우리 사회의 현실을 되돌아보는 계기가 된다. 이는 지역문학의 논의 범위에도 포함될 수 있다. 문학의 지역성은 개별 지역에 국한된 것이 아니라, 지역적 삶을 통해 제도적 공간을 확장하고 나아가 문학의 보편성을 실현할 때 진정한 의미가 완성된다. 이러한 점에서 심연수 시는 강원지역문학의 내포와 외연을 확장하는 주요한 매개가 될 수 있다.

①
連絡船떠난다 釜山埠頭의밤
등불이깨여지는 波紋의그림자
울넝거리는가슴 설레는마음
아-玄海灘아 永遠이못잊을너-

—「玄海灘을 건너며」 부분

②
비나린아스팔트 자동차달리는소리
鋪道에끄으는 게다소리
헤여아는 엽방의 時計치는소리
모다가 깊어지는 밤의소리다.

아! 깃빠지는 이보금자리
비나리는 이 거리의 밤.

—「離鄕의夜雨」 부분

①에서 "언제나못잊으리니 이하로밤/ 내염통에 피뛰는날까지"와 같은 표현은 이주의 현실을 대하는 화자의 염결한 정신을 드러낸다. 반면 ②에서는 이색적 풍물을 대하며 "앞날의 숙제"를 걱정하는 화자의 근심만이 두드러진다. 심연수 시에서 이국적 단어가 그대로 사용되는 경우

는 드문 편이다. 문제는 이때 조직된 이미지를 제시하지 못하고 과잉된 감정만이 나열될 수 있다는 점이다. 이주의 삶을 소재적으로 취한 경우 시적 긴장의 해이로 이어지기도 하는 경우라 하겠다.

오늘도 沙漠에는
지친隊商이 건느겟지
暴熱에 목말은駱駝와사람
沙原에는 世紀도踏步만한다.

—「地球의노래」 부분

한편 「지구의노래」는 장시 형태로서 심연수 시의 새로운 모색을 보여준다. 도입부인 위 부분만 보더라도 "사막, 대상, 폭열, 낙타, 사원" 등의 이색적 시어가 등장하는가 하면 지엽적 단위를 벗어나는 시적 스케일을 동반하고 있다. 「宇宙의 노래」 역시 이와 유사한 구조를 보여주는 작품이다. 이처럼 이주의 공간과 상상력을 통해 지역성을 변주하는 방식은 심연수 시의 공간 구조를 분석하는 과정에서 필수적인 요소가 된다.

해돗는 아츰바다
맑고깨끗한 섬땅
섬은섬이나 섬아닌나라
맑은내 흐른곧에대숲이있고
논밭이있는곧에 사람이산다
車中의사람 車外의自然
모다가 처음보는珍景
朝靄에 싸인데는 마을이있고
마을이있는데는 生氣가있다
瀨戶海 고흔물에
松島가 띄여있고

白帆이움직이는데는
하늘이맑게개엿다
自然도그렇고 人力도그렇다
人力이빛나는곧에 理想鄕있나니
帆船에일하는 모든哲士는
理想鄕을建設하는 鬪士들이니
나도내려가팔을걷고 땅을파고싶다.

—「理想의나라」 전문

이와 관련하여 「理想의나라」는 논쟁의 여지를 포함하는 문제적 작품이라 하겠다. 이 작품은 친일 성향의 작품으로 해석되어 『사료전집』에는 아예 수록되지 않고 있다.[26] 심연수는 1923년 2월 일본 유학을 나서는데 이 작품은 일본 유학길의 여정을 소재로 한 것으로 추정된다. 그 과정에서 나타난 "맑고깨끗한 섬땅/ 섬은섬이나 섬아닌나라"나 "瀨戶海고흔물에/ 松島가 띄여있고" 등의 표현은 분명 낯선 일본의 풍경을 동경의 시선으로 묘사하고 있음이 분명한 듯하다. 나아가 식민 본국의 제국주의적 요소에 대해 "인력이빛나는곧에 이상향"이나 "이상향을건설하는 투사들"로 인식하는 맥락에는 역사의식이나 현실 인식에 있어서의 한계가 드러난다. 그럼에도 불구하고 이에 대해 "일본유학을 어렵게나마 가게 된 젊은이가 途中에 보이는 아름다운 경치를 보면서 가슴벅찬 심정을 토로한 것"[27]이라는 해석도 있다.

역사적 배경을 떠나서 작품 자체로 보자면 여기 표현된 화자의 이상은 범신론적 자연관의 연속선상에서 해석될 수 있다. 앞서 살펴본 바와 같이 심연수 시에서 지역은 제도적 단위로 타자화된 공간이 아니라 궁극적 지향의 대상으로 전유된다. 따라서 모순적인 현실을 벗어날 수

---

26) '전집'임에도 불구하고 임의로 작품을 해석, 사료가 누락된 오류에 대해서는 김해응, 앞의 책, 35-36쪽에서 지적한 바와 같다.
27) 위의 책, 36쪽.

있는 모든 지역 혹은 경계는 심연수 시에 있어 '이상의 나라'로 전경화될 수 있다. 또한 전통적 공동체에 대한 무한한 신뢰는 대지에 대한 믿음, 인간 본성에 대한 긍정적 신념과 밀접히 관련된다. 이 작품에서도 "自然도그렇고 人力도그렇다/ 人力이빛나는곧에 理想鄕있나니"와 같은 표현 자체는 공간에 대한 대지모신적 상상력과 개별 지역을 초월하는 지역성에 대한 인식, 이를 실현하는 숭고한 노동에 대한 믿음을 드러내고 있다. 이러한 맥락은 이국의 풍경을 소재로 하는 여타 작품을 통해서도 확인되는 바이다.

물론 시의식이 내포하는 역사사회적 맥락은 분명히 따져봐야 할 문제이다. 심연수 시에 반영된 민족의식과 계급의식이 정치한 사회학적 관점으로 형성된 것이라고는 보기 어렵다. 그렇다고 해서 심연수가 비현실적이고 막연한 감상으로 서툰 감정을 표현했던 것으로는 보이지 않는다. 심연수의 분명한 민족의식과 깊이 있는 현실 인식은 자신의 기타 산문이나 동기생 이기형과 함께 몽양 여운형을 만났던 일화[28], 유학 이후 교직 재임 중 반일사상과 독립사상을 고취한 죄목으로 수차의 옥고를 치루었다는 사실[29] 등의 객관적 사료를 통해 증명되고 있다. 그 스스로의 일생이 해방을 목전에 두고 용정으로 향하던 중 일경과의 다툼 끝에 마감되었다는 사실은 이를 명증한다.

올곧은 신념과 민족의식을 지니고 있음에도 불구하고 식민 본국의 풍경을 이상의 나라로 동경할 수밖에 없었던 심연수 시의식의 양가감정은 분명 문제적 대상이라 하겠다. 이 역시 먼 이국의 변방에서 문학을 사유하며 순수한 이상을 동경했던 젊은 문학도의 정체성에 해당될 것이다.

이상으로 심연수 시의 지역문학적 의미를 살펴보았다. 심연수 시는 대개 전통 서정의 방식으로 주조되는 가운데 고향의식이 주된 시의식

---

28) 이기형, 『몽양 여운형』, 실천문학사, 1984, 151-152쪽 참조.
29) 엄창섭, 『한국현대문학사』, 새문사, 2002(2006), 371쪽.

으로 강조되고 있다. 일부 작품에서는 지역적 경험과 기억을 소재로 하여 잃어버린 고향에 대한 애틋한 감정을 형상화한다. 뿐만 아니라 지역의 기억을 변주하여 근대에 대한 다양한 시적 모색의 면모를 보여주기도 한다. 이 글에서 주목하고자 하는 점은 이러한 심연수 시의 특징이 고향에 대한 그리움을 바탕으로 하는 일종의 원형적 심상으로부터 비롯된다는 점이다. 이는 지역문학의 관점에서 주요한 의미망을 형성하게 된다.

심연수는 유년 시절에 고향을 떠나 중국 용정에서의 중학 시절과 일본 유학 등 이주의 삶을 살다가 해방 직전에 피살되었다. 그가 이역을 떠돌면서 문학의 꿈을 놓지 않았다는 사실, 시의식의 근간에 고향에 대한 그리움과 동경이 자리하고 있다는 사실 등은 지역문학의 관점에서는 물론 온전한 근대문학사를 위해서도 소중히 다루어져야 할 것이다.

이 글에서는 강원지역을 중심으로 활발하게 논의되고 있는 심연수 시의 현재적 의미를 살핀 후, 그에 반영된 고향의식이 지리적으로 한정된 것이 아닌 이른바 대지모신의 상상력으로서 보편적 의미를 획득하고 있음에 주목하였다. 또한 심연수 시에 나타나는 이주의 공간이 곧 지역성을 다양하게 변주하는 과정이라고 보았다. 이는 심연수 시가 지닌 장소성의 실체이자 지역문학적 관점에서 '지역'이라는 소재를 전유하는 방법론적 의미를 지니기도 한다.

이 글은 그 과정에서 심연수 시의 성취와 더불어 한계 역시 함께 살피고자 하였다. 심연수 시가 지니는 구조적 단순성은 분명한 한계로 사료된다. 문학사는 그 한계 역시 포함하여 비운의 삶을 문학적으로 살아간 흔적을 분명히 기록해야 할 것이다. 나아가 강원지역문학의 전사(前史)로서 심연수 시가 지니는 의미는 앞으로도 다양한 관점에서 보완되어야 하리라 본다.

| 무위와 염결의 시학, 최인희 시 |

1. 문제 제기

최인희(崔寅熙, 1926-1958)는 강원영동지역을 대표하는 시인 중 한 사람이다. 그는 1953년『문예』의 추천으로 문단에 등장하였고,[1] 주로『현대문학』 등에 작품을 발표하였다. 그 과정에서 황금찬 등과 강릉지역의 시동인회 '청포도'[2]를 주도한 바 있으며, 유고집으로『여정백척(旅情百尺)』[3]을 남겨 놓았다. 현재 동해문인협회를 중심으로 그의 문학적 업적과 정신을 기리기 위한 '최인희 문학상'[4]이 제정, 운영되고 있다.

사후 50여 년이 지나고 있음에도 최인희의 문학세계는 그간 정당한 평가를 받지 못하였다. 시인의 요절과 그로 인한 문학적 단절이 주된 이유일 것이다.[5] 최인희의 문학활동은 등단기부터 사망시까지 채 10년

---

1) 『문예』를 통한 추천 과정은 1회「落照」(서정주 천, 1950. 4), 2회「비개인 저녁」(모윤숙 천, 1950. 6), 3회(천료)「길」(모윤숙 천, 1953. 6) 등과 같다.

2) 『청포도』는 강원도 최초의 시동인지로서 황금찬, 최인희, 김유진, 이인수, 함혜련 등에 의해 1952년 창간, 2호(1953)까지 발간되었다. 이들 활동은 오늘날 강원영동지역문학의 주요 단체인 '관동문학회'가 조직(1959)되는 주요한 계기가 된다. 신봉승,『내 기억 속에 살아있는 향기』, 혜화당, 1993, 195-200쪽. 그리고 엄창섭,「강원문학의 사적 고찰—영동지역의 현대시문학을 중심으로」,『한국문예비평연구』 1호, 한국현대문예비평학회, 1997, 338-340쪽 참조.

3) 가리온출판사, 1982.(이하『여정백척』으로 표기) 이 유고집은 시인의 사후, 부인과 제자들에 의해 700부 한정판으로 제작되었다. 이하 시, 산문 등 작품 인용은 이 유고집에 의한 것이며 쪽수만 병기하기로 한다. 단 원전 대조 등의 필요한 경우에는 주석을 통해 부연하도록 하겠다.

4) 부인 우종숙 여사의 출연금을 바탕으로 동해시청 문화예술계에서 1998년 입안, 동해문인협회 주최로 매년 10월 시행되고 있다.

에 이르지 못하고 전체 작품도 50여 편[6]에 불과하다. 그럼에도 불구하고 최인희의 문학세계에 대해서는 보다 면밀한 학문적 검토가 필요하다. 어떤 조건에서라도 최인희 시의 실체를 부정할 수는 없기 때문이다. 이에 대한 조명은 한 시인의 문학적 업적에 대한 정당한 학문적 구명인 동시에 1950년대 한국시사를 보완하는 당위성을 지닌다.

그 밖에도 최인희 시의 실정적(實定的, positive) 의미와 관련된 이유가 있다. 이는 강원영동지역 문학장에서 최인희 시가 지닌 현재적 의미와 연동되는데, 앞서 언급한 것처럼 최인희 시는 이곳 지역문학장에서 효시격으로 거론되는 텍스트 중 하나이다. 지역 명소에 세워진 시비[7], 지역문단에 미친 영향[8], 문학상이라는 제도 등은 최인희 시가 지닌 지역(문학)적 의미를 상징하는 사례라 하겠다. 반면 극히 미비한 학술적 관심은 연구대상으로서의 가치 문제만이 아닌, 최인희 시는 물론 지역문학 전반에 대한 학문적 소외를 실증하는 현상이 아닐 수 없다.

강원영동지역은 여느 지역문학장과 마찬가지로 다양한 문학적 성과와 활발한 현장문학의 자양을 지니고 있다. 한편 많은 텍스트들이 연구자나 평론층의 미비 등으로 인해 심층적 연구와 비평에의 접근을 허락받지 못하고 있는 것이 사실이다. 이에 장기적인 관점에서 지역문학에 대한 체계화된 접근이 필요하리라 본다. 그 일환으로 이 장은 이 지역

---

5) 강원도 삼척군 미로면 내미로리에서 6남매 중 장남으로 태어난 최인희는 북평초, 대구 능인중을 거쳐 동국대 문리대를 졸업하였다. 강릉여중, 강릉사범, 서울 인창고, 숙명여고에서 교사로 근무하였고, 1958년 33세의 나이에 지병인 간염으로 요절하였다. 기타 『江陵崔氏進士公派譜』에 의한 최인희 연보에 대해서는 최승학, 「최인희 연구」, 고려대 교육대학원 석사논문, 1986, 2쪽 참조.

6) 지금까지 확인된 바로는 『여정백척』에 수록된 48편과 기타 5편 등 총 53편이다. 작품목록은 이 글 3장 참조.

7) 최인희 시비는 동해 두타산 무릉계곡 입구(「낙조」)와 강릉 경포호변(「비개인 저녁」) 두 곳에 있다.

8) 대표적 예로 동료 교사로 근무했던 시인 황금찬과의 관계, 제자였던 극작가 신봉승에게의 영향을 들 수 있다. 황금찬, 「최인희의 이모저모」, 『현대문학』 1963년 7월호. 그리고 신봉승, 앞의 책의 「목련꽃 터지는 소리」 참조.

의 주요한 문학적 전거인 최인희 시세계를 조명하고자 한다.

최인희 시에 대한 기존 연구로는 최승학의 「최인희 연구」[9]와 최시봉의 「최인희 시 연구」[10] 정도가 대표적이다. 「최인희 연구」는 전통 율격의 수용과 변용이라는 형식적 특성과 불심, 자연 교감, 향수 등의 제재적 양상을 분석하고 있다. 요컨대 불교와 동양사상에 바탕한 서정시의 양상, 선미적(禪味的) 세계와 자연친화적 서정 추구에 의한 무위자연의 양상 등을 최인희 시의 특성으로 제시한다. 「최인희 시 연구」 역시 자연친화와 향토적 서정, 선성(禪性)의 지향 등을 시세계의 특징으로 설명한다. 이어 자연친화의 서정시를 계승하고 영동시문학의 기틀을 마련한 것으로 시문학사적 의미를 부여하고 있다.

이에 앞서 신봉승은 『여정백척』의 발문격인 「無垢 그리고 平和」[11]를 통해 시인의 삶과 문학세계를 정리한 바 있다. 이 글은 '창(窓)'을 매개로 한 무구의 세계(자연)와의 접촉, 평화로운 질서 추구 등을 최인희 시의 주된 내용으로 강조한다. 그 밖에 문단 후배들의 좌담을 기록한 「최인희의 시세계와 생애」[12]는 최인희 시가 자연을 소재로 하며, 종교적 차원을 넘어 선적 세계에 도달했음을 주장한다.

이들 연구는 최인희 시에 대한 본격적 접근이었다는 데 의의가 있다. 아쉬운 점은 주된 논거가 제재 분류 정도에 그치거나 개별 텍스트에

---

9) 최승학, 앞의 논문.

10) 최시봉, 「최인희 시 연구」, 강릉대 교육대학원 석사논문, 1999. 이 논문은 부록으로 최인희 관련 자료를 제시하는데 오기가 있어 바로잡고자 한다. 본문에서 황금찬의 추모사(「젊은 시인의 죽음」, 『조선일보』 1958년 10월 18일)라고 소개(12쪽)하는 〈자료 VI〉(78쪽)은 모윤숙의 「詩薦後感」(『문예』 4권 2호 · 통권 16호, 1953. 6)이다. 〈자료 XII〉(71쪽)의 천료 작품(「길」) 출전도 같은 잡지인데 '『문예』 통권 17호, 1950. 6'으로 잘못 표기되어 있다. 한편 실제로 『문예』 4권 2호를 보면, 차례와 속표지(9쪽), 후기(195쪽)에서 통권 표시가 17호로 되어 있는데, 이는 이전 호(4권 1호 · 통권 15호, 1953. 2)와 다음 호(4권 3호 · 통권 17호, 1953. 9)에 비교할 때 16호의 오기로 보인다.

11) 신봉승, 「無垢 그리고 平和—시인 최인희의 인간과 작품」, 『여정백척』.

12) 이성교 · 김원기 · 박종해 · 정연휘 · 최홍걸(좌담), 「최인희의 시세계와 생애」, 『두타문학』 10집, 두타문학회, 1987. 5-10쪽 참조.

대한 심층적 분석의 여지를 남겨놓고 있다는 사실이다. 무엇보다도 인상 비평의 차원을 넘어 정치한 이론적 접근을 통한 실증이 필요하리라 본다. 또한 당대의 문단 지형도 내에서 최인희 시가 처한 구도, 문학사적 의미, 기타 산문에 대한 심도 있는 해석 등이 뒤따라야 할 것이다. 이에 이 장은 기존에 언급되지 않았던 특징을 중심으로 최인희 시를 새롭게 조명, 소개하는 목적을 지닌다. 이러한 목적 아래 산문을 통해 최인희 시론의 정체를 추론하고, 시세계의 전모를 흐름과 양상에 따라 전기와 후기로 나누어 구명하고자 한다. 나아가 지역문학적 관점의 위상으로까지 최인희 시에 대한 접근 범위를 확대하고자 한다.

2. 무위와 염결의 시론

최인희가 남긴 산문은 『여정백척』에 수록된 수필류의 13편이 있다.[13] 대개 짤막한 소품에 해당되지만 이 중 일부는 시론격의 성격을 지녀 주목할 만하다. 본 장에서는 이러한 산문을 통해 최인희 시론의 정체성과 시정신의 원형을 추론하고자 한다.

최인희 시에 대한 기존 연구는 공통적으로 무위자연의 시정신을 강조한다. 실제로 최인희는 자연 속에서 보낸 유년의 삶과 기억을 시작의 원동력으로 회고하고 있다.

> 첫여름 활짝 개인 날 青山은 비단결같은 山峰을 바라보며 나는 자라났다. 金剛山으로부터 雪嶽山, 五臺山, 太白山으로 連連한 山脈을 밟고 올라서면 맑은 東海가 소리없이 흘러가고 아침해가 솟아오를제면 바다가 목놓아 울듯이 悽涼히도 가슴속엔 心琴이 운다. 自然의 陶醉에서 더 나아가면

13) 최인희 산문 13편의 목록은 연대순으로 다음과 같다. 참고로 「운수행각」은 3회 추천 후 당선소감으로 『문예』에 실린 것인데 『여정백척』 161쪽에는 출전이 『현대문학』으로 잘못 표기되어 있다.

厭世的인 구렁텅이에 떨어질지도 모른다. 그러나 그러한 妖精의 山川이 아니요 性急히 人心을 罵倒시키려드는 현실주의적인 景慨도 아닌 오직 조촐하고 淳朴하고 敦厚하면서 남몰래 마음을 울려주는 山川이 내 주위에서 나를 키워 주었다 함을 期於ㅎ고 헛되이 생각할 수 없다.[14]

여기서 최인희는 강원도 산천을 벗하며 보냈던 유년시절의 체험이 시작은 물론 인성의 토대가 되있음을 강조한다.[15] 주목되는 부분은 "妖精의 山川이 아니요 性急히 人心을 罵倒시키려드는 현실주의적인 景慨도 아닌 오직 조촐하고 淳朴하고 敦厚하면서 남몰래 마음을 울려주는 山川"임을 강조하는 대목이다. 이는 최인희 문학의 자연적 소재가 자연예찬의 목가적 서정이 아닌 인성이 투사된 정서의 공간임을 짐작케

연번	제목	발표지	『여정백척』 수록면수
01	「雲水行脚」	『문예』, 1953. 9.	160-161
02	「淑이와 下宿집」	『현대문학』, 1955. 5.	178-181
03	「活字化의 魅力」	『국제신보』, 1955. 7. 28.	194-195
04	「鬪病記」	『약사시보』, 1955. 10. 4.	191-193
05	「恨歎」	1956. 3. 13.(미발표)	200-202
06	「나의 文學修業」	『현대문학』, 1957. 2.	162-166
07	「現代詩 鑑賞―創作을 위한 노-트」	1958. 5. 26.(미발표)	170-173
08	「바다로 돌아가리라」	『현대문학』, 1959. 9.	182-184
09	「落水」	『현대문학』, 1960. 3.	185-187
10	「水仙花」	『현대문학』, 1960. 7.	188-190
11	「文章의 道」	미발표	167-169
12	「風雪雜記」	〃	174-177
13	「大關嶺스키―場 踏査記」	〃	196-199

14) 「나의 문학수업」, 164쪽.

15) 절대적 자연 체험은 최인희의 첫 산문이라 할 「운수행각」에서도 명시되는바, "흰 바위, 흐르는 물, 大談하는 山峰을 기어가는 흰구름, 이 모두 말 없는 說法이요 있는지 마는지 내 너무도 작은 存在로하여 悅樂의 幽수鏡에 陷入케 하였던 것"(161쪽)이라고 적고 있다.

한다.

위 대목에 이어 최인희는 "自然이 아름다워서 내가 글을 쓰게 되었다는 것은 한갓 常套的인 口實에 지나지 않"음을 고백한다. "心情에 넘실거리는 물결과 大海의 끓어오르는 情熱의 심지에 불을 붙여준 분들이 모두 또한 고맙게 因緣되어 주었다는 말을 나는 여기다 結付시키지 않을 수 없다"는 것이다.[16] 이는 문학적 세계관의 형성에 있어 관련 인물과의 인간적 교류가 중요했음을 의도적으로 부가하는 맥락이다. 이 글에 언급되는 인물로는 남태성・조지훈(소년기 오대산 월정사), 이윤수・목월・청마(해방직후 대구 '죽순시인구락부' 활동 관련), 서정주(첫 추천), 설창수(영남문학회 활동), 황금찬・함혜련・김유진・이인수(강릉 청포도동인회) 등이 있다. 특히 월정사에서 남태성, 조지훈과의 만남은 문인으로서의 삶을 확립한 주요한 계기였던 것으로 파악된다.[17]

이와 함께 불교적 세계관의 접목 역시 최인희 문학사상의 결정적 요소가 된다. 최인희의 불교적 세계관은 삼척 천은사의 주지였다가 환속한 부친의 영향과 월정사에서의 불경 공부, 조지훈과의 인연 등 생애적 배경으로부터 증명된다.

> 방울 방울 듣고 있는 落水물 소리는 물소리이지만 물소리가 아니라 그것은 내게 주는 說法이요, 無緣話答이요—嘲笑일지도 모른다. 내 마음을 연기처럼 날려버리면 있는 것도 없는지 모를 일이다. 이러한 心境이라면
>
> 心生卽種種法生
> 心滅卽種種法滅
> (元曉)

---

16) 위의 글, 같은 쪽.

17) 최인희는 초등학교 졸업 후 오대산 월정사에서 잠시 불경을 공부하게 되는데, 주지였다가 환속한 부친의 소개에 의한 것이라고 한다. 이 글에서 소개된 남태성과의 일화는 「문장의 도」에서도 반복되어, "年齡上 先輩인 故 南泰星이란 弱冠의 文學 青年"(167쪽)에 대한 기억과 문학적 영향을 기록하고 있다.

覺의 種字는 얻어 올 수 있을까? 그러나 차차로 煙霧는 걷혀가고 있는 것은, 있고 없는 것은 없는 그대로가 肉眼에 들어나 마음으로 가는 것이 아닌가? 있고 없는 그 自體에서 얻은 無心. 萬法을 分別할 수 있으면서 分別치 말아야 그것이 道에 이르는 길이라고 했다. 道에 이르는 길을 分別할 수 있는 것도 이미 分別이고 보매 柰何오?[18]

이 글은 제행무상의 이치와도 같은 깨달음을 드러낸다. 인용 구절은 자연의 소리를 무언의 열락(悅樂)으로 파악하려는 불심의 절실함이 드러난다거나,[19] 존재의 덧없음을 인식하여 오도의 오묘한 경지에 도달할 수 있는 도를 희구, 그러한 최인희의 불심이 반영된 것으로 해석된다.[20] 그런데 이 글은 "敗北한 者의 悲哀를 청승맞게 울어라 落水여! 그리하여 더 切實하고 深刻한 悲痛에서 哀切한 情緖를 吟味하라"는 문장으로 끝난다. 이는 단지 불교적 깨달음과 초월적 선문답만이 아닌 보다 적극적인 인간 의지를 강조하는 맥락으로도 해석될 수 있다. "패배한 자의 비애"나 "심각한 비통"이야말로 "애절한 정서"의 계기이다. "天地自然의 놀라움이 아까처럼 마음에 切實하지 않다"[21]는 것도 "背水의 陳을 치고 最後의 段階"를 기다리는 새봄의 지양과정을 체감했기 때문일 것이다. 밤새 쌓인 눈이 녹는 과정을 통해 새봄의 '단계'를 감각하는 과정은, "절실하고 심각한 비통"으로부터 "애절한 정서"로의 상승·지양 과정과도 같다. 이러한 인식에서 표출되는 것은 대승적 차원의 불교사상이요 혹은 도가의 정치적 상상력과 같은 최인희 식 무위의 세계관이라 할 수 있다.[22]

---

18) 「낙수」, 186-187쪽.
19) 최승학, 앞의 논문, 18쪽.
20) 최시봉, 앞의 논문, 34쪽.
21) 「낙수」, 187쪽.
22) 「낙수」는 유고로 발표되는데(『현대문학』 1960년 3월호), 병발로 인한 죽음의 그림자는 최인희 시론의 애상과 실존적 성격에 긴밀히 관련될 것이다. 그의 산문에는 아픈 몸의 기억을 다룬 흔적이 드러난다. 예컨대 "내 몸에 무리가 간 것은 이해 겨울인데 그 뒤로부터 정드려 오르 내리든 나의 散步路에선 그보

6·25 전쟁은 순탄했던 최인희의 문학적 여정에 단절을 가져오는데, 이 시기를 스스로는 "정말로 그립고 아쉬웠던 것은 詩가 아니라 人情같은 것이었"[23]다고 기록하고 있다. 이를 통해 최인희 시에 있어서 자연에 못지않게 중요한 것이 삶의 태도에 있음을 파악할 수 있다. 인간의 삶과 관계를 소중히 생각하고 염결한 자세를 잃지 않았던 최인희의 태도는 기타 일화를 통해서도 확인된다.[24]

진지함을 잃지 않는 염결성의 자세는 최인희의 생은 물론 시론과 시작 경향에서 공통적으로 반복된다. 「문장의 도」에서도 결론적으로 강조하는 태도, 즉 "적나라하고 무엇인가를 창조해본다는 眞摯性 외에 또 더 말할 것이 있다면 이는 贅言이요 蛇足일 것"[25]이라는 자세도 최인희 시가 바탕하고 있는 염결성의 시학을 증거하고 있다.

> 그나 그뿐이겠는가? 새로나온 刊行物 같은 것을 直接 本人에게 傳達하지 못할 境遇에 贈呈本을 茶房같은 데 맡겨두면 흔히 없어지기 쉽다. 소위 문화인 중에서도 이와 같이 卑劣한 사람이 있는가 하면 남에게 阿諂하여 發表의 便宜를 노린다든가 不然이면 作品을 評합넵쓰고 人身을 攻擊함으로서 文學修業의 一人者然 하는 稚氣滿滿한 可觀相을 들어내는 사람도 있다.

> 「헤라클라이토스」는 對立鬪爭에 依한 萬物의 生成眞相의 調和와 不調和는 마침내 調和로 歸結한다고 본데서 「鬪爭은 萬物의 아버지」라고 말하였

다는 달리 출퇴근하는 아침 저녁으로 언덕에 코피를 쏟으면서 다니게 되었다"(「숙이와 하숙집」, 181쪽), "지난날 나의 서투른 鬪病에서 자칫했으면 나는 나대로 세상에 轉落했을 것을 깨닫고 旺日에 많은 시간을 요하여 병석에 누었든 일을 새로이 회상해 본다"(「투병기」, 193쪽) 등이 그것이다.

23) 「나의 문학수업」, 166쪽.

24) 신봉승은 스승 최인희가 백지와 같은 답안지를 새로 쓰게 하면서도 계속 지켜본다든지, 제자들에게 담배를 권하면서도 자리를 비켜주지는 않는 등 다소 고지식한 최인희의 성품을 회고하고 있다.(신봉승, 「무구 그리고 평화」, 앞의 글, 207쪽, 211쪽 참조) 시를 가르치는 과정에서도 그는 지극히 인간적이고 정이 많은 스승이었다고 한다.(신봉승, 「목련꽃 터지는 소리」, 앞의 글, 67쪽)

25) 「문장의 도」, 169쪽.

다. 文壇重鎭이라 일컬을만한 분들에게 있어서도 作品 이데아 아닌 感情對立으로서 作黨敵對視하는 例를 볼 수 있다면 文壇初年生도 한몫하겠다는 듯이 縱橫하는 분이 있다.

이러한 鬪爭儀式은 「헤라클라이토스」의 畢意의 調和를 위한 鬪爭이 아니라 어디까지나 好戰家的인 生態를 들고 나서서 無智하고 可憐한 모습을 露呈시킴이다. 謙隣할 때에 謙遜하고 自重함은 阿諂도 無能力도 아닐 것이다.[26]

이 글은 예외적으로 직설적 어조로 현실에 대한 비판의식을 드러낸다. 당대의 문단풍토에 대한 강한 비판을 볼 수 있는 것이다. 이 글의 서두에는 한 지인으로부터 자신의 습작 원고가 무시되자 "내 自身이 살아가는 모습이요 살아온 자취이며 如何히 살아갈까에 對한 마련이란 點에서 愛之重之 내깐엔 다듬고 갈아오던 習作稿"임에도 미련 없이 "불살으고 말았다"는 일화를 소개한다.[27] 이 사건은 자신의 작품에 대한 자부심과 또한 시작의 진정성에 대한 염결한 태도를 드러낸다. 최인희는 문외한의 무지일지라도, 오히려 그렇기에 더욱 "文學廢棄의 念을 決心"하려는 순수한 인격의 소유자였던 것이다.

위 인용문은 1950년대 문학장의 풍토와 부조리를 지적한다. 소위 "阿諂하여 發表의 便宜를 노린다든가 不然이면 作品을 評합넵쓰고 人身을 攻擊"하는 행위는 어느 시대에나 발견되는 문단정치의 구태일 것이다. 에꼴의 형성을 통한 문학장의 구성과 상징권력을 둘러싼 갈등은 근대문학이라는 제도의 속성일 것이다.[28] 그럼에도 불구하고 최인희는 상식적인 제도화의 관성을 근본적으로 부정하고 있다. 어찌 보면 그 역시 문단권력으로부터 소외된 '지역적' 한계 속에서 시인의 삶을 살았던 것

---

26) 「한탄」, 201-202쪽.
27) 위의 글, 200-201쪽.
28) 상징권력을 둘러싼 문학장의 형성과 구조에 대해서는 피에르 부르디외, 하태환 역, 『예술의 규칙』, 동문선, 1999, 285-307쪽 참조.

일 수도 있겠다.

주목되는 것은 헤라클레이토스의 경구를 들어 당대 문단정치의 폐해를 지적하고 있다는 사실이다. 주지하다시피 헤라클레이토스의 사상은 대립물의 투쟁과 그로 인한 생성을 주장함으로써 변증법적 유물론의 맹아로 기록된다.[29] 헤라클레이토스가 '대립'을 '반대의 조화'로서 전제하고 포괄하는 데로 나아가는 것과는 달리, 당대 문단의 세태는 "感情對立으로서 作黨敵對"하는 수준을 벗어나고 있지 못하다는 데서 최인희의 비극적 현실 인식이 비롯된다.[30] 하지만 최인희의 비판적 인식은 더 이상 외부로 표출되지 않고 내면으로 승화되는 방식으로 시에 반영된다. 이러한 양상 역시 세속적 이해관계에 연연하지 않는 최인희 식 염결의 시정신을 증거하고 있다.

3. 시세계의 특징과 시정신

산문을 통해 본 무위와 염결의 시론은 시작품 속에도 그대로 투영된다. 지금까지 확인된 최인희 시는 총 53편으로서 연대순 목록은 아래와 같다.[31]

---

29) 사무엘 E. 스텀프, 이광래 역, 『서양철학사』, 종로서적, 1983, 24-25쪽 참조.

30) 그렇다고 해서 최인희가 헤라클레이토스로 상징되는 변증법적 유물론의 철학, 나아가 현실주의와 같은 정치사상적 이데올로기를 지니고 있었다고 보기는 어려울 듯하다. 삶의 이력과 문인협회 회원으로서의 문단활동, 문학적 경향 등을 종합할 때 최인희 문학은 순수서정시의 세계가 지배적 경향이라고 할 수 있다.

31) 『여정백척』 미수록 5편 중에서 「그 어느 날」(17), 「가로등」(44)은 최승학, 앞의 논문, 57-59쪽에 전재되어 있고, 「작별」(01)은 최시봉, 앞의 논문, 10쪽에서 소개한다. 「작별」은 최인희, 「나의 문학수업」의 회고(165쪽)에 따라 제목만 소개한 것으로서 작품 내용은 확인되지 않는다. 기타 새로 발견된 작품으로 「清溪圖」(03)와 「月光吟」(31)이 있다. 내용은 본문에서 소개하기로 한다.

연번	제목	발표지	『여정백척』 수록면수
01	「作別」	『竹筍』, 1946 봄.	미수록
02	「봄의 點景」	즉흥시대회당선작, 1947.	84-85
03	「淸溪圖」	『녹원』 2집, 1949.	미수록
04	「落照」	『문예』, 1950. 4.	12-13
05	「비개인 저녁」	『문예』, 1950. 6.	14-15
06	「待春賦」	『청포도』 창간호, 1952. 7.	18-19
07	「春風에 부치는」	〃	20-23
08	「山길」	〃	50-51
09	「등불」	〃	58-59
10	「湖畔에서」	〃	88-89
11	「달뜨는 바다」	『嶺文』, 1952. 11.	94-95
12	「길」	『문예』, 1953. 6.	16-17
13	「夕陽」	『청포도』 2집, 1953. 10.	24-25
14	「窓」	〃	52-53
15	「靜夜」	〃	56-57
16	「薔薇 밭에서」	〃	60-61
17	「그 어느 날」	1954. 3. 22.(미발표)	미수록
18	「落鄕」	『동국월보』, 1954. 9. 6.	26-28
19	「季節의 窓」	『저축순보』, 1954. 11. 1.	86-87
20	「바위 아래서」	『현대문학』, 1955. 3.	91-93
21	「아지랑이」	『신태양』, 1955. 6.	64-66
22	「아카시아길」	『교통』, 1955. 7.	70-71
23	「音響」	『현대문학』, 1955. 10.	32-33
24	「落葉松」	『문학예술』, 1955. 10.	72-73
25	「아침의 노래」	『동국문학』, 1955. 11.	34-35
26	「열매」	『嶺文』, 1955. 11.	67-69
27	「첫 소리」	『현대문학』, 1956. 5.	36-37
28	「微笑」	『현대문학』, 1956. 12.	38-39
29	「平和」	『현대문학』, 1957. 4.	40-41
30	「언덕에서」	『현대문학』, 1957. 8.	96-97
31	「月光音」	『문예운동』 1호, 1958. 4.	미수록

연번	제목	발표지	『여정백척』 수록면수
32	「路傍」	『현대문학』, 1958. 6.	98-99
33	「黃昏」	『동국시집』 7집, 1958.	42-43
34	「滿發」	〃	54-55
35	「病後」	『동대시보』, 1958. 10. 14.	29-31
36	「꾀꼬리」	〃	74-75
37	「코스모스」	〃	76-77
38	「달뜨는 마을」	〃	100-101
39	「滿月醉韻」	『현대문학』, 1958. 11.	44-45
40	「距離」	〃	46-47
41	「老人」	〃	62-63
42	「하늘」	〃	105-107
43	「地平線에」	〃	111-113
44	「街路燈」	미발표	미수록
45	「旗」	〃	78-79
46	「언덕」	〃	80-81
47	「江물」	〃	82
48	「달빛 아래서」	〃	102-104
49	「深夜」	〃	108-110
50	「어느 位置에서」	〃	114-115
51	「波綻」	〃	116-117
52	「波濤소리」	〃	118-120
53	「旅程百尺」	〃	122-157

길지 않은 기간의 소략한 작품세계는 따로 시기 구분이 불필요할 듯도 하다. 최인희 시의 전반적 성격은 전통 서정에 바탕한 생의 관조에 있다고 파악된다. 그러나 전체 시세계는 한마디로 요약될 수 없는 형식적 변모와 시의식의 변주를 보인다. 이 글에서는 이에 대한 상론을 위해 시세계를 전기와 후기로 구분하고자 한다. 전기는 등단 이후 강릉에서의 교편생활 시기(1950-1954)이고, 후기는 서울로의 전근 후 요절과 유고가 발표되는 시기(1955-1960)가 해당된다. 이들 시기는 물리적으

로는 길지 않은 시간임에도 시의 형식이나 내용상의 차이를 보임으로써 최인희 시세계의 주요한 범주가 될 수 있으리라 본다.

3.1. 생태론적 이상

우선 최인희 시세계의 출발을 알리는 등단작을 보면, 초기 추천작인 「낙조」와 「비개인 저녁」은 전원 풍경을 소재로 전형적인 서정을 표현한다. 불필요한 수사가 없는 정제된 표현 역시 전기 최인희 시의 특징적 경향을 대변하고 있다.[32)]

> 소복이 山마루에는 햇빛만 솟아 오른 듯이/ 솔들의 푸른 빛이 잠자고 있다.// 골을 따라 山길로 더듬어 오르면/ 나와 더부러 벗할 친구도 없고// 묵중히 서서 세월 지키는 느티나무랑/ 雲霧도 서렸다 녹아진 바위의 아래위로// 은은히 흔들며/ 새여 오는 梵鐘소리// 白石이 씻겨가는 시낼랑 뒤로 흘려 보내고/ 고개넘어 낡은 丹靑/ 山門은 트였는데// 千年 묵은 기왓장도/ 푸르른채 어둡나니.
>
> —「낙조」 전문

여기서 종연의 "千年 묵은 기왓장도/ 푸르른채 어둡나니"와 같은 표현은 조지훈의 「승무」를 연상케 한다. 「승무」의 세계가 전통적 어조로 인간의 번뇌와 종교적 승화를 노래한다면, 「낙조」 역시 산사에 깃든 외로운 화자의 심정을 풍경에 투사하여 초월적으로 그리고 있다.[33)] 이

---

32) 최인희가 활동한 1950년대 시단은 주지하다시피 '청록파'로 대표되는 전통주의 계열과 '후반기' 동인의 모더니즘 계열이 주요한 흐름을 형성한다. 그런데 모더니즘의 새로운 미의식은 서구시의 새로운 감수성과 기법을 한국적 모더니티로 승화시키지 못했고,(김윤식, 『한국현대문학사』, 일지사, 1976, 56-58쪽) 전통적인 경향 역시 현실의 상황과 감각을 적절히 담아내지 못하는 한계를 드러낸다. 기타 1950년대는 전쟁이 남긴 불안과 절망을 극복하기 위해 새로운 창작방법을 모색하던 시기였다.(김재홍, 『한국전쟁과 현대시의 응전력』, 평민사, 1978, 12쪽. 그리고 최동호, 「분단기의 현대시」, 『현대시의 정신사』, 열음사, 1985, 45-47쪽 참조)

33) 이에 따라 최인희 시는 조지훈과의 관련성 속에서 해석되기도 한다.(최승학,

러한 시적 의도는 "조용히 이슬이 지는 湖水ㅅ가에는 하이얀 물줄을 그으며/ 한쌍의 白鷗도 떠나가리라"는 「비개인 저녁」의 결구에서도 반복해서 드러난다.

> 樵夫가 하루 종일/ 나무 찍다 도라갔을 길을 간다.// 溪谷과 맞은 山에/ 흘러가는 물과 구름// 樵夫의 사라진 자취를 더듬어 가면/ 이 길은 바단가 구름인가// 한마리 나비처럼/ 작은 몸매에[34]// 雜木 함께 햇빛을 받으면서/ 한 나절 山길에 길이 멀다.// 누가 지나갔을 갈림길에서/ 마음 서운하여 도라보며 가는 길에// 길의 비롯함은 어디서인지/ 말해 줄 아무도 없다.
>
> —「길」 전문

한편 천료 작품인 위 「길」은 보다 깊이 있는 철학적 사색을 담고 있다. 이 작품을 추천 게재한 모윤숙은 "최씨는 四年前에 이미 二回의推薦을 얻었던 사람으로서 뛰여난 才能은 보이지 않으나 그 素朴하고 健實한 詩精神이危殆롭지 않음을 좋게 본것"[35]이라고 평한다. 모윤숙의 직감은 시적 재기보다는 소담한 형식으로 생의 의미를 관조해 나가는 최인희 시의 태도를 간파하고 있다.

위에서 자연에 투사된 화자의 정서가 애처로운데, "누가 지나갔을 갈림길에서/ 마음 서운하여 도라보며 가는 길"에 드러나는 애상은 일상

앞의 논문, 20-30쪽. 그리고 최시봉, 앞의 논문, 44-47쪽 참조) 이들의 연관은 문학적 생애를 통해서도 확인된다. 앞서 언급한 바와 같이 조지훈과의 인연은 소년시절 월정사에서의 만남으로부터 비롯되는데, 이후 서울생활 과정에서도 잦은 왕래를 통해 문학에 대한 의견을 나누었다고 한다.(최승학, 앞의 논문, 5쪽 참조) 한편 신봉승의 회고에 따르면 시를 배우러 온 자신에게 처음 추천한 시집이 정지용의 『백록담』과 박목월, 박두진, 조지훈의 『청록집』이었다고 한다.(『내 기억 속에 살아있는 향기』, 앞의 책, 67쪽) 이들 시에 대한 최인희의 입장이 드러나는 일화일 것이다.

34) 『여정백척』에는 "한마리 나비처럼 작은 몸매에"가 한 행으로 처리되지만 발표 지면인 『문예』 4권 2호(통권 17호, 1953년 6월)에는 "한마리 나비처럼/ 작은 몸매에"로 행구분이 되어 있다.

35) 모윤숙, 「詩薦後感」, 『문예』, 1953. 6, 78쪽.

적 비애를 넘어서는, 소위 인간의 실존적 고독을 환기한다. 묘연하기만 한 길의 행방 역시 적멸이라는 실존의 한계를 연상케 한다. 전 연이 2행 대구로 조직된 것도 전통적 율격과 더불어 질서 속에 담긴 자연의 비의감을 전달하는 시형식으로 기능하고 있다. 이 작품의 어조와 율격, 자연이라는 소재는 전통 정서에 충실한 반면 화자가 처한 실존적 고독의 정황은 호연지기 식의 목가적 풍경과는 다른 정서를 자아낸다. 존재론적 비의감의 표출은 최인희 시의 또 다른 경향이라 하겠다. 이러한 정서가 형성되는 계기로서 전편의 추천작들과 「길」 사이에 놓인 6·25라는 시대적 상황을 고려해야 할 것이다.

그럼에도 불구하고 전기시의 주된 경향은 자연의 이상적 질서를 철학적으로 사색하는 양상이라 하겠다. 문단 추천작들과 더불어 전기의 시세계로는 『청포도』 시기의 작품들이 주로 포함되는데, 이들 작품의 경향이 주로 무위자연의 서경적 세계에 해당된다.

> 소맷자락 스쳐감도/ 百劫의 먼 날 因緣이니// 누구라 덧없이/ 오고가는 가그네// 이 한 마을/ 이름없는 고장을// 梅花 香氣 떠가는/ 窓가에 지낸다.
>
> —「춘풍에 부치는」 부분

이 작품은 특유의 불교적 세계관을 드러내며 고독한 삶의 여정을 풍경에 투사하고 있다. 최인희의 초기 작품은 이처럼 생의 배경으로서 자연을 노래한다. 이어 상론할 터이지만 "百劫의 먼 날 因緣"과 같은 인간의 관계, "梅花 香氣 떠가는/ 窓"과 같은 사유의 기제 등은 최인희 전기시에서 반복되는 구조적 요소들이다. 이러한 경향은 비슷한 시기 『청포도』 이외의 지면에 발표된 「달뜨는 바다」에서도 반복된다. 새로 발견된 「淸溪圖」[36] 역시 초기 최인희 시의 불교적 세계관과 작품 경향

---

36) 전문은 다음과 같다. "깊은 고을/ 물길우에 하늘은 좁고// 인경소리 마조치든/ 山벽에 가로 앉아// 옛 이야기 삼아/ 구름을 본다// 城터 허무러진 곳에/ 하이얀 차돌처럼/ 세월 함께 잠든 髑髏의꿈—// 구름 처럼/ 물 처럼/ 나도 이렇게

을 여실히 보여주고 있다.

> 窓에는 따로 트인 世界가 있다// 꽃피는 마을 넘어/ 이슬방울 떨을 듯 구슬을 다듬는 하늘이/ 휘영청 넘겨다 본다.// 나즌 바람이 오고 갈 때/ 수 놓은 꽃 잎이/ 물결처럼 움지기는 바탕.// 내 몸은 그림자 속에/ 고요히 흔들리는 풀잎을 본다.// 窓살에 움지기는 世界는/ 개인 날 멀리 航路를 간다./ 나는 하늘과 花盆을 실은/ 배를 타고 있나부다.
>
> —「창」 전문

위 작품은 최인희 전기시의 세계를 상징적으로 집약하는 작품에 해당된다. 여지없이 자연을 배경으로 한 세계가 등장한다. 최인희의 시세계는 '창'을 통해 무구의 세계와의 소통을 노래하는 경향이 강하다.[37] 창, 나그네, 다양한 자연의 양태 등은 최인희 시세계에서 반복되는 시적 화소이다. 이러한 성격은 청록파의 계보를 잇는 최인희 시의 자연적 요소라 하겠다. 여기서 창을 매개로 주조되었던 나그네의 심정은 "창을 열어 놓고/ 바라 보"는 "마을 소녀"(「장미 밭에서」)의 심사로 변주되기도 한다.

이처럼 창을 매개로 한 최인희 시의 사유 방식은 시적 구조를 통해서도 확인된다. "저렇게 꽃이 裝飾한 하늘과 나와의 窓살에/ 짙은 그림자로 수 놓은// 지나친 마음의 참다움"(「계절의 창」)과 같이 궁극적 대상과 화자 사이에 순결한 매개(창)를 설정하는 방식은 최인희 전기시를 구조화하는 주요 요소였던 것으로 분석된다.

> 보리 싹과 풀들이 자라나는/ 언덕 길을 걸어가면// 눈에 덮인 눈길의 그 어느 날/ 지나치던 그림자가 보인다.// 두 손 오무려/ 담배 불 켜 주든/ 골목 길 밤이 보인다./ 인정의 구슬이 빛난다.// 맞인 편 눈 길을/ 내가 다시

간다." 이 작품은 등단 이전 『녹원』 2집(조선불교학생회문화부, 1949, 64쪽)에 실린 것으로서 동국대 재학시절 최인희의 관심 영역과 작품 경향을 시사한다.

37) 신봉승, 「무구 그리고 평화」, 앞의 글, 207-210쪽 참조.

걸어가면// 그 어느 날 바래보듯/ 지켜 줄 이 없다// 이 길은 어느 嶺 넘어로/ 아득한 因緣을 느리고// 보리 싹과 풀들이/ 자라나는 언덕 길을// 어디멘가/ 따스한 손길이 이끌고 있다.// 흘러가는 江물도/ 무심치 않다.

—「그 어느 날」 전문

이 작품은 '황금찬 선생님이 보관하시기를'이라는 부제를 달고 있다. 정확한 사연은 알 수 없으나 지면으로 발표하지 않고 원고를 맡기는 데에는 황금찬과의 각별한 친분과 그에 따른 기념비적 의미가 함축되어 있으리라 본다. 최인희는 1954년 5월부터 서울생활을 시작하는데 이 작품은 그 직전(1954. 3. 22)에 기록된다.

여기에서 "지켜 줄 이 없"는 상실의 현실에 처한 화자는 "인정의 구슬이 빛"나던 따스한 관계가 더욱 그립다. 그러한 관계는 변함없는 자연의 풍광 속에 오롯이 간직되어 있다. 이를 상징하는 것이 작품 전면에 두드러지는 "아득한 因緣"을 간직한 "어느 嶺 넘어"의 심상이다. 더불어 "무심치 않"게 "흘러가는 江물"이라는 묘사 역시 '인정'("따스한 손길")의 풍경을 강조하고 있다. 인간의 삶이 각인된 서경인 것이다. 요컨대 이 작품은 삶에서 비롯되는 비애의 정서 속에서도 인정을 담아내는 자연을 통해 생의 의지를 다짐하고 있다. 이처럼 최인희 시의 자연은 타자로서의 자연도 아니고 인위적으로 채색된 그것도 아닌, 인간의 삶과 합일되는 양상을 보인다. 이는 인간과 자연이 궁극적으로 하나의 질서를 이루는 생태적 이상의 세계이기도 하다.

萬里 無際/ 靑山과 바다// 가슴헤치면/ 풀냄새 꽃냄새/ 呼吸 속에 大氣가 흐른다.// 落鄕—/ 그리움이 가까이 오는/ 樹木 속에 꾀꼬리 소리/ 溪谷 물소리// 江原道 山情/ 東海 푸른 물결에/ 씻기운 갈매기/ 바라뵈는 어느 湖水가에 날고// 海松 松林이/ 푸르름이 돌아간/ 바다와 湖水와 마을// 山 꽃이 處處에/ 웃고 있는 마루턱에 올라서서// 내 그리움/ 첫여름에/ 꽃이 피었다.

—「낙향」 전문

「낙향」은 최인희 시의 생태론적 이상을 구조적으로 완성하는 대표작으로 보인다. 이 작품은 인간과 자연이 합일되는 생태적 이상을 그린다. "萬里 無際/ 靑山과 바다"로 시작되는 2음보 대구의 첫 연은 그 자체로 자연 본연의 무위적 질서를 상징하지만, "내 그리움/ 첫여름에/ 꽃이 피"는 식으로 자유로운 형식과 함께 의미상 인정의 산하로 변주되는 것이 또한 자연이다. 나아가 이 작품은 지역적 삶과 장소를 소재로 하면서도 문학 보편의 미학적 감정을 절제된 형식으로 형상화했다는 점이 주목된다. "江原道 山情/ 東海 푸른 물결"에 대한 화자의 정념은 장식적인 수사의 차원을 넘어 최인희 시의 정체와 진정성을 표현한다. 이는 그간 살펴 온 시론과 문학적 생애를 통해 충분히 증명되는 바이다.

이처럼 최인희의 전기 시작품들은 대개 자연과 생의 합일을 지향하는 생태적 이상을 드러내고 있다. 장시 「여정백척」[38]은 비록 지면으로 발표되지는 않았지만 위와 같은 전기시의 경향이 집약되는 동시에 서정적 서사를 기획하는 의욕적 시도였다.[39] 그 밖에 절제된 어조와 시형 등 전통 서정의 방식을 취하면서도 미적 근대의 내용과 형식을 체현하는 데 최인희 시의 특장이 있다. 이 역시 무위의 형식 속에 궁극적 지향을 투사하는 생태적 태도라 하겠다. 또한 이는 서정주나 청록파 등 한국적 서정의 주류 흐름과 연계되는 최인희의 문학사적 입지라 할 수 있겠다.

---

38) 이 작품은 총 175연 350행으로 구성된다. 크게 세 단위(1-52연, 53-109연, 110연-175연)로 구분 표시(※)가 있다. 주로 단음절 2음보격의 2행이 1연을 이루는 형식을 의도적으로 취했으며, 강원도 두타산 일대를 배경으로 화자의 여정을 기록하는 내용이다.

39) 신봉승은 이 작품에 대해 "유고라기 보다는 습작기 작품"으로서 "최인희 초기 시의 총론과 같은 작품"이라고 적절히 지적한다. 신봉승, 「무구 그리고 평화」, 앞의 글, 205-206쪽.

3.2. 존재론적 비애

1954년 5월, 인창고 근무를 계기로 최인희의 서울 생활이 시작된다. 그 직후인 1955년은 최인희가 생애 가장 많은 작품을 발표한 해로서 삶의 변화와 더불어 의욕적인 창작 활동을 펼치는 시기로 추론된다. 주목되는 것은 이 시기를 즈음하여 시세계의 양상이 다소 변모되고 있다는 사실이다. 그 중 두드러진 변화가 있다면 산문투 문장을 취한 시행 구사 형식이 본격화된다는 점이다.

최인희 시에 대해서는 전통적 율격의 계승이 주된 특징으로 지적되기도 한다.[40] 그러나 이는 주로 전기시의 경향으로서 후기에 이르면 산문투 문장의 구사 등 율격에 얽매이지 않는, 오히려 파격적인 형식이 또한 주요 경향으로 나타나고 있다.

> 바위는 無始以來로 그의 소망을 말하지 않는다. 雷聲같은 沈默으로 그의 姿態는 大地에 뿌리박고 風雪에 깎여간다. 意志의 끈끈함을 다루어 본다.// (중략) // 空虛에 자리하고 意志의 삶이 하늘과 呼應하여 마침내 왼 누리를 누려 갈 그리움과 슬픔으로 손짓을 보내본다.// 成住壞滅의 이 無言의 行進 속에 우리가 지켜가야 할 律法을 세워야 한다. 그리하여 흙에서 萬有가 또 다시 生成되는 흙의 마음으로 도라가리라. 바람은 갈대에 이치내고 季節의 쓰라림만이 울고 있다.
>
> —「바위 아래서」 부분

「바위 아래서」는 산문화의 계기가 되는 작품으로 보인다. 이 작품은 기존의 방식과 유사하게 자연(바위)을 제재로 그에 담긴 가치와 삶의 자세를 여전히 강조하고 있다. 하지만 산문투 문장을 사용하는 연 구성은 요설적인 성격을 더하고, 어조 역시 당위를 강조하는 강인함이 부각

---

40) 최승학, 앞의 논문, 11-16쪽 참조. 이 글에서는 최인희 시가 2음보격 변형과 3음보격 변형을 적절히 수용, 3(4)・4조 또는 7・5조로 볼 수 있는 전통적 율격에 바탕하고 있다고 본다.

된다. 이는 전기시의 정제된 어조나 낭만적 동경의 자세와는 분명히 다른 요소라 하겠다. 비슷한 시기에 발표된 「낙엽송」·「아침의 노래」(1955), 「첫 소리」·「미소」(1956), 「평화」·「언덕에서」(1957) 등에서도 모두 이와 같은 양상을 볼 수 있다.

시행의 산문화 경향과 함께 시적 사유 역시 보다 사변화된 양상을 보인다. 천리를 강조하면서도 삶의 태도를 문제시하는 자세는 여전한 염결의 시학을 증거한다. 한편 무위자연의 선적 이상으로부터 보다 인간적인 삶의 철학으로 사유의 방향이 선회하고 있음을 지적해야 한다. 예컨대 '소리'에 주목하여 생철학적 의미를 추구하는 양상은 주목되는 형태라 하겠다.

> 大地의 압력처럼, 등성이에서 외투를 벗어 제친다. 햇빛같은 인정이 있을까? 있다면 그러한 것을 찾아서 들로 나선다. 호젓한 두 팔이 기류를 타고 아무렇게나 方位를 맡겨 버린다.// 山이 주춤주춤 다가온다. 문앞에 와서 무엇인가 정중히 지키고 있다. 깊은 밤에도 개 한마리 짖지 않는 마을의 앞 뒤에 山들은 이렇게 모여선다.// 천하는 태평성대—문득 모진 소리에 잠이 깨인다. 「으아…!」 연거퍼 들려오는 울음소리에 이내 잠은 오지 않는다. 먼 뎃 소릴 점점 가까이 들을 수 있다.// 날이 밝아온다. 山은 사람들이 알기전에 서서히 뒷걸음질로 제자리에 도라가 앉는다. 山은 등성이에서 무거운 긴장을 풀어버린다. 고을에서 물소리가 졸졸거린다. 肉感에서 맺은 싹이 부푼다.
>
> —「첫 소리」 전문

산문투 문장으로 연 단위를 구성한 이 작품은 외면적 형식으로부터 전기시와는 확연히 구분된다. 내용에 있어서도 서경적 묘사가 아닌 자연의 소리에 담긴 직관적 사유를 기술하고 있다. 화자는 여전한 인생의 화두, "햇빛같은 인정"을 희구하며 '산'을 응시한다. '소리'가 부재하는 적막의 사이로 산이 현시되었다가 사라지고, 다시 소리의 등장("물소리가 졸졸거린다")과 함께 산은 "무거운 긴장을 풀"고, "肉感에서 맺은 싹"이 재생된다. 소리에 담긴 의미, 감각에 관한 철학적 의미가 펼쳐지는 사유의 장이라 하겠다. 그런 만큼 시의 주제는 다소 추상적이다. 하지만 이는 존재의 의미를 감각적 사유로 추구함으로써 전형적인 모더니티의 시의식을 드러낸다. 이처럼 "萬有가 지닌 音樂소리"(「아침의 노래」)의 감각을 매개로 한 존재론적 사유의 경향은 「음향」, 「낙엽송」, 「월광음」 등에서도 발견된다.

이와 같은 왕성한 시작의 의욕은 그리 오래 가지 못한다. 지병인 간염의 악화와 함께 최인희의 문학적 생애는 일찍 마감된다. 그로 인해 최인희 후기시에는 병발의 기록은 물론 실존적 고뇌가 부각된다. 이는 최인희 후기시의 주요한 주제론적 양상이라 하겠다.

> 앓다 난 자리가/ 신기스럽게 허전하다.// 問病왔던 손님들이/ 일제히 손을 끊고 돌아가고// 마음에 남는 건/ 새삼스리 空虛뿐.// 窓을 가리워주는 푸른 나뭇잎도/ 꽃甁에 꽂힌 몇 幅의 꽃도/ 그대로 제자리에 놓여 있는데// 아내는 뜻모를 웃음을 던지고/ 밖으로 나갔다.// (중략) // 앓고 잃어난 날 아침엔/ 푸르른 새 천지에 마음이 부시다.
>
> —「병후」 부분

이 작품은 요절 이후 발표(『동대시보』, 1958. 10. 14)된 것으로서 그 전부터 아픈 몸에 대한 사유가 지속되었음을 엿볼 수 있다. 제목 그대로 병발 이후의 고뇌와 심경을 기록한 작품이라 하겠는데, 이처럼 '병발의 사유'를 살필 수 있는 작품으로 「만월취운」, 「하늘」, 「지평선에」 등이 있다. 이들 작품에는 허무한 인생에의 회한과 반성이 담겨 있다.

> 먼 하늘이/ 制限된 窓에 있다./ 지나간 꿈의 그림자가 있다.// 파아란 종이 위에/ 생각이 떠 오르다 진다.// 三層 커—텐 제친 窓뒤에/ 치솟아 꽃이 웃고 왔으면—// 먼 하늘이 附着된 窓에/ 무언가 그림자 있어// 눈을 뜬채로/ 눈 속에 움틀거리는 것// 하늘은/ 이름 모를 한마리 벌레/ 紫煙이 피어서 덮으면/ 하늘과 내가/ 꼭둑각씨 뛰놀던 뒤에 숨는다./ 꿈의 커-텐이 닫힌다.
>
> —「하늘」 전문

예컨대 위에서는 자신과 시작의 운명을 예언처럼 그리고 있다. '창'은 무구한 세계와의 소통을 지향하는 최인희 시의 핵심적 화소였다. 그러나 위 작품에서는 "制限된 窓"이요 "꿈의 커—텐이 닫힌" 경계로서 단절된 매체로 그려진다. 이는 죽음이라는 실존적 한계를 목전에 둔 존재의 비의감이 투영된 결과일 것이다.

> 물 속에 깊이 묻히던 꿈이 있다. 사람도 짐승도 오지 않는 새봄에 다시 움 돋는 ○른 보리이랑— 부드러운 날개를 펴고 누워보든 모습이 있다. 玄光燈 쇼—윈도 근처를 ○어가면 軟綠의 물결이 마구 쏟아져 오는데// 電車를 타고 피로에 지친채로 사람과 사람들 새에 아아, 이렇다할 주고 받을 人情○ 식어버린 그 속에 넌짓이 기대서서 서로 나누며 가는 건 體溫으로 하여 느껴 아○ 幸福같은 것.// 저만치서 저으기 피어나는 電燈빛에 고개 숙인 女人의 表情에서 함박꽃으로피어서 ○아오는 車室이여!// 그것은 행여 저 푸르름이 어둠과 어울려 불을 달고 새워보는 人間같은 習性이기도 하다. 아니면 그의 노래를 無限의 변두리에까지 밀려보내는 크낙한 喜悅일게다.// 차고 푸른 것이 神의 加護처럼 실려있는 아득한 못속— 그 속에 熱狂의 우슴만이 내게로 온다.// 쇼—윈도에 어리는 얼굴같이 街路燈에 어리어 솟아나는 幻想과도 같이 至大한 宇宙의 크낙한 못속에 비치는 달빛이야 더 이름지울 수 없는 기쁨이어라.
>
> —「月光音」 전문

그간 알려지지 않았던 「월광음」[41]에도 최인희 후기시의 경향이 집약되고 있다. 여기서는 도시의 현실이 시적 배경으로 제시된다. 즉 "玄光燈 쇼—윈도 근처"라거나 "電車를 타고 피로에 지친채로 사람과 사람들"과 같은 도시의 풍경을 소재로 취하고 있는 것이다. 현실의 구체적 소재가 시에 반영되는 것은 최인희 시에서는 극히 드문 양상이다.

산문투 문장을 연 단위로 제시하는 형식은 후기시의 형식적 면모를 그대로 보여준다. 그럼에도 "물 속에 깊이 묻히던 꿈"으로부터 시작하

41) 『문예운동』 1호, 문예운동사, 1958. 4, 18쪽. ○은 원문 확인이 필요한 음절이다.

여 "至大한 宇宙의 크낙한 못속에 비치는 달빛"으로 마무리되는 수미상관의 의미 구조는 자연에 대한 경외감을 여전히 표현하고 있다. 그것이 단지 자연의 물성이 아니라, 표제 '월광음'이 환기하듯, 대상이 감각화된 '소리'라는 점은 앞서 살핀 생철학적 경향과 같다.

주목해야 할 사실은 "지대한 우주의 크낙한 못속에 비치는 달빛"이 "쇼—윈도에 어리는 얼굴" 혹은 "街路燈에 어리어 솟아나는 幻想"과 등치되고 있다는 점이다. "體溫으로 하여 느"끼는 행복, "人間같은 習性"으로 변주되는 희열 등을 묘사하는 맥락에서도 화자의 실존적 믿음을 엿볼 수 있다. 이 같은 묘사는 비루한 현실일지라도 존재의 가치를 확신하는 태도에서 비롯될 것이다.

이러한 의미 구조는 후기시에서 평화의 상징으로 등장하는 일련의 '아기' 이미지를 통해서도 확인된다. 즉 "자라면 자랄수록 애띤 마음을 간직함이 우리들 本然의 자태"(「언덕에서」)인 아기는 "언제 보아도 또 다시 보아도 아기에겐 웃음이 어려있"(「평화」)는 무한의 평화이지만, 때론 "예까지 와선 마침내 氣盡하여 쓰러진 너희들(아가와 소년) 외로운 나그네"(「路傍」, 괄호는 인용자)의 설움이기도 하다. 이러한 맥락에 따르자면 아기의 평화는 다난한 생활의 장 속에서 "진정 그의 우럴어 지켜갈 旗幅"(「평화」)으로 존재하며, 그를 향한 실존적 고투를 통해 실재하는 가치가 된다.

위와 같이 현실에의 관심과 실존적 고뇌를 적극 차용하는 경향으로는 「路傍」 정도가 지적되어 왔다. 이에 대해서는 "다만 표현의 소재를 도시의 현실 속에서 찾았을 뿐 표현양상의 변화를 시도한 것으로 보기는 어렵다"[42]는 평가가 있다. 그러나 산문투 진술을 통한 일상시의 양상은 "무구의 이상적 지향이라는 시정신"을 표현하는 데에서 한발 나아가 존재론적인 주제를 시화하고 있다. 이는 후기시에 이르러 최인희의

---

42) 최시봉, 앞의 논문, 7쪽.

시적 사유가 확장, 변모되는 모습이다. 1950년대 문단의 한 경향이었던 실존적 고뇌가 기교적으로, '운명적으로' 전유되는 이러한 면모는 최인희 시에 대한 기존 관점을 보완하는 새로운 지평이리라 본다.

4. 지역문학사적 위상

최인희는 시론과 창작, 생애가 일치하는 지절의 시인이었다. 산문에서 강조하는 문학적 입장은 그대로 창작의 경향으로 외화되며, 생애의 궤적 역시 염결한 시인으로서의 삶으로 일관되고 있다. 『여정백척』에 담긴 그의 시는 주로 동양적 관조를 통해 순수와 평화의 세계를 묘사한다. 자연은 그러한 이상이 담긴 필연의 소재였다. 더불어 그는 자연을 관찰함으로써 삶의 의미와 아름다움을 찾으려 했고, 불교적 세계관에 바탕한 선적 세계를 추구하였다. 최인희의 초월적 이상은 대승적인 차원에서 자연주의적 경향과 결합되며, 형식적으로는 전통적 단형 서정의 세계로부터 산문투의 파격적 시행을 모색하는 데로 나아가고 있다.

한편 최인희는 현대 사회의 인간성 상실을 고발하는 의식적 관점을 보이기도 한다. 후기시에 나타나는 산문화 경향과 현실적 소재는 최인희 시의 현실 인식을 반영하고 있다. 이처럼 단형 서정과 현대적 기법을 변주하는 모더니티의 체현은 최인희 시의 시사적 의미일 것이다.

또한 최인희 시는 강원영동지역의 문학적 전사이자 원류로서 여전한 현재적 의미를 지니고 있다. 황금찬 등과 함께 했던 '청포도' 동인활동은 지역문학은 물론 문학사적으로도 1950년대의 주목할 만한 사건으로 기록되고 있다. 전후 불모지와 같았던 지역 현실에서 의욕적인 문학활동으로 문학장의 활기를 더함은 물론 후배 지역문인들에게 많은 영향을 미쳤던 것이다.

지역적 삶에 바탕한 정서는 지역문학은 물론 문학의 보편적 가치를 실현하는 주요한 근거가 된다. 그렇게 볼 때 최인희 시는 구체적 삶을 통한 보편적 문학의 완성이라는 명제를 실증하는 하나의 사례라 하겠다. 하지만 최인희 시에서 직접적 지역 소재가 발현되는 경우는 의외로 드물다. 이는 단순한 현실 반영이 아닌, 보다 이상적이고 실존적인 고뇌를 향한 일관된 노력의 결과일 것이다. 그 밖에 지나친 진술의 경향으로 인해 시적 긴장이 파기되는 양상도 최인희 시의 분명한 한계일 것이다. 장시 「여정백척」의 가능성을 포함하여 최인희 시의 성과와 한계에 대한 심층적 개별 각론이 뒤따라야 하리라 본다.

삼척지역문학의 양상

1. 문단의 기원

삼척지역문학은 향가 「헌화가」와 「해가」의 배경이나 고려시대 이승휴의 문집으로부터 그 연원을 찾을 수 있다. 수로부인을 둘러싼 순정공과 동해용의 대립이 비롯된 장소가 삼척 인근이라는 지적이 있고,[1] 이승휴의 『제왕운기』가 집필된 장소가 삼척 두타산 구동임은 주지의 사실이다.[2] 이후 죽서루(竹西樓)를 비롯한 지역명소가 수많은 한시에 전유되었던 흔적은 이 지역의 문학적 전통을 형성하게 된다. 근대문학장에 국한하자면 본격적 문학활동이 전개된 것은 1960년대에 이르러서이다. 이는 한국 근대문학의 형성 시점과 비교해 볼 때 비교적 늦은 경향이다.

근대문학 초기의 다단한 현상으로부터 삼척지역이 배제되었던 원인은 무엇보다도 '근대'라는 제도의 성격과 연관될 것이다. 식민지 근대와 전후 혼란 등 근대사의 특수성 속에서 삼척은 미적 근대의 실현이라는 '근대문학적 사건'[3]이 발생될 만한 계기를 오래도록 맞지 못했다. 서울을 중심으로 형성된 한국사회의 기형적 구조 속에서 문학장으로부터의

---

1) 이에 관한 정리는 이창식, 「수로부인 문화콘텐츠 만들기—삼척지역 전승문화의 미학과 민중성」, 『2006 이승휴제왕운기문화제 자료집』, 삼척문인협회, 2006. 10. 15 참조.
2) 차장섭, 『고요한 아침의 땅 삼척』, 역사공간, 2006, 42쪽 외.
3) 여기서 '사건'이라는 표현은 이벤트적 단순 사실이 아닌, 기타 관련 현실을 파생하는 구성적 의미로서 들뢰즈적 용법을 염두에 둔 것이다.

소외는 비단 이 지역만의 문제가 아닐 것이다.

이와 관련하여 탄광을 중심으로 한 산업도시로서 삼척의 면모는 근대적 이중성을 함의한 문제적 현상이다. 주지하는 바와 같이 삼척의 탄광산업은 이미 식민지 시대에 형성되었다. 험준한 지역을 연결하는 철도의 개설 역시 탄광 개발의 부산물이었는데, 문제는 그것이 수탈을 목적으로 한 식민지 산업이었다는 데 있다. 요컨대 삼척의 산업도시로서의 성격은 내재적 발전이 아닌 수탈의 타자성에 의해 강제된 그것이었던 까닭에 문명의 수혜와는 거리가 멀었다. 이러한 모순적 지형이 근대도시 삼척의 발생적 맥락이었고 그 특성은 지역문학의 성격과 무관하지 않다.

이곳 지역문학의 출발과 전개과정에서 주목할 만한 사건은 문학동인 '두타(頭陀)문학회'의 결성(1969)과 삼척문인협회의 창립(1991)이라고 할 수 있다. 물론 그 이전에도 출향 문인의 개별적 활동 속에 지역적 체험은 전거되고 있었다. 그럼에도 불구하고 구체적인 삶을 바탕으로 지속적인 관계를 통해 진행된 지역문학의 흐름은 위의 두 단체가 대표한다고 해도 무방할 듯하다.

이 장은 삼척지역의 대표적인 문학활동을 개관하고 이를 통해 지역문학의 정체성을 구명하려는 하나의 시도이다. 논의 대상 중 장르로서는 시에 주목하기로 하는데 그 이유는 시문학이 이곳 지역문학의 대표적 장르로서 전형성을 지닌다는 판단 때문이다. 또한 구체적 사례로서는 소위 지역문학 1세대로 거론되는 원로 작가나 작고 문인을 중심으로 우선의 논의를 진행하기로 한다.

2. 지역문단의 형성과 전개

삼척지역의 문학 양상을 논의하기에 앞서 텍스트 선정의 입장에 대해 전제하고자 한다. 논의의 대상인 문인·단체 선정 과정에는 일종의 자의성이 개입될 수밖에 없는데, 과거는 물론 현재에도 다양한 양상을 보이는 지역문학 텍스트를 모두 다루는 것이 불가능하기 때문이다. 과거와 현재의 모든 지역문학적 현상은 나름의 의미를 지니며 '삼척문학사'를 구성하는 지표가 될 것이다. 그럼에도 불구하고 이를 연대기적으로 나열하는 방식은 기존 문학사의 부정적 관행인 도식성을 지니기도 한다. 이 글은 이와 같은 자료나열식의 기술보다는 주요한 문학적 현상을 판단하는 동시에 분석적 재구를 통해 지역문학의 일반적 특성을 도출하고자 한다. 이는 보다 완성된 문학사 기술을 위한 선행 작업의 의미를 지닐 수 있을 것이다.

이런 관점으로 볼 때 삼척지역문학의 성립과 전개 과정에서 빼놓을 수 없는 현상이 40여 년 지속되고 있는 두타문학회의 존재일 것인데, 그 이전의 양상을 약술하면 다음과 같다. 1960년대 이전에는 이 지역 출신으로 이성교, 최인희(이상 시), 홍영의(수필), 김영기(평론) 등이 중앙문단에서 활동하고 있었다. 지역 내에서는 동인지 『동예(東藝)』를 수기하여 프린트 제작한 '동예문학회'의 출현(1961)이 최초의 동인활동으로 기록되고 있다. 그 밖에도 『동예』를 이은 『불모지』(1965, 이상 〈그림 1〉), 그리고 '죽서루아동문학회'의 『죽서루』, '수적(水滴)동인회'의 『수적』, '불사조동인회'의 『불사조』, '영시(0時)문학회'의 『영시문학』 등이 60년대 동인활동의 흔적을 보인다.[4] 이들 동인지의 면면을 보면 대개 등단 이전 문청들의 열의가 두드러지는 동시에 단명에 그치고 만다. 작품 역시 대개 아마추어리즘을 벗어나지 못하는 것이 사실인바 이를 넘어서기 위해서는 문학적 성숙의 시기를 필요로 했다. 따라서 본격적

4) 『동예』는 3집, 『불모지』는 1집이 제작되었고, 이들 동인을 중심으로 이후 두타문학회가 결성된다. 『동예』는 김영준, 정일남, 박종철, 이경국, 김정남 등이, 『불모지』는 김익하, 최홍걸, 정연휘, 이종한, 박학래 등이 주도한다. 이상 동인지들의 간략한 서지사항에 대해서는 정연휘, 「문학쪽에서 본 삼척」(『실직문화』 1집, 삼척문화원, 1990)과 「삼척문학 원류와 오늘」(『2008 『시와산문』 봄문학기행세미나 자료집』, 2008. 4. 25) 참조. 후자는 전자를 시점에 맞게 개고한 글이다.

인 지역문학의 모양새는 두타문학회의 활동에 이르러 비로소 갖추어진다고 할 수 있겠다.[5] 그럼에도 불구하고 『동예』와 『불모지』는 문화적 불모지와 다름없던 삼척지역에서 자생적으로 발생한 최초의 조직적 문학활동이라는 분명한 의의를 지닌다. 일컬어 삼척지역문학의 발생적 사건으로 기록될 수 있을 것이다.

〈그림 1〉

두타문학회는 1969년 당시 '삼척문학회'란 명칭으로 결성되어 1970년 4월에 『삼척시단』을 간행한다. 타자로 식자하여 프린트한 『삼척시단』 1집(〈그림 2〉)은 "삼척문학의 진정한 의미의 출발"[6]이라고 규정될 정도로 기존의 문학적 총량을 집약하여 본격화하려는 시도였다. 같은 해 10월 『삼척문학』으로 2집을 간행한 동인회는 4집(1971, 〈그림 3〉)부터 비로소 인쇄본의 형태를 갖춘다. 4집 이후 주춤했던 동인활동은 5집(1977)을 속간한 뒤 명칭을 두타문학회로 개칭(1978)하고 6집(1979) 『두타문학』(〈그림 4〉) 발간으로 이어진다. 『두타문학』은 7집(1982) 이후 8집(1985)부터는 매년 동인지를 발간하여 2012년 현재 35호에 이르고 있다.

---

5) 초창기부터 현재까지 지속적으로 시작활동을 하고 있는 정연휘는 당대를 "습작문단 또는 동인지문단"(「문학쪽에서 본 삼척」, 앞의 글, 74쪽)으로 명명하며 회고하고 있다.

6) 위의 글, 같은 쪽.

〈그림 2〉

〈그림 3〉

〈그림 4〉

삼척문인협회는 1991년 결성되어 이듬해 기관지 『삼척문학』 창간호(〈그림 5〉)를 발간한다. 이후 해마다 기관지를 발행하여 2008년 현재 17집을 발간하였으며, 7집(1998)부터는 『삼척문단』(〈그림 6〉)이라는 제호를 사용하고 있다. 문인협회의 주요 인사와 활동은 두타문학회 구성원의 그것과 크게 다르지 않다고 판단되는바 양자가 문학적 내용과 지향을 공유한다고 보아도 무방할 듯하다.

이상 두 단체를 중심으로 전개되고 있는 삼척지역의 문학은 관련 문인과 작품집 등의 규모 면에서는 타지역에 비해 열악한 수준이라 하겠다.[7] 그럼에도 불구하고 이들 단체는 낙후된 지역문화의 활성화와 문학적 삶의 실현을 위해 정기적인 모임과 창작활동 등을 지속하고 있다. 이들의 실천적 노력과 그것이 지닌 의미는 어느 지역에도 뒤지지 않는

---

7) 삼척문인협회 소속 회원은 2008년 현재 49명, 두타문학회 동인은 2007년 현재 47명이다.(『삼척문단』 17집(삼척문인협회, 2008), 『두타문학』 30집(두타문학회, 2007) 등의 주소록 참조. 정연휘의 정리에 따르면 삼척의 등단문인은 두타문학회 소속 39명(정일남, 김익하, 김진광, 이성교, 김영기, 김정남, 김원우, 박종철, 김원대, 정연휘, 최홍걸, 김형화, 박종화, 서상순, 김태수, 박문구, 이창식, 김소정, 이출남, 조관선, 박대용, 박선옥, 이원태, 신원철, 김일두, 김용섭, 이은옥, 정미옥, 서순우, 정순란, 문상기, 김옥남, 이정숙, 이용대, 이은순, 김영채, 박군자, 윤종영, 김귀녀 등. 이하 순서는 원자료에 따름), 기타 14명(권정선, 김성영, 오연수, 김은숙, 이동림, 이미숙, 이미경, 전금옥, 주종덕, 최정규, 최미라, 정석교, 최성달, 박인용 등)이 있다.(정연휘, 「삼척문학 원류와 오늘」, 앞의 글, 16쪽)

'한국 지역문학장의 현재'를 구성하고 있을 것이다.

〈그림 5〉

〈그림 6〉

〈그림 7〉

한편 위와 같은 구도는 이곳 지역문학의 성격이 특정 단체가 상징하는 문학적 경향으로 일관되었던 이유이기도 하다. 이는 문학적 다양성의 측면에서 바람직한 메커니즘이라고 할 수 없다. 삼척지역문학의 주류적 흐름과 대비되는 현상 혹은 문학장의 다양한 시각을 증거하는 활동은 비교적 최근의 일이라 하겠는데, 대표적 예로 '동해삼척작가동인'의 활동을 들 수 있다. 강원작가회의 소속 일부 문인들의 주도하에 결성된 이 동인회는 '삼척작가동인'이라는 이름으로 2004년 첫 동인시화집[8]을 발행한다. 이듬해 동해지역 동인들과 함께 '동해삼척작가동인'으로 명칭을 변경한 후 시화집과 시낭송회 자료집 등을 만들어 오던 중 2007년에 연간 무크지 『동안(東岸)』 창간호(〈그림 7〉)를 발행한다. 이들 역시 타지역 작가회의의 활동과 비교해보자면 여러 부분에서 한계를 드러낸다.[9] 무엇보다도 동인회의 문학적 정체성이 기존 단체들과 크게 변별되지 않는다는 점이 문제적이다. 이는 문인 구성이나 작품

---

8) 박문구 · 김태수 · 정석교, 『흐르지 않는 강』, 성은기획, 2004.

9) 이 단체가 한국작가회의의 정식 산하기관이 아니라 개인적으로 구성한 '동인' 형식이라는 점에서 타지역 작가회의 활동과 단순 비교할 수는 없겠다. 다만 모임의 이름에서 '작가(회의)'를 표명하고 있으므로 문학적 지향이 유사하다는 전제하의 기술이다.

내용 등을 통해 쉽게 파악된다. 대립이 아닌 차이의 관점에서 문학 공동의 목표를 향한 남다른 노력이 필요하리라 본다. 다양성을 통한 문학장의 활성화라는 측면에서 『동안』의 존재적 당위성은 분명한 듯하다. 지역문학장의 건강한 발전동력으로서 이들을 비롯하여 다각도의 문학적 실천이 필요한 시점이다.

3. 1세대 시문학의 양상

이상 약술한 삼척지역시단의 흐름 속에는 많은 문인과 작품의 구체적 양상이 존재한다. 본 장에서는 원로 시인과 작고 시인을 중심으로 지역문학의 실체를 예시하기로 한다. 초기 이곳 지역문학과 관련된 시인으로는 우선 진인탁(1923-1993)을 들 수 있다. 삼척 근덕 출생인 진인탁은 1948년 「식모(食母)」, 「토굴(土窟)」 등을 『동국시집』 1집에 발표하고, 1949년 5월 동일 작품을 『학생과문학』에 김기림의 추천으로 게재하면서 등단한다. 전후, 당시 삼척군 북평고에서의 교편활동(1952-1953) 이외에 진인탁의 삶은 주로 타지역에서 이루어진다. 생업으로 인하여 문학활동을 지속할 수 없었던 그는 말년에야 유일한 시집 『자화상』[10]을 발행한다. 삶이나 문학적 이력으로 볼 때 진인탁을 진정한 '지역문인'으로 가리킬 수는 없을 듯하다. 그러나 그의 작품에는 고향의 삶을 소재로 한 장면이 종종 등장하며 또한 지역문인들의 현재적 삶 속에 뚜렷한 영향[11]을 행사하고 있음도 사실이다. 이는 지역문학으로

---

10) 진인탁, 『자화상』, 반도출판사, 1991. 진인탁을 포함하여 이하 작품 인용은 별도의 출전 제시가 없는 한 본문에서 소개되는 시집에서 하기로 한다.

11) 예컨대 2005년 5월, 두타문학회가 주관하고 삼척대학교(현 강원대 삼척캠퍼스) 문창과와 삼척문인협회가 주최한 '삼척문학세미나'에서 이 지역에서는 무척 '드물게도' 학문적 조명을 받았던 지역작가 중 첫 번째 인물이 진인탁이었다. 이어 김영준과 이성교를 이 세미나에서는 다루고 있다. 『삼척문학세미나 및 시낭송회 자료집』·『월간두타시』 36권 5호(두타문학회, 2005. 5) 참조. 참고로 『월간두타시』는 두타문학회에서 복사 제본 형식으로 매월 펴내는 시낭

서 진인탁 시의 실정적 의미라 하겠다.

태백의 지맥 구릉들이/바다를 향해 뻗어/들 마을 나루를 얼었네.[12]//실개천 흐르는 언덕 사이/효자 열녀각이 자리해 있어/친고의 향기가 넘쳐흐르네.//끊임없는 광음따라/오곡백과가 무르익을 젠/선조들의 땀방울이 눈에 어리네.//네 고향 동해 바닷가/나루, 산마루 망부석 위엔/서릿발 이야기가 지즐거리네.//하늘과 땅과 별들처럼/변함없이 후예를 안아주는 땅/그리움의 품에다 빰[13]을 비비세.

—진인탁, 「고향」 전문

이 작품은 고향에 대한 시인의 애착을 그대로 전달하고 있다. 역사와 향토에 대한 진정 어린 시선은 진인탁 시의 특장이다. 또한 '역사'와 '고향'에 착목하는 시선에서 비롯되기 쉬운 감상적 추상성으로부터 일정 정도 시적 거리를 유지하고 있다는 점 역시 주목해야 한다. 이 작품을 두고 보자면 자유로운 듯한 형식 속에 동일한 어형의 배치를 통한 율격, 군더더기 없는 언어의 경제, 지형·역사·민속·설화 등을 아우르는 고향의 중의성 등이 적절한 시적 거리를 형성하는 요소로 배치되어 있다.

두타의/거북마을에 자리한/진주 사람, 아주 촌사람.//청장년을 바쳐/춘추를 시로 지어/만세에 전한 샘터.//어쩌면 두타로부터 송악으로/억류시킨 자주의 물결, 그 본원.//물결은 지금도/우리의 마음 속에 흐르고 있다.//궂은 날에도/사나운 바다로 향하였던/외로운 사명의 숨결/아아, 다시 살아나/그분의 숨결의 뱃전에/부서졌으면.

—진인탁, 「동안거사(東安居士)」 전문

지극한 감상적 서정에도 불구하고 시적 긴장을 유지하는 진인탁 시

송 자료집이다.

12) '열었네'의 오기로 보인다.

13) '뺨'의 오기로 보인다.

의 특징은 이승휴를 소재로 한 위 작품에서도 나타난다. 이 지역에서 흔히 볼 수 있는 이승휴에 대한 예찬조와 달리 「동안거사」는 "두타로부터 송악으로"의 "자주의 물결"에 주목하여 역사의 반역성을 현재화하려는 시의식을 드러낸다. 진인탁 시의 현실인식에 바탕한 정서의 수위는 "낯선 곳이면 마음도 항상 외로우려니/황혼이 가벼히 스쳐갈 무렵/어찌 남몰래 눈물이/그리고 많은 것이냐"(「식모」)와 같은 연민의 시선에서처럼 초기작으로부터 이미 형성된 개성이기도 하다. 이를 가리켜 한국인의 전통적 비애를 표출한 것이라는 지적[14]도 있다.

> 내 배곱[15]에/탄가루가 끼인 것은/아내만 안다.//내 작업복/실밥 간 곳마다/절어 붙은 탄가루도/아내만 안다.//이불 아래/무언의 호소/메아리 없는 빈 천정/둥지[16] 어느 밤이었더이다.//새벽 칸데라[17]를 들고/주섬 주섬 갱으로 나가는 길/어쩐지 우람한 어깨가 밉다고 했다.//살을 섞고 사는/부부 사이도 가슴 속에/또 하나의 얼굴/그것이 몹시 미웠다 한다……
>
> —진인탁, 「아내의 비밀」 전문

이 작품은 진인탁 시 서정의 구조, 지역적 삶의 천착, 현실인식 등이 종합적으로 드러나는 대표작 중 하나이다. 탄광은 강원영동의 지역문학을 형성하는 주요한 지표이다. 위 작품은 어느 탄광노동자의 회한을 소재로 절묘한 서정적 상황을 연출하고 있다. 반복되는 탄광노동은 "살을 섞고 사는/부부 사이"에도 "또 하나의 얼굴"을 만들어 놓았다. 부부 사이에 가로놓인 또 다른 타자의 존재로 인해 노동자의 "우람한 어깨"는 가장의 든든함도 아니요 남성적 매력도 아닌 미움의 대상으로 전락

---

14) 이성교, 「진인탁 시의 세계」, 『삼척문학세미나 및 시낭송회 자료집』, 앞의 책, 9쪽.
15) '배꼽'의 오기로 보인다.
16) '동지'의 오기로 보인다.
17) '칸델라(네, kandelaar)'. 사전적으로 "금속이나 도기로 만든 주전자 모양의 호롱에 석유를 채워 켜 들고 다니는 등"이라 정의된다.(네이버 국어사전)

하고 만다. 타자의 실체가 무엇인지는 명확하지 않다. 그것이 곧 시적 장치이고 「아내의 비밀」이 지닌 상상의 지평일 것이다. 부부 사이에 놓인 그것은 강도 높은 노동에도 불구하고 반복되는 빈곤, 부부 관계를 가로막는 신체적 혹은 정서적 장애, 빈궁한 삶의 물리적 조건, 기타 지시될 수 없는 현실적 결여 등을 환기하며 '아내의 비밀'을 시적 현실로 구조화하고 있다.

다음으로 최인희(1926-1958)를 본다. 삼척 북평[18] 출신인 최인희는 『문예』에 「낙조」(1950. 4)와 「비개인 저녁」(1950. 6), 「길」(1953. 6) 등을 추천 게재함으로써 등단하였다. 그 역시 강릉과 서울에서 주로 생활하였던바 삼척지역문단과의 직접적 연관성은 적어 보인다. 영동지역과 관련해서는 강릉에서 황금찬 시인과 '청포도' 동인으로 활동하던 이력을 들 수 있으며, 남긴 작품으로는 유고시집 『여정백척(旅情百尺)』[19]이 있다. 지역적 연고가 부족하지만 보편적 자연과 고향의식을 바탕으로 한 일련의 작품세계는 삼척지역의 정서와 결코 무관하지 않다.

> 소복이 山마루에는 햇빛만 솟아 오른 듯이/솔들의 푸른 빛이 잠자고 있다.//골을 따라 山길로 더듬어 오르면/나와 더부러 벗할 친구도 없고//묵중히 서서 세월 지키는 느티나무랑/雲霧도 서렸다 녹아진 바위의 아래위로//은은히 흔들며/새여 오는 梵鐘소리//白石이 씻겨가는 시낼랑 뒤로 흘려 보내고/고개넘어 낡은 丹靑/山門은 트였는데//千年 묵은 기왓장도/푸르른채 어둡나니.
>
> —최인희, 「낙조(落照)」 전문

최인희 시는 대개 자연을 소재로 하고 있으며 순수 서정의 정신으로 주조된다. 전통 사상을 근저에 둔 구도의 자세와 물아 합일의 태도 또

18) 현재는 동해시에 해당된다.
19) 최인희, 『여정백척(旅情百尺)』, 가리온출판사, 1982. 현재 동해문인협회 중심으로 최인희의 문학적 업적과 정신을 기리기 위한 '최인희 문학상'을 제정, 운영하고 있다.

한 최인희 시의 특장이라 하겠다. 「낙조」 역시 전통사회의 목가적 분위기를 연출함으로써 생태학적 이상향을 이미지화하고 있다. 이러한 작품세계는 오늘날 부각되는 이른바 생태시의 전사로서 손색이 없다. 한편 지역문학의 관점에서 보자면 구체적인 지역의 이미지와 삶의 형태가 부재한다는 점이 아쉽다. 그럼에도 불구하고 고향을 중심으로 이루어졌을 전원의 체험과 관찰이 위와 같은 이상적 세계의 이미지를 형성하였다는 점은 충분히 짐작할 수 있다. 지역문학에 있어 지역적 삶의 구체적 응용 여부만이 가치판단 기준일 수는 없다. 최인희 시는 위와 같이 전통적 사상과 정서를 단형 서정의 양식으로 집약하는 특징적인 경향을 보여주고 있다.

이러한 최인희 시에 대해서 신봉승은 무구(無垢)의 세계로 설명한 바 있다. 다른 한편에는 광대무변의 자연이 있다. 살아있는 우주의 질서와도 같이, 무구한 인간과 자연과 우주의 대화야말로 최인희 시정신의 요체라는 것이다.[20] 최인희 시가 자연을 소재로 한 선적 경지의 세계를 보여주고 있다는 점은 지역 문단의 평가와 학술적 조망의 공통된 입장이기도 하다.[21]

다음은 이성교(1932-)의 시세계에 대해 살펴보기로 한다. 이성교는 삼척 원덕 출신으로 1956년 『현대문학』을 통해 등단한다. 이후 왕성한 활동을 통해 『산음가(山吟歌)』[22]를 필두로 선집을 포함하여 10여 권의 시집을 상재하고 있다.[23]

---

20) 신봉승, 「무구 그리고 평화—시인 최인희의 인간과 작품」, 최인희, 『여정백척』, 앞의 책, 207-218쪽 참조.

21) 이성교・김원기・박종해・정연휘・최홍걸(좌담), 「최인희의 시세계와 생애」(『두타문학』 10집, 두타문학회, 1987), 그리고 학술논문으로 최승학, 「최인희 연구」(고려대 교육대학원 석사학위논문, 1986)과 최시봉, 「최인희 시 연구」(강릉대 교육대학원 석사학위논문, 1999) 참조.

22) 이성교, 『산음가』, 문학사, 1965.

23) 1997년에는 전집이 출간된 바 있다. 이성교, 『이성교 시전집』, 형설출판사, 1997. 이하 인용은 전집의 것이다.

해 떠오르는 표시가/그려져 있는 東部高速./누가 웃었기/그리도 밝은 빛을 싣고 가는가.//海線처럼 물기 어린/시퍼런 瞳孔 속에/고향이 마구 떠오른다./汀羅津 산모롱이도/마구 둔갑을 한다.//해변의 精氣로 살은/三陟 사람들./모두 다 버스 속에서/온갖 시름을 보따리 속에 묻어둔 채/지그시 눈을 감고 있다.

—이성교, 「삼척 사람들」 전문

이성교 역시 서울에서 주된 문학활동을 전개해오고 있지만 삼척을 포함한 영동권 지역문학장과도 지속적인 관계를 맺고 있다. 『두타문학』을 통해 그의 흔적을 쉽게 발견할 수 있는 것이 단적인 사례이다. 일찍이 서정주에 의해 "강원도적인 골격과 풍류와 서정"[24]의 세계로 적시된 바 있는 이성교 시는 삼척과 강릉 등 강원도에서의 유년기 삶이 시작의 원천을 이루고 있다. 정신적・육체적으로 고향과 분리되지 않은 '향토의식'이 이성교 시의 근간에 작용한다는 지적[25] 역시 상상력의 원천으로서 지역성을 강조하고 있다. 위의 「삼척 사람들」에 나타난 고향의 현재적 모습은 그곳에 대한 지속적인 관심과 애착의 결과물일 것이며, 이러한 경향은 최근의 작품활동에서도 반복된다.

하늬바람 속에/새초롬히/눈을 뜨는 동막//날씨 좋은 날은/치마를 살짝 들었다.//그냥 웃는다/그냥 웃는다//항상 밀어가/그 위에 소롯이 핀다//산에 들어가고파/나무를 심고/바다에 가고파/푸른 꿈을 꾸었다.//동막 산자락에/몰래 피는 꽃//흐린 날에도/큰 웃음을 웃었다.

—이성교, 「동막연가(東幕戀歌)」[26] 전문

「동막연가」에는 소년 시절 삼척 근덕의 한 마을인 '동막'에서의 자연체험이 60여 년이라는 세월을 거슬러 재현되고 있다. 절제된 시어와

24) 이성교 1시집 『산음가』에서 서정주의 「序」. 인용은 『이성교 시전집』, 17쪽.
25) 박유미, 「이성교 시 연구」, 『돈암어문학』 11집, 돈암어문학회, 1992. 2, 125-126쪽.
26) 『문예운동』, 2005년 가을호.

시적 대상의 능숙한 변주는 이성교의 오랜 시력과 연륜에서 비롯되는 재기이자 반복적 패턴이기도 하다. 이처럼 유년의 삶과 고향 풍경을 소재로 한 시적 경향은 시인 스스로의 시론을 통해서도 강조된다. 그는 종종 "내 시는 아무래도 향토적인 시, 주정적인 시에 속한다"[27]거나 "시관에 있어서 현대성을 중요시하는 사람보다는 옛것을 아끼는 전통주의자"[28]라고 스스로를 규정한다. 한편 이성교 시세계에는 궁색한 현실의 삶조차 "따뜻한 빛과 함께" 변주하여 "따뜻하고 밝은 것"으로 상승시키는 긍정의 힘이 작용하고 있음 역시 주목해야 할 것이다.[29]

끝으로 살펴볼 김영준(1934-1996)은 춘천 출신이지만 대학생활 이외의 평생을 삼척에서 보낸다. 이곳 지역문학의 전신이라 할 '동예문학회'의 창립회장(1961)을 맡기도 한 그는 1972년 『풀과별』에 「거리」, 「하늘을 향하여」 등이 추천되어 등단한다. 또한 그는 삼척문화원 설립에 동참하고 문화원장을 역임하는 등의 활동을 통해 삼척문화의 대명사로 손꼽히게 된다. 하지만 문학활동에 있어서 세속적 욕심은 없었던 듯 생전에는 시집을 발간하지 않았고, 유고시집으로 『길 · 세월 · 밤』과 『누가 무엇을 숨길 수 있으랴』[30]가 문우들에 의해 간행되었다. "비정하리만치 자학적인 요소"[31]로 출발한 김영준의 시세계에는 이후에도 지속적으로 비탄의 정조가 상상력의 근저에 자리하게 된다. 중앙문단의 관행을 배격하고 시집 발간마저 거부하며 지역문화 창달에 일생을 바친 면모[32]는 김영준 시를 이해하는 남다른 지표가 될 수 있을 것이다.

---

27) 이성교, 「고향의 시」, 『시와시학』, 1996년 겨울호, 197쪽.
28) 이성교, 「시작노트」, 『문예운동』, 2005년 가을호, 132쪽.
29) 한명희, 「이성교 시인의 시세계—강원도, 물과 바람의 이미지」, 『두타문학』 28호, 두타문학회, 2005, 25-26쪽. 이어 이 글은 '강원도의 물과 바람', '영원한 고향' 등으로 이성교의 시세계를 설명한다.
30) 김영준, 『길 · 세월 · 밤』 · 『누가 무엇을 숨길 수 있으랴』, 혜화당, 1997.
31) 정일남, 「비정과 부정의 시학—김영준 시인의 작품세계」, 『두타문학』 19집, 두타문학회, 1996, 35쪽.
32) 위의 글, 42-43쪽 참조. 박선옥 역시 "시적 배경의 치열함"과 "중앙과 변방이라는 경계를 초월한" 면모를 강조한다.(박선옥, 「거장 로이스달에 오버랩된 갈산

온갖 풍상 다 겪은/외줄기 삶/굽이굽이 얼룩진 상처 감추며/자연의 젖줄로 남고 싶다.//넝마를 벗고 알몸이 되어/아득한 옛날로 돌아가고 싶다./사슴의 무리가 날뛰는/들판에 이르러 노래도 부르고/숱한 사연에 휘말려/울고 싶다.//엎어졌다 자빠지고/취한 듯 뒹굴다/조용히/돌아온/청상의 눈물이고/청아한/사랑의 흐름이고 싶다.

—김영준, 「오십천」[33] 전문

이 작품은 김영준 시의 지역에 대한 관심과 서정적 경향을 잘 드러낸다. 성일남이 적시한 '비탄의 정조'를 반복하는 동시에 염결한 시정신을 표출하기도 한다. 죽서루를 끼고 시내를 관류하는 오십천은 이 지역의 상징물 중 하나이다. 화자는 오래된 역사의 무게를 온몸으로 감당하면서도 묵묵히 제자리를 지키는 오십천의 품성을 강조한다. 이는 곧 오십천에 투사된 자아의 태도와 다르지 않을 것이다. 화자는 오십천을 통해 "청상의 눈물"과 "청아한/사랑의 흐름"이 길항하는 굴곡의 인생을 직시하며 고고한 삶의 의지를 부각시키고 있다. 「후진 바다」 역시 "고향의 바다는/마음의 조각들을/삼켰다 토해 버린 미움의 물결/절망과 야심의 싸움터"라 하며 핍진한 삶의 실체를 전경화한다. 이 모두는 지역의 삶에 천착하는 김영준 시의 현실인식이요 서정의 방식인 것이다.

이상으로 삼척지역문학 1세대 주요 작가들의 작품과 경향을 예시해 보았다. 이들만을 두고 볼 때 삼척지역문학은 일견 전문성이 결여되고 구체적인 연고가 부족하다는 것을 지적할 수 있다. 이상 거론한 시인들은 대개 삼척지역에서의 삶은 물론 중앙문단과의 활발한 교류라든가 전문적 창작활동이 부족했던 것이 사실이기 때문이다. 지역문학 현장과 이들 간의 거리감은 '향중앙성'을 속성으로 지니는 한국 문화지형에서 서울을 제외한 주변도시가 따를 수밖에 없던 형성기의 특징이 아닐

의 시—김영준 시의 바탕 그림」, 『삼척문학세미나 및 시낭송회 자료집』, 앞의 책, 24쪽)

33) 김영준, 『누가 무엇을 숨길 수 있으랴』, 앞의 책.

까 한다. 한편, 앞서 언급한 바대로 지역적 삶만이 지역문학의 지표일 수는 없다. 이들 시세계는 고향에서의 삶을 토대로 하는 형식과 내용을 지니고 있을 뿐만 아니라 지역문학의 현재를 구성하는 실정적 의미를 지닌다.[34] 이들의 문학세계가 지역문학의 현장에 지속적으로 '개입'되는 현실은 '지역문학'이라는 실체가 정형화된 것이 아니라 항상 운동하는 구성적 개념을 증거한다.

전문성에 있어서도 잡지활동이나 작품수가 전적인 지표인 것은 아니다. 앞서 예시한 작품들만으로도 '지역적 정체성에 기반한' 미학적 성취의 면모는 얼마든지 확인된다. 또한 미적 기준에 대한 진지한 반성도 필요하다. 기존의 미학으로 유지되던 것이 기형적 문학장의 구조였음을 부정할 수 없기 때문이다. 이러한 반성적 성찰 속에서 지역문학작품의 아마추어리즘은 새로운 의미를 부여받을 수 있을 것이다.

이상 1세대 문인들을 통해 삼척지역문학은 단형 서정의 시형을 중심으로 지역적 삶을 시화하는 경향을 보여주고 있음을 추론할 수 있다. 이러한 특징들은 나아가 이곳 지역문학의 정체성을 구성하게 될 것이다. 그 이면에는 이미지 조각과 언어 구사에 있어 보편 서정의 전통적 방식이 존재한다. 이 자체가 문제될 것은 아니지만 다소 일방적인 방향으로 작품 경향이 재생산되는 양상은 경계해야 하리라 본다. 이는 위에 살펴본 원로・작고 시인들의 문제라기보다는 지역문단 2세대를 포함하는 당대적 흐름과 관계된다 하겠다.

34) 필자는 지역문학의 중층성을 강조하며 다음과 같이 개념의 층위를 도식화한 바 있다. "① 형식의 차원 : 지역에서의 삶, 지역적 연고, 구체적 경험 등 ② 내용의 차원 : 지역이라는 주제, 소재, 기타 지역적 경험의 형상화 등 ③ 실정의 차원 : 상징권력, 인맥, 명망성, 독자층, 발표기회 여부 등."(남기택, 「지역에 의한, 지역을 위한」, 남기택 외, 『경계와 소통, 지역문학의 현장』, 국학자료원, 2007, 56쪽) 여기서 '실정의 차원'이란 형식, 내용과는 다른 "지역문학의 종속성을 규정하는"(같은 쪽) 현실적 요소로서 강조된 개념이지만, 이와 더불어 지역문학의 다층성 혹은 구성적 성격을 설명하는 범주가 될 수도 있겠다.

4. 향방과 제언

삼척지역문학은 위와 같은 기존 전통과 성과를 이어받으며 이를 보다 발전시키는 방향으로 전개되고 있다. 1세대 문인들이 외적 유사성 속 내적 독자성의 시세계를 구축한 것처럼, 앞으로 보다 다양한 시정신의 구현과 성취가 필요하리라 본다. 이와 관련하여 단형 서정의 양식이 지니는 보편적 방식에 대한 의도적 거리를 강조하고자 한다. 보편 서정에 대한 의도적 거리란 단지 소재나 형상화 방식의 재고만을 가리키지 않는다. 주요한 연관 중 하나는 문학제도적인 차원이다. 기존의 삼척문단은 두타문학회를 중심으로 순수 서정의 세계와 토착적 지역정서 발현을 주요 '내용'으로 추구하고 있다. 이러한 내용은 다시 '시낭송회'와 '시화전', '동인지 · 기관지 발간'이라는 '형식'과 맞물려 반복된다. 관변단체 행사와 유사한 요식적 문학행위가 지닌 비효율성은 기존의 문학사를 통해 얼마든 확인된다. 이와 더불어 문인 재생산의 곤란과 이론적 · 학술적 담론의 부재는 난제가 아닐 수 없다.

이러한 표현은 기존의 문학활동을 폄하함이 아니다. 예시한 활동들은 충분히 의미 있는 실천적 행위요 지역문학의 실체이다. 그것 자체를 부정할 수는 없다. 다만 문학의 본성 중 하나인 다양성의 실현, 즉 문학적 삶과 미적 가치의 발견을 위한 다각도의 문학행위를 모색할 필요가 있다. 여기에는 기존의 활동에 대한 인식론적 전환 또는 미학적 대안의 설정 등도 포함된다. 이론의 탐구와 애정 어린 비판의 장이 필요한 것은 이 때문이다.

시급하게 요청되는 방법적 대안의 하나로서 구조적 완결성을 갖춘 문학잡지라는 제도의 창출을 들 수 있다. 이에 관한 진작의 문제의식이 있었고 다양한 시도가 전개되어 왔지만, 결과적으로 진정한 문학잡지와 강단비평의 장이 부재하는 현상황은 삼척지역문학장의 아쉬운 면모 중 하나이다. 여타 지역과 판이하게도 강원영동지역은 문학잡지가 없어서 오히려 문제적이다. 이는 곧 문학적 공론장의 부재를 가리킨다. 동인지나 기관지로는 이 기능을 완성하기 어렵다. 삼척은 관련 연구자가 존재하기 어려운 물리적 조건으로 인해 강단비평을 강제할 수는 없다. 하지만 제대로 된 문학잡지를 통해 공론화된 문학담론을 활성화하고 중앙문단과의 소통을 마련할 수 있는 여건은 충분하다.

이와 관련된 최근의 시도로서 앞서 거론한 동해삼척작가동인의 활동을 들 수 있다. 『동안』은 비록 무크 형식이기는 하지만 종합문예지를 지향하여, 형식적으로나마 편집위원회를 구성하고 원고료를 지급하는 등 전문잡지로서의 구색을 갖추고자 했다. 하지만 이를 통한 지역문학장 활성화의 계기는 요원하기만 하다. 작품의 질적 수준은 둘째로 치더라도 내부 구성원들 스스로의 감정적 대립과 문학적 견해 차이는 존속 자체에 대한 우려까지 낳고 있는 실정이다. 초심의 자세와 근본 가치에 대한 자문이 필요하지 않을까 한다.

또 다른 요청의 하나는 지역문학의 정체성에 대한 구체적 인식, 그리고 실천을 위한 '의식적' 노력이다. 그 일환으로 다양성을 전유할 필요가 있는바 기존의 주류 경향과 더불어 개별적으로 시도되어 온 탄광문학, 해양문학, 토속문학 등의 양상을 목적의식적으로 활용하는 것이 한 방법일 수 있겠다. 이들 분야야말로 이 지역의 문학적 정체성을 구성하는 중요한 물적 조건이 되기 때문이다.[35] 기타 내용과 형식의 차원에서 다양성을 확보하기 위한 구체적 논의들이 필요하리라 본다.

삼척지역문학의 특수성이 편견과 고립의 반복이지만은 않을 것이다. 지역문학 1세대의 일부 작품으로도 이곳 지역문학의 깊이와 진정성은 여실히 증명된다. '불모지'의 현장에서 40여 년 지역문학의 역사를 일구

---

35) 예컨대 탄광시는 삼척지역은 물론 강원영동지역문학의 정체성을 형성하는 주요한 지표이다. 남한 최대의 탄전지역인 이곳은 80년대말 석탄산업합리화 정책 이후에도 탄광노동의 현재를 구체적으로 물증하고 있으며, 기존 작품의 총량에서도 단연 앞선다. 이에 대해서는 남기택, 「탄광시와 강원영동지역문학」, 『한국언어문학』 63집, 한국언어문학회, 2007. 12 참조.

어 왔듯이, 면면한 흐름은 문학을 포함하여 지역문화의 남은 길임이 분명하다. 문제는 양질전화의 순간을 현재화할 당대의 '실천적 사건'에 있다. 이에 대한 확인과 2세대 텍스트를 포함한 실증적 논의를 다음 과제로 남겨놓고자 한다.

문학과 문화컨텐츠

1. 문화산업의 시대

21세기는 명실 공히 문화의 시대이다. 문화산업(culture industry)은 이 시대의 블루오션 중 하나로 부각되고 있다. 이른바 사회과학의 시대로부터 문화의 시대로 패러다임이 변모되고 있는 것이다. 이러한 시대적 조류는 문학장에 있어서도 주요한 변화를 가져오고 있다. 개별 장르의 경계를 넘어, 변화와 통섭의 모토 아래 문학이 지닌 위상은 문화적 코드의 하나로서 재구되고 있는 듯하다.

시대의 변화와 함께 정론성을 상실한 문학은 공공연한 '종언'을 선언하기도 한다. 그럼에도 불구하고 문학을 포함하여 인문학이 담당해야 할 사회적 역할은 분명하다. 문학적 상상력은 디지털 영상매체의 시대에도 여전히 문화예술을 선도하는 원천으로 기능하고 있음이 실증적으로 확인되는 바이다.

중국 소주의 명물인 장계(張繼)의 시 「풍교야박(楓橋夜泊)」은 시 한 편이 단순한 관광 소재를 넘어 지역문화사업의 일익을 담당하는 대표적 사례로 잘 알려져 있다. 이것이 가능하게 된 배경에는 텍스트가 함의하는 예술적 수월성 이외에도 해당 지역의 역사와 행정적 뒷받침 등이 포함될 것이다. 국내의 경우, 예컨대 벽초 홍명희의 문학은 충북 괴산의 상징이 되고 있다. 이러한 맥락에는 벽초가 소설로 그린 임꺽정이라는 실체, 그것의 '상표값'이 지니는 부가가치[1], 그럼에도 불구하고 일부 우익단체의 반대로 홍명희 문학제를 해당 지역에서 치르지 못하는 남한사회의 실정성[2] 등이 두루 포함된다. 요컨대 문학과 문화컨텐츠, 그리고 지역 정체성과의 관계는 개별 예술이나 학문분야를 넘어 보다 거시적인 관점의 학제간 범주로 다루어져야 할 것이다.

지역문화자원을 산업화하여 지역경제 발전과 연계하려는 지역문화산업 클러스터 조성 움직임은 계속 확산되고 있다. 지역문화산업 클러스터란 특정 산업분야의 다양한 연관활동(제조·유통·기업서비스·R&D·사무·교육훈련·행정지원·전시활동 등)이 공간적으로 집적하고 긴밀한 네트워크를 형성하며, 기술학습 및 혁신, 신속한 제품생산, 연계(거래)비용의 절감을 추구하는 현상을 가리킨다.[3] 이는 국내 문화컨텐츠 산업의 주요 동향 중 하나에 해당되기도 한다.

이에 부응하여 문학 역시 문화컨텐츠의 일환으로 적극 모색되어야 하리라 본다. 이에 이 장은 강원영동지역을 중심으로 문화컨텐츠로서의 문학적 현황을 개관하고자 한다. 나아가 그에 따른 문제점을 분석하고 방향성을 모색함으로써 문화산업의 추이에 대한 하나의 입장을 제시할 것이다. 이는 국문학 연구의 학제간 논의틀을 위한 모색인 동시에 지역문학론의 실증적 방향일 수 있다.

2. 문학컨텐츠의 제도화 현황

오늘날 통용되고 있는 '문화산업'이라는 용어에 대해 국내법에서는 "문화예술의 창작물 또는 문화예술용품을 산업의 수단에 의하여 제작·공연·전시·판매를 하는 업"[4]이나, "문화상품의 기획·개발·제

1) 「역사인물 '상표값' 임꺽정이 '최고'」, 『경향신문』 2007. 5. 23.
2) 『한겨레』 2009. 10. 22.
3) 김영미, 「문화컨텐츠 산업의 육성과 지방정부의 역할」, 『한국지방자치학회 하계학술발표회 및 제13회 한일지방자치국제세미나 자료집』, 한국지방자치학회, 2004. 8, 378쪽.
4) 문화예술진흥기본법 제2조 2항.

작·생산·유통·소비 등과 이에 관련된 서비스를 행하는 산업"[5] 등으로 규정하고 있다. 구체적으로는 공연, 게임, 디지털콘텐츠, 방송, 애니메이션, 영화, 음반, 캐릭터, 출판 등의 산업형태가 포함된다. 이때 문화산업의 문학부문, 소위 문학산업과 관련해서는 출판산업의 양상이 우선 주목된다. 주지하는 바와 같이 활자문화로 대표되던 문학의 존재방식은 CD-ROM, 인터넷 출판 등 첨단 디지털 매체의 활용과 온라인 문화컨텐츠 산업으로 변모되고 있다. 나아가 출판산업은 다양한 방식으로 오프라인 문화컨텐츠를 형성하거나 이들을 활용한 유비쿼터스(ubiquitous) 산업으로까지 변신을 꾀하고 있는 중이다.[6]

문학의 산업화 양상은 출판산업 뿐만 아니라 창작의 메커니즘이나 문학제도 역시 바꿔놓고 있다. 출판사나 개인을 대상으로 한 각종 출판 지원사업이 대표적인 예이다. 각 지차체마다 문학관 건립을 앞다투어 추진했던 사례 역시 문학산업시대를 알리는 특징적 현상이라 하겠다. 기타 문화관광부와 한국문화콘텐츠진흥원에서 주관하는 지원사업의 사업목적[7]과 현황을 통해 체계적인 관리하에 진행되는 대규모 국가사업이 문화 분야에도 빈번한 양상을 보임을 알 수 있다. 실로 각종 연구지원에서 문화산업적 테마가 선정되는가 하면 지방자치단체마다 지역문화컨텐츠를 개발하여 거점 사업으로 진행하고 있는 양상도 볼 수 있다. 이러한 흐름은 문학의 위상을 재고하고 그것이 문화컨텐츠의 중심으로 기능할 수 있게끔 하는 배경이 된다.

---

5) 문화산업진흥기본법 제2조 1항.

6) 이에 관해서는 남기택, 「불편한 동거—문화산업시대의 시」, 오홍진 외, 『한국문학과 대중문화』, 푸른사상, 2009 참고, 재인용.

7) "○ 지역문화산업연구센터(CRC, Culture Research Center) 지원을 통하여 국제적인 경쟁력을 갖춘 핵심 인력을 양성하고 문화산업의 연구개발 역량을 강화하고자 함 ○ 지역의 문화산업 발전 및 연관 산업과의 연계발전을 통하여 지역경제의 발전을 우선적으로 이루고자 함 ○ 산·학·연·정 협력 체제 구축으로 지역문화에 특화된 전략상품을 개발하고 문화상품 시장을 형성함으로써, 각 지역의 비전 제시 및 성공사례 창출을 가능하도록 함"('2007년 지역문화산업연구센터 지원사업'의 사업목적)

최근 문화산업의 현황을 볼 때 문학산업의 주요 지표인 출판산업은 문화산업 부분에서 가장 큰 시장을 형성하고 있다. 우리나라는 신간 발행종수나 발행부수, 출판시장 규모 등 출판 관련 지표에서 세계 10위권 이내의 출판 강국이며, 특히 1998년 정부의 출판 활성화 조치에 따라 외형적으로 크게 성장하였다는 것이다.[8)] 이를 통해 문학산업이 발달할 수 있는 물리적인 조건이 형성되어 있음을 알 수 있다.

문학 장르 역시 하나의 문화컨텐츠로 제작되어 여타의 부가가치를 창출할 수 있는 시스템이 마련되었다는 점이 주목된다. 아직 미비하긴 하지만 온라인의 발달로 인한 문학적 담론의 소통 양상이 전과 달리 활성화되었고, 그를 통해 다양한 개성이 표출되고 있다. 개인적인 차원을 넘어 산업적인 측면에서도 문학은 다양한 소스를 제공하고 있다. 앞서 예시한 장계의 경우는 한 편의 시가 지역문화사업의 일익을 담당하는 대표적인 사례이다. 「풍교야박」은 지리적 특성과 역사, 그리고 명문(名文)이 만나 특정 지역의 문화적 상징으로 자리매김한 예이다. 지금 우리의 문학산업에서도 이 같은 전통을 현재화하기 위한 지속적 관심과 다각도의 노력이 필요하다 하겠다. 문학과 문화사업의 긍정적인 관계는 이러한 현황과 가능성 속에서 일단 확보될 수 있다.

그러나 문학컨텐츠의 제도화 과정에서 나타나는 문제점 역시 적지 않다. 앞서 예시한 출판산업의 경우 대개의 출판사가 서울에 집중되어 있거나 영세한 경영을 면치 못하고 있는 것이 사실이다. 지방자치제 활성화와 더불어 문학컨텐츠 산업의 상징으로 부각되고 있는 문학관 사업 역시 일종의 전시효과에 급급하여 내실을 기하지 못하고 있는 현황을 부정하기 어렵다. 관련 법규의 미비, 열악한 재정 환경 등은 단적인 사례라 하겠다.

문화컨텐츠로서의 문학은 첨단 매체를 적극적으로 활용하는 디지털

8) 김덕수, 「문화산업으로서의 문학산업」, 『현대문학이론연구』 25집, 현대문학이론학회, 2005, 13-16쪽.

컨텐츠를 추구하되 진정한 지역문화의 일환으로서 해당 지역의 문단 활성화를 동시에 모색해야 할 것이다. 그것은 문화산업이 지역문화사업의 일환이어야 한다는 이유 때문이다. 문화는 그 본성상 삶을 풍요롭게 하는 것이 목적인바 지역의 삶이 현존하는 한 그곳 삶의 건강성을 담보한 지역문화가 활성화되어야 하는 것은 너무나 당연한 명제라 하겠다. 이는 단지 기술적인 문제가 아니고 개별 장르에 국한되는 것도 아닌 총체적 시도요 변모이어야 하기 때문에 요원한 문제일 수도 있다. 그나마 최근 문학담론에서 지역문학에 대한 다양한 논의들이 제기되고 있는 것은 고무적인 현상이다. 이때 문화산업에서 지역문학사료에 대한 적극적 전유는 문화컨텐츠의 예술적 수월성을 담보하고 지역적 정체성을 구성하는 데 효과적인 계기가 되리라 본다.

3. 강원영동지역의 문학사료와 문화컨텐츠

3.1. 시비(詩碑)와 문학상

강원영동지역에서 활성화된 문학컨텐츠라 한다면 시비를 들 수 있다. 이 중 지역문학을 대표할 만한 실정적 의미를 지니는 사례로서 최인희와 심연수를 예시하고자 한다. 우선 최인희 시비는 동해 두타산 무릉계곡 입구와 강릉 경포호변 두 곳에 건립되어 있다. 최인희(1926-1958)는 강원영동지역을 대표하는 시인 중 한 사람으로서 1953년 『문예』의 추천으로 문단에 등장하였다. 그 무렵 황금찬 등과 강릉지역 최초의 시동인회 '청포도'를 주도하였고 유고집으로 『여정백척(旅情百尺)』[9]을 남겨놓았다. 현재 동해문인협회를 중심으로 그 문학적 업적과 정신을 기리기 위한 '최인희 문학상'이 제정, 운영되고 있다. 부인 우종숙 여사의 출연금을 바탕으로 동해시청 문화예술계에서 1998년 입안,

9) 가리온출판사, 1982.

동해문인협회 주최로 매년 10월 시행되는 바이다.

사실 최인희의 문학세계는 그간 정당한 평가를 받지 못하였다. 요절과 소략한 작품세계 등이 주된 원인일 것이다. 하지만 최인희 시는 이곳 지역문학장에서 효시격으로 거론되는 텍스트 중 하나이다. 지역 명소에 세워진 시비, 지역문단에 미친 영향, 문학상이라는 제도 등은 최인희 시가 지닌 지역문학적 의미를 상징하는 사례라 하겠다. 반면 극히 미비한 학술적 관심은 연구대상으로서의 가치 문제만이 아닌, 최인희 시는 물론 지역문학 선반에 대한 학문적 소외를 반증하는 현상이 아닐 수 없다.[10] 이러한 구도는 나아가 강원지역문학과 문화에 대한 전반적 성격과도 연동되는 시사적 의미를 지니리라 본다.

> 소복이 山마루에는 햇빛만 솟아 오른 듯이
> 솔들의 푸른 빛이 잠자고 있다.
>
> 골을 따라 山길로 더듬어 오르면
> 나와 더부러 벗할 친구도 없고
>
> 묵중히 서서 세월 지키는 느티나무랑
> 雲霧도 서렸다 녹아진 바위의 아래위로
>
> 은은히 흔들며
> 새여 오는 梵鐘소리
>
> 白石이 씻겨가는 시낼랑 뒤로 흘려 보내고
> 고개넘어 낡은 丹靑
> 山門은 트였는데
>
> 千年 묵은 기왓장도

10) 남기택, 「최인희 시 연구」, 『비평문학』 32호, 한국비평문학회, 2009. 6, 119-120쪽.

푸르른채 어둡나니.

—최인희, 「낙조」 전문

「낙조」는 동해 무릉계곡의 시비에 새겨진 작품이다. 여기서 종연 "千年 묵은 기왓장도/ 푸르른채 어둡나니"와 같은 표현은 조지훈의 「승무」를 연상케 한다. 「승무」의 세계가 전통적 어조로 인간의 번뇌와 종교적 승화를 노래한다면, 「낙조」 역시 산사에 깃든 외로운 화자의 심정을 풍경에 투사하여 초월적으로 그리고 있다. 이러한 시적 의도는 경포호변의 시비에 기록된 「비개인 저녁」에서도 "조용히 이슬이 지는 湖水ㅅ가에는 하이얀 물줄을 그으며/ 한쌍의 白鷗도 떠나가리라"와 같이 반복해서 드러난다. 최인희 시는 이처럼 강원지역의 호연지기적 세계관으로 특화된다. 또한 그의 작품은 지역민은 물론 외부 관광객들이 즐겨 찾는 대표적 장소인 무릉계곡 입구와 경포호반에 자리하여 지역의 문화적 정체성을 상징하고 있다.

최인희와 관련하여 앞서 언급한 최인희 문학상이라는 제도 역시 주목된다. 그런데 이 상은 동해지역 작가들로 한정하여 수상자를 결정하고 있다. 문학상이라는 제도가 전국 단위의 작가를 대상으로 시행될 의무는 없을 것이다. 현재 시행되고 있는 문학상 중에는 수상자 선정에 있어서 구조적 문제점을 지니는 등 그 병폐도 심각한 실정이다. 이에 특정 지역의 문화 활성화 차원에서 그 나름대로의 의미를 지닌 채 하나의 제도로 정착되는 것 자체가 문제라 할 수는 없을 것이다. 하지만 문학작품과 활동의 객관적 수월성을 담보하지 못하고 나눠먹기와 같은 요식행위로 제도가 운영되는 것 역시 심각한 문제가 아닐 수 없다. 현행 최인희 문학상의 운영방식은 스스로 문학상의 권위를 제한하고 있는 요소를 지닌다. 이에 상금 규모나 수상 대상자를 확대함은 물론 외부 선정위원을 포함시키는 등 제도적 개선이 필요하다 하겠다.

다음으로 심연수 시비와 문학상을 들고자 한다. 심연수(1918-1945)

의 고향인 강릉에는 경포호 주변에 시비가 건립되어 있고, 여기에는 「눈보라」가 기록되어 있다. 시비의 작품이라 하여 해당 시인의 대표작으로 단정할 수는 없다. 하지만 그 제도가 지닌 상징적 의미를 고려할 때 「눈보라」는 심연수 문학을 상징하는 맥락을 사후적으로 지니게 된다.

바람은 西北風
해질무렵의 넓은벌판에
싸르륵 몰려가는 눈가루
칼날보다 날카로운 이빨로
눈덮인 땅바닥을 갈거간다.

漠漠한 雪平線
눈물 어는 샛파란雪氣
추위를뿜는 매서운하늘에
조그만 해ㅅ떵이가
얼어 넘는다.

—심연수, 「눈보라」 전문

보는 바와 같이 이 작품에는 심연수 문학과 삶의 정한이 집약되어 있다. "칼날보다 날카로운 이빨"은 '눈보라'의 비유이지만, 곧 시인이 처한 현실의 고통에 비견될 수 있다. "추위를뿜는 매서운하늘" 역시 조국을 떠나 이주의 삶을 살아야 했던 한 개인의 비극적 운명을 전조한다. "조그만 해ㅅ떵이가/ 얼어 넘는다"는 혹한의 계절이 생명을 상징하는 해마저 얼어붙게 만든다는 표면적 의미를 지닌다. 한편 그러한 어려움 속에서도 생명으로서의 해가 존재하며, "얼어 넘는" 행위를 통해 항상적인 운동성을 구현하고 있다는 이면적 해석 역시 가능하다. 표제 '눈보라'가 환기하듯이 이 작품의 시적 배경은 전반적으로 어둡지만 그 내용은 정제된 정서와 의지를 상징하고 있다. 이에 대한 해석은 상대적일 수 있다. 직정적 어조로 인해 상투적인 감정의 면모를 지니기도 하지만 염결한 시정신의 표현으로도 볼 수 있는 것이다.

「눈보라」의 중의성은 지역문화의 이중적 성격과 연동되기도 한다. 성숙하지 못한 문학청년의 계절에 대한 상념일 수도 있는 이 작품에 강원지역문학의 기념비적 의미를 부여하고 있는 맥락은 지역문단이 처한 실정적 곤란과 함께 그 모색의 방향을 전조한다. 예컨대 '심연수선양사업위원회'의 활동을 들고자 한다. 이 단체는 심연수 문학의 문학사적 가치를 조명하고 현재적 의미를 부여하기 위한 조직적 활동을 펴고 있다. 『민족시인 심연수 학술세미나 논문총서』[11]는 대표적 결과물이라 하겠다. 이 총서는 그동안 주관해온 심연수 관련 학술세미나의 과정을 중간 집대성한 사료집이다. 이러한 과정은 지역문학의 정전을 설정하고 이를 통해 상징적인 문화컨텐츠를 형성하려는 노력으로 보인다. 그간 강원지역문학은 한국문학의 변방으로서 문학사적 주목을 받지 못한 것이 사실이다. 특히 강원영동지역은 그 정도가 더욱 심하다. 특히 당대 문학장의 구성과 현황은 이러한 문학적 소외가 심각한 실정이다. 2000년에 공개된 심연수 시는 온전한 한국문학사를 위한 발견이자 지역문학적으로도 위와 같은 의미를 지닌다.[12] 물론 문학텍스트가 지역주의의 관점에서 아전인수격으로 전용되어서는 곤란한바 이를 방지하기 위해서도 문학컨텐츠 사업에는 지역적 연고와 무관한 학술적 입장이 반드시 매개되어야 할 것이다.

한편 심연수선양사업위원회와 강원도민일보사가 공동으로 주관하

---

11) 심연수선양사업위원회 편, 『민족시인 심연수 학술세미나 논문총서』, 강원도민일보출판국, 2007.

12) 심연수 시의 존재는 이러한 측면에서도 지역문학적 의미를 지닌다. 심연수에 대한 논의가 이어지는 과정에서 지역문학적 관점에 제기되는가 하면 기타 지역문화 활성화를 위한 공론장이 마련되고 있다. 심연수 선양사업의 활성화 방안과 관련된 일련의 논의들은 이러한 기대에 값하는 결과물들이다. 2005년도 심연수 학술세미나에서 심연수 선양사업 활성화 방안으로 제출된 권혁준(한중대 교수), 정영식(강릉MBC 심의부장), 박복금(강원대 강사), 김찬윤(강릉문인협회 회장) 등의 소론이 그것이다. 『민족시인 심연수 학술세미나 논문총서』, 앞의 책, 330-340쪽 참조.

는 '심연수 문학상'이 시행되고 있다. 심연수의 문학혼을 기리기 위해 제정한 이 상은 현재 전국 규모로 수상자를 선정하는 등 지역문학사료의 권위를 담보하는 동시에 널리 홍보하고, 나아가 전국적 문학망과 연계하려는 노력을 지속하는 바이다.

기타 강원영동지역의 시비 현황과 관련해서 강릉 경포호변의 시비 공원은 특수한 사례라 하겠다. 이곳에는 경포호변 산책로를 따라 지역 출신 시인들의 시비가 연속적으로 배치되어 있다.[13] 이 중에는 문단이나 학계에 그다지 알려지지 않은 작가들도 존재한다. 그럼에도 불구하고 지역문학적 관점에서 이들 텍스트를 복원하고 기념하는 작업은 남다른 의미를 지닌다. 문학과 문화의 가치는 소위 중앙의 시각에서 획일적으로 판단되는 것이 아니다. 이들 작품이 지역적 삶 속에서의 그 나름의 의미를 지닌다면 그것으로서 지역문학은 물론 문화적 컨텐츠로서의 가치는 충분하리라 본다.

다만 이러한 제도가 특정 집단이나 관련 인물의 문화적 헤게모니를 위한 전시행정적 차원으로 전락하는 것을 항상 경계해야 할 것이다. 일반적으로 시비는 문학적 세계가 일단락되고 문학사적 검증을 거친 작가와 작품에 대한 기념비적 의미를 지닌다. 그럼에도 불구하고 생존 작가의 작품을 전시한다거나 대표 작품의 선정이 자의적이라는 맥락, 기타 텍스트의 오류가 발견되는 점 등은 문학이 문화컨텐츠로 제도화되는 과정에서 나타나는 문제점 중 하나라 하겠다.

3.2. 기념관 · 문학관

강원영동지역의 대표적 문학관으로서 강릉 초당동 소재 '허균 · 허난

13) 해당 시인과 작품은 다음과 같다. 김동명(「수선화」), 박기원(「진실」), 박인환(「세월이 가면」), 최인희(「비개인 저녁」), 최도규(「교실 꽉찬 나비」), 김유진(「아침에」), 이영섭(「고향 얘기」), 김원기(「산위에서」), 엄성기(「꽃이 웃는 소리」), 정순응(「강문어화(江門漁火)」) 등.

설헌 기념관'을 들 수 있다. 이 기념관은 강릉시 문화예술과 주관으로 "조선중기 개혁을 펼친 사상가이며 최초의 한글소설인 『홍길동전』의 저자인 교산 허균과 탁월한 시적 감각으로 국내는 물론 중국과 일본에 그 천재성을 인정받았던 난설헌 허초희의 문학성을 선양하고자" 개관하였다. "두 오누이의 사상과 문학작품을 중심으로 영상자료와 국조시산, 하곡조천기, 난설헌집, 석란유분 등을 전시하고 있으며, 당대 뛰어난 시재와 문재를 발휘하였던 '허씨5문장'을 소개"하기도 하는 이 기관은 강원도문화재자료 제59호인 허난설헌 생가터 옆에 세워졌다.[14] 이처럼 '허균 · 허난설헌 유적공원' 내에는 난설헌 생가터, 오문장비(五文章碑) 등이 조성되어 있다. 관련 설화 역시 주요 컨텐츠로 부각되고 있는데 예컨대 다음과 같은 것이 대표적이다.

> 김광철은 조선시대의 문인으로 예조참판을 지냈고, 대문장가 허엽의 장인이자 허균과 허난설헌의 외조부이다. 김광철은 아들을 얻기 전에는 외손이라도 자신의 집에서 잉태시키지 않으려 했으나 출가한 첫째 딸이 애일당에서 허엽과 동침하여 허봉을 얻었다는 이야기가 전해지고 있다. 애일당의 뒷산은 이무기가 누워 있는 모습으로서 그 지맥이 사천 앞바다 모래사장에서 그치므로 교산(蛟山)이라 하였는데 허균이 이 산 이름을 자신의 호로 삼았다.
>
> —애일당 설화

> 옛날 교산의 구릉과 사천의 시내가 나란히 바다로 들어가는 백사장에 큰 바위가 있는데, 강이 무너질 때 늙은 교룡이 그 밑바닥에 엎드려 있었다.
>
> 1501년(연산군 7년)에 그 교룡이 바위를 깨뜨리고 떠나는 바람에 두 동강이 나서 구멍이 뚫린 것이 문과 같이 되었으므로 후세 사람들이 교문암(蛟門岩)이라 호칭하였다.
>
> —교문암 설화[15]

---

14) 허균 · 허난설헌 유적공원
15) 허균, 『성소부부고(惺所覆瓿藁)』, 문부(文部) 4, 애일당기.

이처럼 허균 일가의 문학적 업적은 강릉지역의 주요한 문화적 자산으로 주목받고 있다. 또한 현재적 의미로도 제도화되어 '허균문화제'와 '허난설헌문화제'가 매년 실시되는 바이다. 허균문화제는 매년 9월 둘째주 허균의 개혁정신과 자유정신을 기리고 있으며, 허난설헌문화제는 매년 음력 3월 19일 허난설헌의 문학정신을 기리고 있다. 한편 허균과 관련된 사건으로서 홍길동 캐릭터를 둘러싼 전남 장성과 강원 강릉의 분쟁은 사회적 물의를 일으키기도 하였다.

근대문학사료로는 인제 백담사 '만해마을'이 대표적이다.[16] 한용운이 활동 당시 불교운동의 일환으로 제작한 『유심』은 최근 한국문학을 대표하는 문학잡지의 하나로 재현되고 있다. 강원지역의 경우 오늘날까지 전문 문예지가 부재하다는 것이 지역문학장이 지닌 특징 중 하나인데 『유심』의 존재는 이 지역을 거점으로 한 대표적 문예지로서 직간접적인 기능을 하고 있는 것이다. 만해마을 역시 강원도에 존재하는 대단위 하드웨어로서 '만해문학상' 시상을 위시하여 '만해축전'으로 표제되는 세계적 규모의 문학 행사가 시행되고 있다. 지리적 친연성도 없는 만해의 문학이 강원지역을 대표하는 문학매체요 컨텐츠로 작동하고 있는 현실은 지역문학의 범주 설정과 전유 방식을 사유하는 데 있어 여러 시사점을 제공해준다. 이는 강원지역의 근대문학과 관련된 문인들에게 발견되는 공통적 맥락이기도 하다.

강원영동지역을 포함하여 해방 이전 강원지역문학과 관련하여 거론되는 기타 인물로는 김유정, 이효석, 김동명, 박기원, 박인환 등이 있다. 이들 역시 출신 지역이 강원지역이라는 지연적 연관 이외에 지역문학적 요소가 특화되지는 않는다. 실제 강원도에 거주하면서 문단 형성에 직접적으로 영향을 미친 것도 아니다. 위에 예시한 한용운의 경우 『님

---

16) 이하 만해마을과 관련된 논의는 남기택, 「강원지역문학의 형성과 동인지의 양상」, 『한국 지역문학과 매체의 사회학』, 영주어문학회 2009 하반기 전국학술대회자료집, 2009. 11. 27, 45쪽 재인용.

의 침묵』의 산실이 인제 백담사라는 관련밖에 없다. 다만 이들 문인들의 작품세계 중에서 향토성과 관련된 요소가 지역문학적 근거로 해석될 수 있겠다.

매체와 관련해서는 더더욱 직접적인 지역문학의 논거를 발견하기 어렵다. 따라서 간접적으로 지역문학과 관련된 매체적 의미를 추론할 수밖에 없다. 그렇게 보자면 이들 초기 강원지역문학의 사례는 그들이 활동한 당대보다는 사후적으로 지역문학의 매체적 의미를 구성하고 있다는 점이 주목된다. 대표적인 것이 『유심』과 '만해마을'이라는 매체인 것이다.

그리하여 강원영동지역에도 예시한 바와 같은 대표적 기념관, 문학관이 운영되고 있다. 무엇보다도 문제는 이러한 문학컨텐츠의 내실화에 있을 것이다. 외국의 사례와 달리 우리나라는 작가들의 생가나 생활터전, 작품의 배경이 되었던 장소들이 대부분 그 흔적을 찾기 어렵다. 대부분 문학관은 작가의 흔적을 보존하려는 의지보다는 대규모 전시관부터 지어 문화명소를 만들자는 발상에서 급조된 것이 사실인 것이다.[17] 따라서 문학관과 관련해서는 하드웨어의 측면보다는 운영의 내실을 기해야 할 시점으로 보인다.

3.3. 관광자원적 전유

현재 각 지역자치단체는 관광산업을 강력한 지역발전의 전략수단으로 설정하여 많은 재정을 투자하는가 하면, 관광객 혹은 방문자 등과 같은 교류 인구를 증가시키기 위하여 다양한 노력을 기울이고 있다. 관광산업 진흥은 문화의 세기라고 하는 21세기에 지자체가 전력을 다할 수밖에 없는 일종의 블루오션임을 부정할 수 없다. 지방자치제의 본격화 이후 각 지역의 문학관 건립이 유행처럼 추진되었던 실례가 증

17) 전상국, 「한국 문학관의 현주소」, 『플랫폼』 2008년 3・・4월호, 인천문화재단, 108쪽.

명하는 것처럼 지역의 문학적 전통은 주요한 문화컨텐츠로 기능할 수 있다.

지역문학의 사료는 관광명소 개발에도 전용되고 있다. 강원영동지역의 경우 『삼국유사』에 전하는 「헌화가」와 「해가」를 대상으로 강릉과 삼척에서 각각 '헌화로'와 '수로부인공원'을 개발한 것은 대표적 사례라 하겠다. 주지하는 바와 같이 『삼국유사』 「기이」편 '수로부인조'에는 성덕왕(702-737) 때 수로부인이 강릉태수로 부임하는 남편 순정공을 따라 동행하면서 겪고 있는 사건을 기록하고 있다. 그 과정에는 신이한 사건들이 발생하고 그 현장에서 「헌화가」와 「해가」라는 노래가 불려진다. 이에 대해서는 아직까지도 다양한 해석이 진행되고 있는 바이다.[18)]

紫布岩乎過希
執音乎手母牛放敎遣
吾肹不喩慚伊賜等
花肹折叱可獻乎理音如

자줏빛 바위 끝에
잡으온 암소 놓게 하시고
나를아니 부끄려 하시면
꽃을 꺾어 받자오리이다

—「헌화가」 전문

강릉에서는 위 「헌화가」의 역사적 의미를 현재화하여 인근 해안도로를 '헌화로'라 지정하였다. 강릉시 옥계면 금진리에서 강동면 심곡리에 이르는 이 길은 인접한 바다는 물론 해변 기암절벽을 감상할 수 있

18) 이상 내용과 작품 원문, 현대역 인용은 구사회, 「〈헌화가〉의 '자포암호(紫布岩乎)'와 성기신앙」, 『국제어문』 38집, 국제어문학회, 2006. 12 참조.

다. 빼어난 경치와 더불어 향가의 의미를 되새겨볼 수 있는 문화적 매체로서 적절한 명명이 아닐 수 없으며, 따라서 문화컨텐츠로 시가 활용되고 있는 단순하면서도 의미 있는 사례라 하겠다.

> 龜乎龜乎出水路
> 掠人婦女罪何極
> 汝若逆不出獻
> 入網捕掠燔之喫
>
> 거북아 거북아 수로를 내놓아라
> 남의 아내를 빼어간 죄 얼마나 크냐
> 네 만약 거역하여 내놓지 않으면
> 그물을 넣어 잡아 구워 먹으리
>
> ―「해가」 전문

한편 삼척은 위 「해가」 및 관련된 설화에 근거하여 '수로부인공원'을 조성하였다. 삼척시 증산동에 조성된 수로부인공원에는 '임해정' 및 '해가사터'가 포함되어 있다. 추암 촛대바위가 내려다보이는 이곳은 천혜의 절경을 자랑하는 동시에 고전문학의 유산을 음미할 수 있는 적소로 보인다. 이곳 역시 지역민들의 향토애를 고취하고 외부인들에게는 관광자원으로서의 의미를 지니는 명소라 하겠다.

하지만 이들 과정에서 나타난 문제점이 없지 않다. 『삼국유사』 수로부인조를 통해 알 수 있는 것은 순정공의 여정에서 수로부인을 둘러싼 두 개의 사건이 있었고, 이를 해결하는 과정에서 「헌화가」와 「해가」가 불렸다는 사실이다. 이를 시간순으로 보면 수로부인의 뜻에 따라 꽃을 꺾어 바치는 노옹이 「헌화가」를 부른 이틀 후에 임해정에서 「해가」가 불린다. 임해정에서 주선(晝饍)을 하는 도중 해룡이 나타나 수로부인을 끌고 바다로 들어가고, 수로를 구출하기 위해 노인의 비책에 따라 사람들이 막대기로 언덕을 치면서 부른 노래가 「해가」인 것이다. 그렇지만 해당 지자체들이 문학작품을 이용하여 지역 정체성을 강화하는 과정은 결과적으로 문헌에 기록된 여정과 위배되고 있다. 이러한 결과는 충분한 학문적 검토와 사전 논의가 없이 지자체가 일방적으로 문학사료를 관광상품화하는 과정에 나타난 문제라 하겠다.

그 밖에 강원영동지역의 대표적 문화상품으로 강릉 정동진의 관광상품화를 들 수 있다. 정동진의 경우 드라마 「모래시계」(1995)나 김영남의 시 「정동진역」(『정동진역』, 1998) 이후 관광명소가 된다.

> 겨울이 다른 곳보다 일찍 도착하는 바닷가
> 그 마을에 가면
> 정동진이라는 억새꽃 같은 간이역이 있다.
> 계절마다 쓸쓸한 꽃들과 벤치를 내려놓고
> 가끔 두 칸 열차 가득
> 조개껍질이 되어버린 몸들을 싣고 떠나는 역.
> 여기에는 혼자 뒹굴기에 좋은 모래사장이 있고,
> 해안선을 잡아넣고 끓이는 라면집과
> 파도를 의자에 앉혀 놓고
> 잔을 주고받기 좋은 소주집이 있다.
> 그리고 밤이 되면
> 외로운 방들 위에 영롱한 불빛을 다는
> 아름다운 천장도 볼 수 있다.
>
> 강릉에서 20분, 7번국도를 따라가면
> 바닷바람에 철로쪽으로 휘어진 소나무 한 그루와
> 푸른 깃발로 열차를 세우는 역사,
> 같은 그녀를 만날 수 있다.
>
> —김영남, 「정동진역」 전문

위 작품 이외에도 정동진은 문학작품의 소재로 활용되는 모습을 볼 수 있다. 시 「정동진」(정호승)과 「정동진 횟집」(김이듬), 소설 「바다의

벽」(박명애)과 「그대 정동진에 가면」(이순원), 극본 「모래시계」(송지나) 등은 동일한 장소가 문학화 되는 다양한 방식을 보여주기도 한다. 문학작품에서의 공간적 표현은 단순히 지명을 지칭하고 기술하는 것만이 아니고 사람들이 구체적으로 어떤 공간에 처해 있고, 처해진 공간에 대해 어떻게 지각하고 인식하는가에 관한 이해를 가능하게 한다. 그리하여 문학작품 속의 정동진(문학적 측면)은 비평과 보도, 다수의 독자층 확보 등 경제적 측면(생산과 소비), 그리고 정동진에 대한 맨탈맵(mental map) 변화, 방문 및 여행, 문화경관의 변화, 배경장소 주민의 삶의 변화 등 문화지리적 측면과 연관을 지니게 된다.[19]

관광명소 정동진이 문학과 관련되는 이유는 정동진역내에 자리한 시비의 존재 때문이기도 하다. 이곳에는 신봉승의 「정동진」과 원영욱의 「정동진」을 새긴 시비가 나란히 자리하고 있다.[20]

벗이여,
바른동쪽
정동진으로
떠오르는 저 우람한
아침 해를 보았는가.

큰 발원에서
작은 소망에 이르는
우리들 모든 번뇌를 씻어내는
저 불타는 태초의 햇살과

---

19) 이은숙, 「문학공간의 인식체계와 특성」, 『한국 근대문학과 장소의 사회학』, 현대문학이론학회 제46차 전국학술발표대회자료집, 2008. 12. 12, 9-10쪽.

20) 원영욱 시는 다음과 같다. "나는 가야해/ 모든 것 팽개치고/ 너마저 지우개로 지우고서// 밤기차 타고/ 그저 두툼한 외투 하나 걸치고/ 몇 개 안남은 담배 한갑// 파도에 휩쓸려도 난 좋아/ 여기서 생을 마감한다 해도/ 그냥 내몸을 동해바람에 맡기면 되// 이곳은 따스한 어머니의 품안/ 잊지못할 업보의 휴식처/ 아니 또 하나의 마침표/ 자 외쳐봐 정동진!(1999년 10월 14일 정동진에서)".

마주서는 기쁨을 아는가.

벗이여
밝은 나루
정동진으로
밀려오는 저 푸른 파도가
억겁을 뒤척이는 소리를 들었는가.

처연한 몸짓
염원하는 몸부림을
마주서서 바라보는 이 환희가
우리사는 보람임을
벗이여, 정녕 아는가.

—신봉승, 「정동진」 전문

다음은 신봉승의 시비 뒷면에 새겨진 건립 취지의 글이다.

정동진으로 솟아오르는 태초의 햇살. 거기에 삶의 진솔함과 환희를 더하여 생각하는 해돋이로 간직하기 위해 정동진 시비를 세우게 되었다.

시를 주신 초당 신봉승 선생은 여기서 4킬로미터 남짓 남쪽인 강릉시 옥계면 현내리에서 출생하였다.

1957년 『현대문학』지에 시 「이슬」이 실리면서 문단에 데뷔하였으나, 1961년 시나리오 「두고온 山河」가 현상공모에 당선된 후부터 극작에 전념하였다.

실록대하드라마 「조선왕조 5백년」은 정사를 대중화하는데 크게 이바지하였다는 찬사를 받았고, 시집 「초당동 소나무떼」를 비롯한 모두 여든 네 권의 저서를 상재하였으며 1996년에 대한민국 예술원 회원으로 선임되었다.

우리 고장을 찾아주신 많은 분들이 바른 동쪽 정동진의 강렬한 해돋이와 뒤척이는 파도를 마주서서 바라보는 환희를 삶의 보람으로 간직하시기를 바라는 마음 간절하다.

극작가 신봉승은 강원지역문학의 대표적 인물로 거론되고 있다. 그는 강원지역 시단의 개척자적 인물로 평가되는 황금찬, 최인희의 제자로서 스승들이 주도한 강릉 최초의 동인지 『청포도』 이후 학생을 포함하는 또 다른 동인지 『보리밭』 창간(1952)에 동참한다. 이어 1959년에 조직되어 오늘날까지 영동지역문학의 주류를 형성하고 있는 '관동문학회'를 이끈 인물이다.[21] 그럼에도 불구하고 위 시비 제작의 변에 나타난 것처럼 생존 작가의 작품을 수록하거나, 감정적 상찬을 나열하는 방식은 정치한 문학담론으로 보기 어렵다.

또한 오늘날 정동진에서 "여기에는 혼자 뒹굴기에 좋은 모래사장이 있고,/ 해안선을 잡아넣고 끓이는 라면집과/ 파도를 의자에 앉혀 놓고/ 잔을 주고받기 좋은 소주집"(김영남, 「정동진역」)의 서정적 풍경을 찾아보기는 힘들다. 오히려 부박한 현실과 함께 "이름 난 여행지가 대부분 그러하듯 실망스러운 벗은 몸을 보여주고 벼려온 파혼을 감행하기 좋은 모래바람이 분다"(김이듬, 「정동진 횟집」)는 묘사가 공감을 더한다. 제도적 선택과 집중이 상업성만을 부각시키게 된다면 진정한 지역 정체성을 형성하는 과정이라 할 수 없다. 이러한 현상은 관광산업의 행정적, 제도적 모색에 있어 인문학적 마인드가 바탕이 되어야 하는 필연적 이유를 설명해주기도 한다.

문화컨텐츠 산업은 지역의 정체성 문제와도 긴밀히 연동된다. 지역의 정체성은 이른바 구성적(constitute) 개념인 것이다. 문학작품의 제도적 전유는 이러한 관점에서 진행되어야 한다. 그러나 지역 정체성의

---

21) 관동문학회의 실질적인 활동은 1980년대 이후 본격화되는데 그 결과 기관지 『관동문학』 창간호가 1988년에 발간된다. 관동문학회는 현재 "문학의 향상발전과 회원 상호간의 친목을 도모하고 작가의 이익을 옹호하며 향토의 문학발전을 촉진"(관동문학정관)함을 강령으로 두고 50여 년에 이르는 지속적 활동을 펼치고 있다. 회원의 자격을 특정지역으로 한정하고 있지는 않으나 실질적인 회원 면모를 보면 강릉을 중심으로 하는 강원영동지역에 집중되고 있음을 볼 수 있다.

구성주의적 입장이 일종의 행정편의적 관점으로 해석되어서는 곤란할 것이다.

4. 지역문학의 스토리텔링을 위하여

강원영동지역문학 연구는 기타 지역에 비해 낙후되어 있는 것이 사실이다. 이는 해당 지역의 문학적 역량과 연구 기반의 차이에 따른 필연적 결과일 수도 있겠다. 지역문학의 가치와 당위성이 특정 지역에 국한된 것이 아니라면 이러한 불균형은 한국문학의 심각한 결여가 아닐 수 없다. 강원영동지역은 어느 지역에 비교해도 손색없는 문학적 유산을 지니고 있는 것 또한 사실이다. 이에 지역문학사료를 문화컨텐츠 사업과 연관하여 적극적으로 해석하려는 노력은 충분한 의미를 지닌다.

본론에서 언급한 예시 이외에도 이 지역과 관련하여 '동안이승휴사상선양회' 등의 단체나 지역 지역 출신 학자들의 관심과 활동이 지속되고 있다. 이창식의 경우 수로부인 설화와 관련된 고무적인 노력을 보인다. 그는 수로부인의 스토리텔링과 문화산업의 방향을 다음과 같이 요약 제시한 바 있다.

> 수로부인 바다굿 오페라 만들기
> 수레를 탄 신라미인 이야기의 재구와 놀이의 재미
> 용궁 체험과 개인굿, 마을굿, 공동체문화, 수로부인축제
> 오금잠제(烏金簪祭)[22]와 해신당 관련성
> 실물(神物)의 존재와 심산, 대택
> 철쭉, 해당화, 고시네, 오부슴, 용왕 먹이기[23]

---

22) 강원도 삼척에서 단옷날에 지내는 제사. 고려 태조의 유물이라고 전하는 오금비녀를 함에 모시고 무당을 불러 3일 동안 제사를 지낸다.
23) 이창식, 「삼척 명품도시화와 수로부인 문화콘텐츠 만들기」, 2006 이승휴제왕

물론 이러한 제안이 실질적으로 제도화되기 위해서는 충분한 사전 검토와 행정적 뒷받침이 필요할 것이다. 지역문학 연구는 지역문학사료의 실증적 분석을 통해 지역문화의 정체성을 구성하고 관련된 이론적 근거를 제시해야 한다. 본론에서 거론한 강릉 헌화로와 삼척 해가사터는 사료적 사실과 위배되는 행정편의적 결과가 아닐 수 없다. 문학사료에 대한 철저한 고증과 지자체간 협의가 없다면 문학사료의 문화컨텐츠화는 공허한 지역이기주의로 변질될 가능성이 높다. 이와 관련된 사례로서 홍길동을 둘러싼 전남 장성과 강원 강릉의 갈등은 지금도 계속되고 있다.

> 장성군의 홍길동 사업은 어느 공무원의 제안으로 시작되었다. 사업 전망이 밝다고 판단한 장성군이 1996년 홍길동 연구 전문가인 설성경 연세대 교수가 재직 중인 연세대 국학연구원에 연구를 의뢰, 홍길동이 실존 인물이며 그의 고향이 장성군 황룡면 아곡리 390번지라는 사실을 밝혀냈다. 실제로 〈조선왕조실록〉에는 홍길동의 실존인물설을 뒷받침하는 기록이 남아 있다.
>
> (중략)
>
> 그러나 홍길동의 연고권이 강릉에 있다는 주장이 줄기차게 제기되었다. 홍길동을 허구의 인물로 파악한 강릉시는 '『홍길동전』의 저자 허균이 강릉 사람인만큼 홍길동도 강릉 사람이며, 허균의 친가와 외가가 모두 강릉에 있다'는 논리를 들어 1997년 3월 홍길동 캐릭터 사업에 나선 것이다. 이때 강릉시는 특허청에 홍길동 상표를 등록하기도 했다. 물론 장성군은 학계의 연구 결과를 거론하며 홍길동이 장성의 실존 인물이었음을 주장하였고 이에 대해 강릉시는 별다른 이의를 제기하지 않았다. 그러나 홍길동 상표의 소유권을 두고는 최근까지도 법정싸움이 이어졌던 게 사실이다. 지난 5월 장성군은 그동안 강릉시가 소유하고 있던 12개의 상표권에 대해 상표등록 취소심판에서 승소하였다. 장성군이 취소심판을 청구한 것은 지난해 10월. 상표는 특허청에 등록 후 취소심판 청구일로부터 3년 이내에 사용하지 않

운기문화제 · 삼척예술제 문화특강, 2006. 10. 15.

을 경우 취소되도록 규정되어 있다. 강릉시에서 1997년에 등록한 뒤 취소된 상표는 이 규정에 해당되었다. 이로써 1997년 장성군이 캐릭터 사업을 시작하기 전 강릉시와 개인에 의해 특허청에 먼저 등록되었던 15개의 상표권이 장성군으로 넘어오게 되었다. 장성군이 44개의 상표권을 확보하게 됨으로써 홍길동 브랜드화 사업은 더욱 탄력을 받았다. 홍길동의 연고권 싸움은 장성군의 승리로 끝났지만 홍길동에 대한 강릉시의 애정(?)은 여전하다. 강릉시는 경포호수 주변에 '홍길동 캐릭터 로드'를 조성하고 매년 9월에 '허균・허난설헌 문화제'를 개최하여 홍길동 자료 전시회를 열고 있다. 이 문화제는 올해로 벌써 10회를 맞이하였다.[24]

장성군의 홍길동 문화콘텐츠 사업을 위한 노력은 남다른 의미를 지닌다. 캐릭터 산업의 고부가가치성을 파악하고 그 권리를 확보하기 위해 재정적, 학술적 노력을 아끼지 않은 것이다. 이를 통해 알 수 있는 것처럼 문학의 문화컨텐츠 및 스토리텔링의 작업은 일시적인 관심이나 지엽적 노력을 통해 완성될 수 없다. 다양한 학제간 노력은 물론 지자체간의 이해와 협력을 통해 견실한 문화컨텐츠의 개발이 필요한 시점이라 하겠다. 이러한 지역별, 학제간 노력은 한국문학과 문화의 세계화를 위한 초석이기도 할 것이다.

24) 「장성군의 홍길동 저작권 수난기」, 『아이러브캐릭터』 2008년 11월호, 64쪽.

| 강원영동지역의 문학적 정체성 |

1. 입장과 방법

이 장에서는 강원영동지역을 대상으로 문학적 정체성을 구명하고자 한다. 강원지역문학은 그동안 제대로 된 학술적 조명을 받지 못한 것이 사실이다.[1] 영동지역으로 단위를 국한하면 그 정도는 더욱 심해진다.[2]

---

1) 이에 대한 상징적 사례로서 남송우, 「지역문학 연구의 현황과 과제—충북, 대구·경북, 전북지역문학을 중심으로」, 『국어국문학』 144호, 국어국문학회, 2006. 12; 「지역문학 연구의 현황과 과제 (2)—제주, 전남·광주, 부산·경남을 중심으로」, 『한국문학논총』 45집, 한국문학회, 2007. 4 참조. 2000년대까지의 각 지역 단위 문학 연구를 개관하는 이 글에서 강원지역은 제외되어 있다.

2) 강원영동지역문학사와 관련된 기존 연구로서 주목할 만한 성과를 발표순으로 제시하면 다음과 같다. 이 중에서 김영기, 서준섭, 전상국 등은 아카데미즘과 평단이 부족한 이 지역에서 선구적인 통찰을 보여 주지만 개별 작가론이거나 강원지역 전반에 걸친 통시적 기술로 한정된다. 박영완, 신봉승 등은 강원영동지역에 한하여 선도적 사례에 해당되지만 고전문학에 치우치거나 평론 형식의 성격이 두드러지는 한계를 지닌다. 엄창섭은 강원영동지역문학 연구에 있어서 대표적인 논자에 해당되는데 주요 연구 대상이 강릉지역으로 국한되는 경향을 보인다. 양문규, 김양선 등은 소설 장르가 중심 대상이 된다. 남기택의 경우에도 단편적 나열의 범위를 넘어서지 못해 보다 심층적인 접근이 요구되는 실정이라 하겠다.

김영기, 『한국문학과 전통』, 현대문학사, 1973.

박영완, 「관동문학사연구서설—강릉문학사론초」, 『관동어문학』 3집, 관동대 관동어문학회, 1984.

서준섭, 「강원도 근대문학연구에 대하여」, 『강원문화연구』 11집, 강원대 강원문화연구소, 1992.

신봉승, 『내 기억 속에 살아있는 향기』, 혜화당, 1993.

김영기, 「통일·생명 문학의 고향」, 『월간 태백』 1996년 1월호, 강원일보사.

전상국, 「강원문학의 역사와 현황」, 강원사회연구회 편, 『강원사회의 이해』, 한울, 1997.(전상국, 『물은 스스로 길을 낸다』, 이룸, 2005.)

강원영동권의 지역문학 연구가 미진한 데에는 여러 원인이 존재하겠지만 문학적 실체가 미비하기 때문이라는 판단이 우선 가능하리라 본다. 즉 강원영동지역은 근현대의 문학장[3] 속에서 예술적 수월성을 담보하는 작가 및 작품이 부족하기에 그에 관한 연구가 부족할 수밖에 없다는 것이다. 이러한 입장이 나름대로 타당성을 지닌다 하더라도 일정 부분은 기존 문학사적 관성을 따른 견해이거나 혹은 실증적 접근이 매개되지 않은 추상적 판단이기도 하다. 문단 제도나 작품 함량 면에서 타

엄창섭, 「강원문학의 사적 고찰—영동지역의 현대시문학을 중심으로」, 『한국문예비평연구』 1호, 한국현대문예비평학회, 1997.
엄창섭, 「지역문화 발전방안—탄광문학의 가능성 모색」, 엄창섭·장정룡, 『강원 지역사회 문화론』, 새문사, 1997.
서준섭 외, 「강원도 시단과 시를 말한다—지역성, 특이성, 보편성」(좌담), 『현대시』 2003년 8월호.
김양선, 「탈식민의 관점에서 본 지역문학」, 『인문학 연구』 10집, 한림대 인문학연구소, 2003.(『근대문학의 탈식민성과 젠더정치학』, 역락, 2009.)
양문규, 「강원지역문학의 생성방식과 발현양상」, 『작가와사회』 2004년 가을호.
엄창섭, 「문화의 정체성과 발상의 전환—강원지역의 문화를 중심으로」, 『문화인식의 현상과 이해』, 새문사, 2005.
신원철, 「강원도 영동남부지역의 해양문학」, 『해양과 문학』 2007년 여름호.
남기택, 「탄광시와 강원영동지역문학」, 『한국언어문학』 63집, 한국언어문학회, 2007. 12.
남기택, 「삼척지역문학의 양상 고찰」, 『한국언어문학』 67집, 한국언어문학회, 2008. 12.
양문규, 「한국근대문학에 나타난 강원도—강릉·영동 지역을 중심으로」, 『민족문학사 연구』 44집, 민족문학사학회·민족문학사연구소, 2010.
박세현, 「강원문학에 관한 자문자답—시문학을 중심으로」, 『2010 강원문학축전 자료집』, (재)백담사 만해마을, 2010. 11. 20.
남기택, 「강원영동지역문학 연구—탈식민의 계보학적 탐구를 중심으로」, 『한어문교육』 24집, 한어문교육학회, 2011. 5.

3) 이 글에서 사용하는 문학장 개념은 부르디외로부터 가져온 것으로서, 그에 따르면 문학의 장은 본질적으로 권력의 장에 피지배적인 위치로 규정된다. 따라서 하나의 문화적 생산 장의 자율성의 정도는 내외적 위계화의 종속성 여부에 따라 달라진다. 결국 문학의 장은 그 안에 들어오는 모든 사람들에게 작용하는 힘들의 장이요, 이 힘들의 장을 보존하거나 변형하려고 하는 경쟁적 투쟁들의 장이다.(피에르 부르디외, 하태환 역, 『예술의 규칙』, 동문선, 1999, 285-307쪽) 이러한 문학장의 개념과 성격은 한국 사회는 물론 지역문학장의 형성과 전개, 구성적 방향에 관해 시사하는 바가 크리라 본다.

지역에 비해 그 수위와 활성화가 부족하다고 할 수 있지만, 지역적 전거를 지니며 예술성을 담보하는 문학의 양상이 근대문학장 초기 단계부터 존재해 왔던 것 또한 분명한 사실이기 때문이다.

또 다른 문제는 모든 지역이 국문학 연구 단위로서의 정당성을 지니는가에 대한 회의적 시각일 것이다. 이에 대해서는 여전히 많은 논란이 존재하고 있다. 그럼에도 불구하고 해당 지역의 제대로 된 문학사가 기술되어 있지 않다는 사실은 문제적 현상이라 하겠다. 이 같은 현상이 소위 중앙이나 명망 중심의 기존 국문학 연구가 지닌 경향을 무의식적으로 반복하여 온 결과라면 문제는 더욱 심각해질 것이다. 지역이라는 단위가 삶의 실정성을 담보하는 장소요 그 자체로 문학적 배경이라는 사실을 부정할 수 없다. 객관적인 문학사적 평가는 물론 한국문학의 다양성과 총량을 실증하기 위해서라도 각 지역의 문학 양상에 관한 학술적 정리는 국문학 연구에 있어 필수 범주라 하겠다.

이를 위해 이 글은 강원영동지역문학에 관해 기존에 진행되어 온 개별 연구를 종합하여 문학적 정체성을 추론하고, 이를 뒷받침하는 논거로서 전형적 작가와 작품 양상을 제시하고자 한다. 논의 범위는 통시적 고찰을 위해 근대문학의 초기 단계로부터 지역문단이 활성화되는 1980년대까지로 확장하되, 특별한 경우가 아닌 한 작고 문인을 대상으로 할 것이다. 작고 문인으로 논의 대상을 한정하는 이유는 문학사적 의미가 완료된 텍스트를 다룸으로써 연구의 객관성을 담보하는 동시에 개별 연구의 한계상 텍스트 범위를 제한하려는 의도를 지닌다.

또한 이 글에서 전제하는 지역문학의 범주는 내용적, 형식적 요소 이외에도 실정적 요소를 포함하는 입장을 취한다.[4] 이에 따르면 지역

---

4) 이 글에서 전제하는 지역문학의 개념적 층위로서 형식적, 내용적, 실정적 요소에 대해서는 남기택, 「지역에 의한, 지역을 위한」, 남기택 외, 『경계와 소통, 지역문학의 현장』, 국학자료원, 2007, 56쪽; 그리고 남기택, 「강원영동지역문학 연구」, 앞의 글, 480쪽 참조.

문학은 비단 작가의 지역 연고에 한정되는 것이 아닌, 활동 당대의 상황과 현재적 위상을 아우르는 중층적 의미망을 지닌다. 따라서 구체적 작가를 언급할 경우 여기에 전제된 지역문학의 관련 층위를 설명하고, 이를 통해 지역적 정체성에 관한 의견을 제시하고자 한다.

2. 전통과 서정, 리리시즘의 변주

강원영동지역문학에 대한 기존 연구를 종합해 볼 때 이곳 지역문학의 특징적 경향으로 대표되는 것은 단형 서정 양식에 기초한 리리시즘의 양상이다. 이는 비단 이곳 지역만의 특수성이 아닌 현단계 각 지역문학장의 공통된 경향이기도 할 것이다. 더더욱 강원영동지역은 한국 근대화와 관련하여 특기할 만한 역사적 사건이나 문단 제도가 상대적으로 부족한 것이 사실이다. 한국문학사를 되돌아보면 각종 에콜 및 제도가 문학 담론을 견인해 왔음을 알 수 있다. 1910년대 전후 근대문학의 형성과 출판 제도의 긴밀한 관련, 1920년대 동인지 문단의 활황 등은 상징적 사례라 하겠다. 근대문학이라는 존재가 미적 자율성의 미학적 이념을 근거로 지님은 물론 근대라는 제도에 길항하는 예술적 실천이라는 점을 염두에 둔다면, 그러한 선험적 조건이 물리적으로 부족한 강원영동지역에서 다양하고도 선도적인 문학적 실천이 부족할 수밖에 없었음은 자연스러운 결과이기도 할 것이다. 그리하여 근대문학장의 성립기로부터 최근에 이르기까지 강원영동지역문학장을 관류하는 지배적 양상은 개인적 감성을 전형적 서정 양식으로 표출하는 리리시즘의 경향이 되고 있다.

이에 관한 실례로서 강원영동지역문학의 전범적 존재로 거론되는 인물은 김동명(1900-1968)이다. 김동명의 문학세계에서 지역성이 특별히 부각되는 것은 아니고, 전기적 배경 속에서도 지역적 삶의 요소는 출신 근거로밖에 확보되지 않는다.[5] 그럼에도 불구하고 김동명 문학은 강릉이 고향이라는 이유로 인하여 근대 강원영동지역문학의 출발을 알리는 상징으로 기능하고 있다.[6] 이 글 역시 동궤의 입장을 취하는데, 다만 이러한 판단이 작가의 지연에 따른 것이라기보다는 지속적으로 재생산되는 현재적 의미로서의 실정성에 의한 것이라는 점을 강조하고자 한다. 김동명은 강원영동권의 각종 기록이나 문단 제도에 의해 이곳 지역문학의 전범으로 재생산되고 있다. 즉 김동명 문학은 지역문학의 정체성을 구성하는 주요한 계기로서 실재하고 있는바 이러한 실정적 층위로부터 강원영동지역문학으로서의 입지는 확보되는 것이다. 문제는 이러한 지역문학적 정체성의 구성 노력이 당위론에 그치는 것이 아닌, 보다 실증적인 노력과 재해석을 통해 학술적으로 뒷받침되어야 한다는 점이다.

> 祖國을 언제 떠났노,/芭蕉의 꿈은 가련 하다.//南國을 향한 불타는 鄕愁,/네의 넋은 修女보다도 더욱 외롭구나.//소낙비를 그리는 너는 情熱의 女人,/나는 샘물을 길어 네 발등에 붓는다.//이제 밤이 차다,/나는 또 너를 내 머리마테 있게하마.//나는 즐겨 너를 위해 종이 되리니,/네의 그 드리운 치마짜락으로 우리의 겨울을 가리우자.
>
> —김동명, 「파초(芭蕉)」 전문[7]

김동명 시의 대표작으로 잘 알려진 이 작품은 서정적인 어조로 조국을 떠난 파초의 슬픔을 표현하고 있다. 여기서의 '조국'은 곧 서정적 자아가 지향하는 장소를 환기한다. 그것은 현실의 질곡과 상반되는 지향의 공간이며 궁극적으로 모든 존재가 귀속될 원초적 장소이기도 하다. 지역문학적 관점에서 주목해야 할 부분이 '향수'가 환기하는 장소성

---

5) 김동명 시세계의 전반적 성격에 관해서는 김병우 외, 『김동명의 시세계와 삶』, 한남대학교 출판부, 1994 참조.

6) 김동명 시의 지역문학적 배경에 대해서는 엄창섭, 『김동명 연구』, 학문사, 1987 참조.

7) 김동명, 『파초』, 신성각, 1938, 2-3쪽.

일 것이다. 김동명 시에 나타나는 원형적 공간으로서의 장소성은 향수 혹은 고향 등과 더불어 '바다'와 연동된다. 가령 "바다여 네 가슴 속에는 푸른 하늘이 잠겨 있고/네 입설에선 끊일줄 모르는 노래가 永遠을 부르노나"(「해양송가(海洋頌歌)」)[8]라고 할 때, 바다는 그것이 지닌 원형적 이미지와 더불어 김동명 문학세계의 근원지로서 공간성을 환기하는 기제가 된다. 이처럼 고향, 향수, 바다 등은 궁극적으로 지역성으로부터 비롯되는 문학적 상상력의 지평이라 할 수 있겠다.

그럼에도 불구하고 이 문제에 대해서는 보다 신중히 판단해야 하리라 본다. 김동명 시에서 고향이나 바다가 환기하는 지역성의 요소가 강원영동지역과 관련되는가의 문제가 불분명하기 때문이다. 유년기 함남 이주가 지닌 역사전기적 배경을 살펴봐야 할 필요성이 이로부터 제기된다.

> (중략) 만일 할머니께서 아들의 학교 교육을 위해 開港地를 찾는 일이 없었더라면 어떻게 되었을까 하는 것입니다. 아마도 시인, 교수 김동명도 정치평론가, 정치인 김동명도 이 세상에 있을 리가 없습니다. 이유는 강릉지방의 개화의 後進性이니 선친이 받을 수 있는 교육도 서당과 鄕校에서 받는 것에 그쳤을 것이기 때문입니다.[9]

이 글에서는 김동명의 함남 원산으로의 이주가 '개항지'를 찾기 위한 의지적 결단이었음을 강조한다. 이어 이 글은 "더욱이 元山에서 소학교를 다니던 연고 때문에 그곳에서 교편을 잡는 것도, 첫 詩集의 많은 부분을 얻는 일도"[10] 가능했으리라 봄으로써 초기 시세계의 근원까지도 유추하고 있다. 이러한 언급이 문학이론적 분석은 아닐지라도 아들에 의한 아버지의 평전이라는 점에서 간과할 수 없는 자료라 하겠다.

---

8) 위의 책, 18쪽.
9) 김병우, 「아버지 金東鳴에 관한 書翰―評傳」, 김병우 외, 앞의 책, 224쪽.
10) 위의 글, 같은 쪽.

이에 의하자면 김동명 시에서 빈번히 등장하는 고향 관련 소재는 출신지 강릉보다도 이주 이후 소학교를 다닌 함남 원산, 중학교를 다닌 흥남 등을 가리키는 것으로 보는 것이 타당할 것이다. 하지만 앞서 언급한 바와 같이 김동명 시가 지닌 실정적 위상은 강원영동지역문학의 전사로서 기능하기에 충분하리라 본다. 또한 지역적 정체성이라는 것이 일종의 구성적 개념임을 전제할 때 지연을 매개로 한 지역문학 컨텐츠 확보와 재구의 노력은 그 나름의 의미를 지니고 있다.[11]

강원영동지역의 다양한 리리시즘의 세계는 박기원(1908-1978)의 경우에도 전형적으로 드러난다. 강릉 출신인 박기원 시의 지역문학적 요소로서 우선 주목되는 것은 문학적 생애의 질곡에 있다. 즉 박기원은 1929년에 『민성(民聲)』과 『문예공론』 등에 작품을 발표하면서 등단하였고, 일제강점기 말기에 시집을 발간하려 하였으나 일제의 간섭으로 계획이 무산되었다고 한다. 그리하여 전후에야 시집을 상재하게 되었던 것인데,[12] 그 이후의 시작 과정에서도 일종의 비제도적 경향을 보인다. 문단 활동과 관련하여 이러한 특징은 강원영동지역문학장의 운명적 소외와 동궤의 맥락에 놓인다고 하겠다. 그보다도 더 주목해야 할 점은 박기원 시가 설화의 화소를 이용하여 시적 형상화의 전거로 삼고 있다는 점일 것이다. 이러한 성격은 「직녀별곡(織女別曲)」[13]과 같은 작

11) 지역적 정체성은 고정된 실체가 아니라 유동적이고 구성적인 개념이어야 한다. 정체성에 관하여 "문제의 핵심은 '본질'이 아니라 '담론'이며, '정체성(identity)'이 아니라 '정체성 형성(identification)'"이라는 지적도 현대 지역사회의 정체성 구명에 있어서 지녀야 할 태도가 무엇인지 강조하고 있다. 송승철, 「세계화와 지방화 시대의 '강원' 정체성」, 강원사회연구회 편, 『강원문화의 이해』, 한울, 2005, 57쪽. 오늘날 문화지역 자체의 변동 가능성에 주목해야 하며, 이에 따른 정체성 강화의 의식적 노력이 필요한 것이다. 옥한석, 「강원의 문화지역과 지역 정체성」, 같은 책, 138쪽, 144쪽.

12) 엄창섭, 「강원문학의 사적 고찰」, 앞의 글, 338쪽. 박기원이 상재한 시집은 『한화집(寒火集)』(현대사, 1953, 최재형과의 공동시집), 『송죽매란(松竹梅蘭)』(삼일각, 1969)으로서 실질적인 문학 활동은 해방 이후로 볼 수 있다.

13) 박기원, 『송죽매란』, 앞의 책, 115-116쪽.

품에서 잘 드러나는데, 이는 전통적인 이야기에 바탕하여 민족 감정을 승화한 작품이다. "영동 세상포"를 매개로 "인간의 이별보단" 나은 "천상의 인연"을 노래하는 서정은 암하노불(岩下老佛)이라는 강원지역 정서를 환기하는 동시에 인간의 존재론적 한계로부터 빚어지는 보편적 공감을 수반하고 있다.[14]

> 푸른 잎 사이에/한 점/붉은 것은/生命의 눈瞳子.//푸른 하늘에/日月이 가는 건/永遠히 있는/神의 마음.//푸른 湖心에/별이 잠기는 건/衰하기 설운/人生 百年.//푸른 가지에/열매가 달리는 건/끝내 못 잊는/사랑이 있기 때문.
>
> —박기원, 「진실」 전문[15]

또한 이 작품은 비극적 현실에서 기인하는 초기의 주정적 태도, 즉 "人生을 抛棄해 볼려고도 하다가 그것을 다시 건져보려고도하는것같은"[16] 경향을 벗어나 생에 대한 통찰과 조직된 리리시즘의 세계를 보여주고 있다. 이처럼 박기원 시는 근대적 리리시즘의 세계를 전통적 사유로 확장하며 독특한 지평을 형성한 사례라 하겠다. 그 밖에도 위 작품을 새긴 강릉의 박기원 시비는 지역문단의 전거로서 폭넓은 공감대를 형성하고 있음을 증거하고 있다.

전통적 서정과 리리시즘의 세계를 이어받는 강원영동지역문학의 지표로서 또한 황금찬(1918-)이 있다. 황금찬은 속초 출신으로서 한국전쟁기 강원영동지역 최초의 문학동인회인 '청포도시동인회'(1951)를 결성하고 동인지 『청포도』(1952)를 발간한 인물로서 문학사에 기록된다. 황금찬은 이른바 '동해안 시인'으로 별칭되며, 실제로 그의 시세계에는 강원영동지역의 장소성이 반복적으로 재현되고 있다. 이러한 맥락이야

---

14) 남기택, 「한국전쟁과 강원지역문학」, 『한국문학논총』 55집, 한국문학회, 2010. 8, 84쪽.
15) 박기원, 앞의 책, 24쪽.
16) 조연현, 「발문」, 박기원・최재형, 앞의 책, 84쪽.

말로 실정적 차원에서 황금찬 문학의 지역문학적 의미라고 하겠다.

황금찬, 최인희 등과 함께 청포도 동인이었던 김유진(1926-1987) 역시 리리시즘의 시세계를 지닌 이 지역의 대표적 시인이다. 김유진은 청포도 활동에 이어 1950년대 말에 『현대문학』의 추천을 받았으나, 1969년에 이르러서야 천료한다. 첫 시집 『산계리』[17]가 상재된 것도 1985년의 일이니 지극히 과작의 시인이요 문단 활동에서는 비제도적 경향을 보인다. 김유진의 시세계에 대해 박두진은 "시적 겸허와 인간적 성실과 인생의 진실을 바탕으로 하는 인생론적인 지향의 시적 성과"[18]로 평한 바 있다. 또한 김영기는 "본질적인 생명력으로서의 자연, 현실적인 삶의 원형으로서의 고향이 극명하게 드러나고 있"[19]다고 요약한다. 가장 중요한 점은 김유진 시의 특성이, "단풍드는 산자락에/으스스 내리는/긴 산그늘.//그늘 위에/여울지는/긴 여울 밤.//이렁저렁/한세상 살아 가는/山溪里 사람처럼//山溪里의 뻐꾸기는/제 울음/다 울고서 간다"(「산계리(山溪里) 1」)[20]와 같이, 궁극적으로 고향의 풍경과 생활에 기초한 리리시즘의 세계에 밀접히 연관된다는 점이다. 문학적 특성은 물론 실제 삶에 있어서도 지역성의 근간을 발견할 수 있는 대표적 사례라 하겠다.

황금찬, 김유진 등을 잇는 지역적 리리시즘의 시세계는 이성교(1932-)에 이르러 본격화된다. 삼척 출신인 이성교는 여전히 지역문단에 실정적 영향을 미치고 있다. 지역성에 기초한 리리시즘의 시세계는 일찍이 같은 지역 출신의 일세대 평론가 김영기에 의해 적실히 지적된 바 있다. 그는 이성교 초기 시집 『산음가(山吟歌)』[21]와 『겨울바다』[22]

---

17) 김유진, 『산계리』, 강원일보사, 1985.
18) 박두진, 「서문」, 위의 책, 4쪽.
19) 김영기, 「자연과 고향의 언어—김유진시집 「산계리」의 세계」, 위의 책, 6쪽.
20) 위의 책, 20-22쪽.
21) 이성교, 『산음가』, 문학사, 1965.
22) 이성교, 『겨울바다』, 한국시인협회, 1971.

에 대해 "상기 두 개의 시집에 함축된 릴리시즘의 공간의식이 로칼 칼러—'江原道의 抒情'의 탐닉을 통하여 한국적 정한을 표출하는 서정주의의 환상을 볼 수 있다"23)고 강조한다. 그 밖에도 신봉승(1933-), 이성선(1941-2001) 등은 현단계 강원영동지역의 문학을 상징하고 있는 인물로서 리리시즘의 다양한 계보에 관한 주요 텍스트라 하겠다. 이상 거론한 리리시즘의 제반 경향은 문학세계 내에서 뿐만 아니라 차후 '관동문학회'24)로 상징되는 이곳 지역문학장의 중심 에콜을 형성하는 기제가 된다는 점에서도 주요한 의미를 지닌다.

3. 이주와 이산, 모더니티의 심연

강원영동지역문학의 또 다른 특징 중 하나는 이주 혹은 이산의 모티프를 종종 발견할 수 있다는 점이다. 이주와 이산의 운명은 이 지역이 경험한 근현대사의 질곡과 긴밀히 연동되는바 지역문단의 선험적 조건이라고도 할 수 있겠다. 강원영동지역은 전근대 사회에서도 변방이자 격리의 공간으로 상징되는 역사적 시간을 경험하였고, 일제강점과 더불어 식민지 수탈의 공간으로 점철되는 현실을 맞는다. 한국전쟁기에는 가장 혹독한 전쟁의 참화를 온 공간으로 받아들여야 했으며, 전후에도 근대화의 패러다임으로부터 소외된 주변주적 위상을 간직할 수밖에 없었던 곳이 이 지역이었다. 이러한 지정학적 특성은 강원영동지역 자체가 유배의 공간으로 설정되는 경향을 낳았고, 또한 상당수 지역인들

---

23) 김영기, 『한국문학과 전통』, 현대문학사, 1973, 416-417쪽.

24) 관동문학회는 1959년에 결성되어 오늘날까지 활발한 활동을 유지하는 강원영동지역의 대표적 문인 단체이다. 관동문학회를 비롯한 1960년대 이후의 동인매체에 대해서는 남기택, 「강원지역문학과 매체의 사회학—지역문단의 현황과 동인지의 양상」, 『비교한국학』 17권 3호, 국제비교한국학회, 2009. 12, 211-220쪽 참조. 기타 이곳 지역문학장의 리리시즘의 경향에 대해서는 강원문학대선집 발간위원회, 『강원문학 대선집』, 금강출판사, 2005 참조.

의 삶에 이주와 이산의 운명을 부여하게 된다.

강원영동지역의 지정학적 운명과 유비되는 전형적인 텍스트로서 심연수(1918-1945) 문학을 들 수 있다.[25] 강릉 출신으로서 유년기를 고향에서 보낸 그는 생존을 위해 중국 용정으로 이주의 삶을 살아야 했다. 이주의 운명에 드리운 비극성은 고향을 모티프로 한 일련의 작품들 속에 반영된다. 대표작 중 하나인 「소년아 봄은오려니」는 "季節은順次를 銘心한다/봄이오면해마다生命의歡喜가/生氣로운神秘의씨앗을받더라"[26]와 같이 대지모신적 상상력에 기초하면서 이육사의 '초인'이나 이상화의 '빼앗긴 봄'을 환기한다. 이러한 성격은 지역과 공간에 대한 장소애(topophilia)가 심연수 시의식의 근간을 이루고 있음을 확인하는 주요 기제라 하겠다.[27]

> 짛은지 몇몇해요 찾은이 몇萬인고/해돚는 아참마다 달뜨는 저녁마다/遊子의 가삼과눈에 얼마나 들엇더냐.//鏡湖에 빛인삼는 龍宮인듯 어리우고/丹靑한 그들보에 第一江山 누구筆跡/낡어진 額面에다가 남긴것은 누구의맘//그전날 큰노리가 또다시 열립소서/풍류를 즐기든님 다없기 以前에/기동에 색겨진일홈 다어느곧 선배런고//삼옆에 묵은솔아 鶴이간지 오래엿지/그러나 네푸름은 그때와 똑같으리라/鶴은야 갇더란대도 遊士야 찾어오소서.
>
> —심연수, 「경포대」 전문[28]

또한 위와 같이 전통적 양식에 의거, 고향의 풍물을 소재로 감정이입하는 양태를 보여주기도 한다. 심연수 시의 지역문학적 전거는 단지 작가의 연고나 향수를 소재로 한 작품에 한정되지 않는다. 심연수 시의

---

25) 심연수 시의 지역문학적 의미에 대해서는 남기택, 「심연수 시 연구—지역문학적 관점을 중심으로」, 『어문연구』 62집, 어문연구학회, 2009. 12 참조.

26) 심연수, 「소년아 봄은오려니」, 황규수 편저, 『심연수 원본대조 시전집』, 한국학술정보, 2007, 449쪽.

27) 남기택, 「심연수 시 연구」, 앞의 글, 280쪽.

28) 황규수 편저, 앞의 책, 145쪽.

주된 정조이기도 한 이산의 비극적 정서가 고향과의 대비를 통해 주조되고 있다는 점은 지역문학적 관점에서 그 문학세계를 이해하는 관건이라 하겠다. 지역에서의 경험은 물리적 현실 공간을 떠나 삶의 보편적 공간성을 사유하는 핵심적 요소가 된다. 이처럼 이주와 향수가 하나의 범주를 구성하는 장소성은 근대문학의 주류인 모더니즘의 주지적 성격을 반영하는 동시에 그 지배적 경향과는 대비되는 요소를 드러내기도 한다는 점에서 주목을 요한다. 심연수 시에서 고향의식은 해당 지역의 장소성을 반영하면서도 이주의 현실과 그에 대한 탈식민적 의지를 간접적으로 환기하고 있기 때문이다.[29] 심연수 시에 나타난 고향의식, 그리고 이주의 운명에 대한 비극적 성찰은 장소성을 상실한 근대인의 보편적 소외를 환기하는 동시에 그에 관한 문학적 대응의 한 방식을 보여주고 있다.

이주와 이산은 존재론적 비애를 낳는다. 비극적 존재론에 대한 성찰은 이산이라는 물리적 조건으로부터 비롯되는 문학사상의 한 층위일 수 있는 것이다. 이에 대해서는 최인희(1926-1958) 시와 산문을 대표적으로 예시할 수 있다. 최인희 역시 강원영동지역문학과 관련하여 빼놓을 수 없는 사례이다. 삼척 출신인 최인희는 황금찬과 더불어 강릉사범학교 교사로 재직하면서 청포도시동인회를 이끈 인물인데 문학사에는 제대로 소개되지 않고 있다. 여기에는 시인의 요절로 인한 문학세계 단절이 주된 요인으로 작용하지만, 사후 유고시집[30]이 엄연히 존재하

29) 고향과 관련된 소재는 탈식민적 문학작품의 소재로 종종 사용된다. 응구기와 씨옹오, 이석호 역, 『탈식민주의와 아프리카문학』, 인간사랑, 1999, 176-181쪽 참조. 이러한 경향은 우리 지역문학장에서 자기 정체성 확립과 탈식민적 글쓰기의 실천적 노력이 필요하다는 점에서 더욱 주목해야 하리라 본다. 이형권, 「지역문학의 탈식민성과 글로컬리즘—대전・충남 문학을 중심으로」, 『한국시의 현대성과 탈식민성』, 푸른사상, 2009, 116-117쪽 참조.

30) 최인희, 『여정백척』, 가리온출판사, 1982. 그는 1953년 『문예』를 통해 천료하였는데, 추천 과정은 1회 「낙조」(서정주 천, 1950. 4), 2회 「비개인 저녁」(모윤숙 천, 1950. 6), 3회(천료) 「길」(모윤숙 천, 1953. 6) 등과 같다.

고 당대 활발한 활동을 편 바 있으며 정식 등단 연도에서 황금찬보다도 빠르다. 최인희에 대한 기존의 언급들은 주로 리리시즘의 전통과 선적 세계관에 관련된 해석이 지배적이다.[31] 그렇지만 최인희의 문학적 생애가 지닌 비극성이나 문학세계에 나타난 존재론적 비애는 다분히 이곳 지역성의 하나인 이산의 성격과 유비된다. 최인희의 삶은 영동지역에서의 교편생활 도중 서울로의 이직과 병마로 인한 요절로 마감된다. 너무 이른 문학적 단절은 그 자체로 이산의 비극성을 환기한다. 또한 전기적 배경에서도 이산의 성격이 두드러지는데, 환속한 주지의 아들로 태어난 사실이나 유년 시절부터 강원도 산간을 유랑했던 이력 등이 그것이다.[32] 이러한 생의 경험은 문학세계에 있어 자연의 원리를 바탕으로 하는 일종의 도가적 상상력을 형성하는 원인이 된다.

이주와 유랑의 삶은 또한 최인희 시의 특장 중 하나인 생태학적 지평을 배태하는데 이 점 역시 강원영동지역문학과 관련하여 주목할 만한 경향이라 하겠다. 이는 전통적 성격을 이어받는 요소이면서도 앞으로의 구성적 방향과 관련하여 중요한 의미를 지닌다. 지역문학은 지역에서의 삶을 물적 토대로 지닌다. 인간의 삶이 장소성과 불가분하게 관련됨을 전제할 때 해당 지역의 공간적 경험이 문학작품으로 승화되는 과정은 주요한 참조 대상이 되어야 한다. 이때 지리적 관심 자체가 생태사상과 연관될 수밖에 없는바 강원영동지역의 경우 천혜의 자연환경이 문화적 상징이자 대표적인 공간 이미지로 존재하고 있는 것이다. 하여 문학작품 속에서도 친자연적 배경과 삶은 주요한 내용을 구성하게 된다. 따라서 생태문학적 관점에서 지역문학을 사유하는 것은 지역문학의 정체성을 구성하는 동시에 새로운 미학적 대안을 위해서도 필수적인 요소라 하겠다. 대표작 「낙조」를 비롯하여 1950년대 최인희 시가

31) 이에 대해서는 남기택, 「최인희 시 연구」, 『비평문학』 32호, 한국비평문학회, 121-122쪽 참조.
32) 최승학, 「최인희 연구」, 고려대학교 교육대학원 석사학위논문, 1986, 2쪽 참조.

보여 준 생태 낙원의 이미지와 존재론적 비애는 이곳 지역문학 내 리리시즘의 원류가 무엇인지를 증명하는 자료일 것이다. 이러한 면모는 전후의 실존적 비극을 드러내면서도 당대 모더니즘의 주류 경향과는 다른 결을 형성하는 특수한 차원이라 하겠다.

> 눈 녹는 雲嶺에/소리 없이 스치는 바람//바람과 더부러/고개를 넘으련다.//雨水 驚蟄도/지나간 날에//梅花 피는 마을은/어디 있느뇨.//땀을 씻어/東風에 띄워 보내고//구름 잡아/嶺上에 쉬노니//그리운 꽃 송이는/어디 있느뇨.
>
> —최인희,「여정백척(旅情百尺)」도입부[33]

더불어 이 글에서 주목하고자 하는 점은 장시「여정백척」의 실험이다. 이 작품은 총 175연 350행으로 구성된다. 크게 세 단위, 즉 1-52연, 53-109연, 110연-175연 등으로 분절되어 있는 형식을 취한다. 위에서 보는 바와 같이 단음절 2음보격의 2행이 1연을 이루는 형식을 의도적으로 취했으며, 내용은 강원도 두타산 일대를 배경으로 한 화자의 여정을 기록한 것이라 하겠다. 이 작품은 생전에 지면으로 발표되지는 못하고 유고시집에 수록되었는데, 비록 요절로 인해 완성되지 못했지만 최인희 전기시의 경향이 집약되는 동시에 서정적 서사를 기획하는 의욕적 시도로 보인다.[34] 그 밖에 절제된 어조와 시형 등 전통 서정의 방식을 취하면서도 미적 근대의 내용과 형식을 체현하는 데 작품의 특성이 존재한다. 이 역시 무위의 형식 속에 궁극적 지향을 투사하는 생태적 태도요 모더니티의 한 양상이라 하겠다. 장시의 실험을 통해 서사시적 지평을 확보하는 맥락 역시 최인희 시가 선취한 문학사적 입지이자 모

---

33) 최인희,『여정백척』, 앞의 책, 122쪽.

34) 신봉승은 이 작품에 대해 "유고라기 보다는 습작기 작품"으로서 "최인희 초기 시의 총론과 같은 작품"이라고 평한 바 있다. 신봉승,「무구 그리고 평화」, 최인희, 앞의 책, 205-206쪽.

더니티의 요소로서 기록되어야 할 것이다.

> 하늬 깃 나련히/멧새 짊는 바람//머흘다 도는/구름//고요로와 層層 둥근 빛/으늑 밝아//太古를 떠나 오신져/永劫의 길 바래임//노을은 번지어/玄珠// 붉게/오려 타는//흐느끼는/心像//가고/오는//靑蓮庵/저녁 鐘//울리어/퍼저짐에//피거니/南無城.
>
> —김종욱, 「남무성(南無城)—운흥사(雲興寺)에서」 전문[35]

이산과 관련된 모더니티의 양상으로 김종욱(1932-2000) 문학 또한 주목된다. 삼척 출신으로 1969년 두타문학회(당시 삼척문학회)의 초대 회장을 맡은 바 있는 김종욱은 문학적 생애에서 아웃사이더의 면모를 보인다.[36] 1960년 5월로 작시일이 기록되어 있는 위 작품의 주된 인상은 특유의 절제된 언어로 대상을 묘사하고 있다는 점이다. 2음보 대구 형식의 전통적 리듬을 의식하면서도 정제된 이미지와 주지적 태도를 견지함으로써 보편 서정의 근대적 시의식을 성취하고 있음이 주목된다. 이는 한국적 모더니즘의 또 다른 경향으로서 1930년대는 물론 1950년대 이후 시단의 주류 경향 중 하나였다. 또한 자연의 소재를 서경적으로 그리면서 서정을 표현하고 있는데, 이는 서정(抒情)의 원형적 형태 즉 서정(敍情)의 전형적 방식에 해당된다. 김종욱 시는 자아의 부각을 최대한 억제하고 사물의 이미지를 전경화한다. 이러한 언어의 방식은 지역문단과의 관계는 물론 문학세계의 특성을 이해하는 관건이자 김종욱 시의 독특한 지평일 것이다.

다음으로 이산의 지역성과 관련된 논거로서 문학장 내의 비제도적 실천 문제를 부기하고자 한다. 강원영동지역문단에는 일종의 비전문적

---

35) 김종욱, 『남무성』, 조양기업사, 1980, 82-83쪽.

36) 이른바 '인사이드 아웃사이더'로서의 면모와 이하 논의에 대해서는 남기택, 「살아 있는 역사—삼척지역문학과 두타문학회」, 『두타문학』 32집, 2009, 64-65쪽 참조.

문단 구조가 자리하고 있다. 이는 이산의 뉘앙스와도 관련되며 또 다른 지역색을 가미하는 요소라 하겠다. 대개의 지역문단이 지니고 있는 이러한 성격은 지역문학이 지닌 개념 범주에서 부정적 요소로 작용하고 있는 것이 사실이다. 그러나 이것을 단지 지역문학의 한계로만 치부하기에는 아쉬운 면이 존재한다. 지역사회 자체의 분화나 구조적 발전 자체가 서울 등 대도시의 경우와 비교하자면 분명 차이가 있기 때문이다. 지역문인의 삶과 문학이 해당 지역에 미치는 실정적 영향은 분명히 존재한다. 이 점을 고려한다면 지역문단이 지니는 일부 비전문성 혹은 비제도적 실천은 일종의 특수성으로서 문학장의 메커니즘과 아비투스(habitus)의 일환으로 보아야 할 것이다. 이러한 성격은 앞서 거론했던 박기원, 심연수, 최인희, 김유진 등의 문단 활동에서도 발견되며, 기타 각 개별 지역에 산파되어 지역문학장의 현재를 구성하고 있는 동인 매체들은 비제도적 문학에 관한 또 하나의 전형적 사례가 될 수 있겠다.[37]

4. 분단 · 탄광 · 해양, 민족문학의 지평

앞선 장에서 강원영동지역문학의 정체성과 관련된 주요 특징이 리리시즘과 관련된 세계이거나 모더니티의 다양한 양상이라는 점을 살펴보았다. 더불어 강원지역이 저항문학의 원류로서의 면모를 지니고 있다는 점 역시 특기해야 할 사실일 것이다. 이러한 성격은 삼척 출신으로서 오랜 세월 강원지역의 정체성을 논구해 온 김영기(1938-)의 평론 작업이 증거하고 있다. 그가 40여 년 지속해 온 강원지역의 역사 및 문화에 대한 관심은 그 자체로 이곳 지역문단에서 찾아보기 힘든 평론 장르의 전형적 양상이 된다. 또한 그 결과는 지역의 정체성에 대한 모

37) 남기택, 「강원지역문학과 매체의 사회학」, 앞의 글, 220-221쪽 참조.

색이자 민족적 정체성에 대한 관심의 소산이라 할 수 있다.[38)]

그에 따르면 근대 강원지역문학의 역사는 구한말 의병운동으로부터 비롯된다. "춘천아 봉의산아 너 잘있거라/신영강 배터가 하직일다/아리랑 아리랑 아라리요/아리랑 아리랑 고개로 넘어간다"는 「춘천의병아리랑」은 민간에서 부르던 저항의식의 노래였고,[39)] 유홍석의 「고병정가사(告兵丁歌辭)」(1896)[40)]와 윤희순의 「안사람 의병가」(1895)[41)]는 민족의식을 표현하는 선구적 저항문학의 형태였던 것이다. 특히 윤희순의 의병가는 최초의 한글 의병가이고, 「춘천아리랑」의 원류가 되며, 민족저항시가라는 점에서 중요한 문학사적 의미를 지닌다.[42)] 이들 문학의 기원이 이 글의 관심 지역인 강원영동권에서 비롯되지는 않지만 당대 지역문단의 미분화를 전제한다면 영동 영서를 아우르는 강원지역의 문학적 전사로서 포함될 수 있을 것이다. 강원영동지역문학의 범주 내에서 민족문학적 성격은 이인직의 신소설을 통해 계승되고 있다.

> 강원도 강릉 대관령은 바람도 유명하고 눈도 유명한 곳이라. 겨울 한철에 바람이 심할 때는 기왓장이 훌훌 날린다는 바람이요, 눈이 많이 올 때는 지붕 처마가 파묻힌다는 눈이라. 대체 바람도 굉장하고 눈도 굉장한 곳이나, 그것은 대관령 서편의 서강릉이라는 곳을 이른 말이요, 대관령 동편의 동강릉은 잔풍향양(潺風向陽)하고 겨울에 눈도 좀 덜 쌓이는 곳이라. 그러나 일기도 망령을 부리던지 그날 눈과 바람은 서강릉도 이보다 더할 수는

---

38) 윤병로, 「민족통일문학의 치열한 모색」, 김영기, 『민족문학의 공간』, 지문사, 2005, 313쪽.

39) 김영기, 「통일·생명 문학의 고향」, 앞의 글, 77쪽 재인용.

40) 원문 및 작품의 의미에 대해서는 정재호, 「최초의 의병가사고—고병정가사」, 『어문논집』 22집, 민족어문학회, 1981, 89-96쪽 참조.

41) 윤희순은 「안사람 의병가」 등 9편의 의병가사를 쓰는데, 이 중 「안사람 의병가」, 「애달픈 노래」, 「방어장」 등 3편은 1895년(乙未年)에 지어진 것으로 의병가사로서는 최초의 작품이라 한다. 김문기, 「여성의병 윤희순의 가사 고찰」, 『퇴계학과 한국문화』 22집, 경북대학교 퇴계학연구소, 1994, 74쪽.

42) 김영기, 「윤희순의 '의병가'와 여성 저항문학」, 『민족문학의 공간』, 앞의 책, 167쪽.

없지 싶을 만하게 대단하였는데, 갈 모봉(帽峰)이 짜그러지게 되고 경금 동네가 폭 파묻히게 되었더라. 경금은 강릉에서 부촌으로 이름난 동네이라, 산 두메 사는 사람들이 제가 부저런하여 손톱·발톱이 닳도록 땅이나 뜯어 먹고 사는데, 푼돈 모아 양돈 되고, 양돈 모아 쾟돈 되고, 송아지 길러 큰 소 되고, 박토 긁어 옥토를 만들어서 그렇게 모은 재물로 보자 된 사람이 여럿이라.[43]

「은세계」는 이인직이 자신의 정치이념을 밝히기 위해서 「귀(鬼)의 성(聲)」, 「치악산」에 이어 강원도와 강원도민을 등장시킨 세 번째 소설이다. 「은세계」에는 신소설에 등장하는 가장 진취적이고 혁신적인 인물이 대관령 밑 경금리(京金里)에서 탄생하여 활약한다.[44] 위 인용문은 「은세계」의 서두 부분으로 대관령 인근의 기후와 동네 성격을 묘사하는 대목이다. 이 장면은 주인공 '최병도'의 불우한 운명, 즉 봉건 관료의 수탈과 그에 대한 저항의 문제의식을 효과적으로 부여하기 위한 장치로 해석된다. 강원영동지역을 소재로 수탈과 저항의 공간을 묘사하고 있는 것이다.[45] 이처럼 「은세계」에서는 강원영동의 지역성이 특징적으로 나타난다. 이에 대한 기존 연구들은 이인직의 기타 소설과는 달리 「은세계」에 나타난 지역성의 중층적 요소에 주목하고 있다.[46]

그 밖에 앞 장에서도 언급한 김동명의 경우도 민족문학의 계보를 잇는 근대문학장 초기의 예시일 것이다. 「파초」로 상징되는 서정적 저항성이나 『삼팔선』[47]이 보여 주는 분단 현실에 대한 시적 기록은 대표적 사례라 하겠다. 다만 그것이 문학 내적으로 강원영동의 지역성과 직접

43) 이인직, 『은세계(銀世界)』, 동문사, 1908. 인용은 이재선 편, 『은세계 외』, 범우, 2004, 262-263쪽.
44) 김영기, 「이인직론—정치와 사회의 발견」, 『한국문학과 전통』, 앞의 책, 304쪽.
45) 양문규, 「강원도와 한국 근대문학」, 앞의 글, 55-56쪽 참조.
46) 서준섭, 「강원도 근대문학 연구에 대하여」, 앞의 글, 110쪽; 남기택, 「강원영동 지역문학 연구」, 앞의 글, 486-487쪽 참조.
47) 김동명, 『삼팔선(三八線)』, 문륭사, 1947.

적 관련이 부족하다는 점은 이곳 지역문학적 관점으로는 아쉬운 면모라 하겠다. 지역문학의 범주 내에서 지역적 정체성이 구체적으로 관련되는 양상은 문학장이 본격화되는 1950년대 이후의 시기일 것이다. 1950년대 역시 교육기관을 거점으로 한 학생 및 교사들의 활동, 지역적 특성상 군인들에 의한 정훈문학의 양상이 지역문학적 흔적으로 나타나고 있다. 1960년대를 전후하여 강원영동지역에서도 역시 교육기관을 거점으로 본격적인 문학단체가 생겨나기 시작한다. 한편 이곳 지역이 분단의 생생한 현장성을 지니고 있다는 점은 지역문단에 있어서도 정체성의 주요 지표를 형성하게 된다.

> 民統線을 지나/전차 저지선 아래로/옹기종기 마을 하나,/그 끝머리에/마을처럼 조그만/학교 하나가 있다.//여기는 동해안의 최북단/高城郡 縣內面/明波國民學校/산 첩첩/하늘 한자락.//멀리 산너머로/金剛山이 보이고,/海金剛이 보이고,/그 날의 격전지/駱駝峯, 까치峯, 지금은 잃어버린 우리들의 땅.
>
> ―김유진, 「명파국민학교」 부분[48]

김유진의 이 작품은 분단이 가져온 지역적 상처를 서정적으로 묘사한다. 작품에 관류하는 애상의 어조는 여전히 지속되는 "그 날의" 상처로부터 비롯될 것이다. 이처럼 이 작품은 민통선에 접경한 한 시골 마을의 풍경이 쓸쓸하게 묘사되면서 비극성을 자아내고 있다. 이러한 시상은 "개학이 되면,/아이들이 다시 모여들"지만, "그 허전한 들판에 산자락에,/패랭이꽃 가엾게 피고/풀벌레는 또/서럽게 울어대겠지"로 마무리되는 방식으로 일관되게 흐르고 있다. 분단의 비극적 현실이 곧 지역적 현실이기도 한 이곳은 그에 대한 내면적 성찰을 통해 민족문학의 새로운 경계와 지평을 형성해야 하리라 본다.

탄광산업의 존재 역시 지역은 물론 한국사회의 주요한 특성 중 하나

48) 김유진, 『산계리』, 앞의 책, 104-105쪽. 한자 표기 방식은 원문에 따른 것이다.

이다. 그로부터 두드러지게 된 탄광문학이라는 요소는 지역문학적 정체성 형성의 계기를 이룬다. 탄광문학은 문학작품 자체의 재생산은 물론 문화사업, 사회단체 등의 제도와 연동되는 주요 범주가 되는 것이다. 한국문학장 속에서도 탄광은 노동문학과 민족문학의 한 내용을 형성하고 있다. 탄광은 그 자체로 한국 자본주의의 양면성과 사회구조적 불평등을 상징하고 있기 때문이다. 이에 강원영동지역에서 탄광문학이라는 범주는 민족문학의 지평을 확대하고 새로운 방향을 설정하는 기제가 될 수 있다.[49]

> 수천m 막장에서 탄가루 범벅이 돼 탄을 캐는 탄광 근로자, 항상 불안한 마음으로 탄광 근로자의 땀을 먹고 사는 그들의 가족, 그리고 주인인 양 행세하는 상인, 공무원, 회사원, 문화인들은 이들을 작품의 소재로 認識할 뿐 이들의 心性을 敎化하려 들지 않는 게 현실이다.
>
> 다시 말하면 현상응모나 출품작의 소재로 이 고장과 이 고장 사람들을 평가하고 있는 게 안쓰럽다는 것이다.
>
> 30년대 朴기혁씨(前황지국교장)는 단편소설 「화전민」을 썼지만 현상응모를 하지 않았고 51년 태백중 교사들의 연극 「피는 물보다 진하다」가 50회 기록을 세웠지만 경연대회에 나가지 않았다.[50]

해방 이후 태백, 도계 등 지역을 중심으로 발전된 탄광문화는 이미 일제강점기로부터 그 연원을 찾을 수 있다. 위 글은 1980년대 탄광도시 태백의 문화적 실태를 조감하면서 문화인의 자세를 강조한다. 요컨대 탄광노동의 현장을 직시하지 않고 예술적 계기로만 삼는 방관자적 태도를 비판하면서 "恨의 文化나 신나는 文化를 거미줄 치듯 뽑어내야 한다는 自覺"[51]이 필요함을 역설한다. 문화인의 현실 참여적 태도를 '교

---

49) 남기택, 「탄광시와 강원영동지역문학」, 『한국언어문학』 63집, 한국언어문학회, 2007. 12, 306쪽.

50) 김영훈, 「태백문화의 현주소」, 『탄성(炭聲)』 2집, 태백시 글짓기교사협의회, 1986. 9, 11-12쪽.

화'로 상징하는 입장을 통해 다분히 계몽주의적 시각에 의해 씌어진 글임을 알 수 있다. 그보다도 이 글은 근대문학장 초기 단계부터 이곳 지역성을 바탕으로 한 소설이 존재한다는 사실과 강원영동지역 근대문학장의 본격적 성립기로부터 문화예술적 실천 운동이 존재했음을 증거하는 기록이라는 점에서 의미를 지니리라 본다.

> 내 배곱에/탄가루가 끼인 것은/아내만 안다.//내 작업복/실밥 간 곳마다/절어 붙은 탄가루도/아내만 안다.//이불 아래/무언의 호소/메아리 없는 빈 천정/둥지 어느 밤이었더이다.//새벽 칸데라를 들고/주섬 주섬 갱으로 나가는 길/어쩐지 우람한 어깨가 밉다고 했다.//살을 섞고 사는/부부 사이도 가슴 속에/또 하나의 얼굴/그것이 몹시 미웠다 한다……
>
> —진인탁, 「아내의 비밀」 전문[52]

진인탁(1923-1993)의 위 작품은 탄광노동에 종사하는 서민의 삶을 서정적으로 형상화하고 있다. 강렬한 저항의식을 표면에 내세우고 있지는 않지만 화자의 내면에 탄광 생활이 배태하는 고통과 삶의 이중성이 담긴다. 이는 진인탁 시가 지닌 특유의 서정성을 보여 주는 동시에 노동으로부터 비롯되는 삶의 형상을 재현하면서 시적 긴장을 유지하고 있다. 탄광을 소재로 한 대부분의 지역 작품은 위와 같이 서정과 현실의 긴장을 통해 지역성을 드러낸다. 또한 진인탁의 경우 이곳 지역문단의 구조적 속성이라 할 수 있는 비제도적인 아비투스를 전형적으로 보여 주는 예시라 하겠다.[53]

---

51) 위의 글, 12쪽.

52) 진인탁, 『자화상』, 반도출판사, 1991, 80-81쪽.

53) 탄광을 매개로 강원영동지역문학의 실정성을 드러내는 사례는 상당수 존재한다. 『탄광시전집』(정연수 편, 푸른사상, 2007)을 대상으로 한 강원영동지역 탄광시의 전반적 양상은 남기택, 「탄광시와 강원영동지역문학」, 앞의 글; 정연수, 「탄광시의 현실인식과 미학적 특성 연구」, 강릉대학교 박사학위논문, 2008 참조.

강원영동지역의 또 다른 문학적 특성으로서 해양문학과 관련된 양상을 빠트릴 수 없다. 이는 해당 지역의 지정학적 특성과 관련된 필연적 결과일 것이다.[54] 대표적 양상으로는 김영준(1934-1996)[55] 문학이 있다. 김영준은 춘천 출신으로서 대학생활 이외의 삶을 삼척에서 보내는데, 문학세계는 "비정하리만치 자학적인 요소"[56]가 상상력의 근저에 자리하고 있다. 중앙문단의 관행을 배격하고 시집 발간마저 거부하며 지역문화 창달에 일생을 바친 면모는 김영준 시를 이해하는 남다른 배경이 될 수 있을 것이다.[57]

> 갈천동 앞 바다에/겨울맞이는 통곡으로 시작한다./무슨 한이 그리도 많은지/겨울 내내 소리치며 울고 있는/바다와 어머니/두 손이 갈퀴처럼 뒤틀리도록 가을걷이를 했건만/그 해 그 겨울 그 바닷가 사람들은/죽 한 그릇 배부르게 먹을 수 없었다
>
> ―김영준, 「어머니의 바다」 부분[58]

김영준의 문학 활동 역시 비제도적인 양상이 특성으로 드러난다. 문학 내적으로는 '바다'(동해)와 '강'(오십천) 등의 지역적 환경을 매개로 삶의 실존적 고뇌를 형상화하는 양상이 지배적이다. 이는 앞 장에서 거론한 바 있듯이 이산으로 인한 존재론적 사유를 환기하면서도, 삶과 문학의 일치를 통해 문학작품의 지역적 정체성이 형성되는 과정을 증거한다. 위 작품에서 화자가 인지하는 "갈천동 앞 바다"의 질곡은 곧 척박한 지역의 삶이요, 항상적인 결여 속에 주변적 삶을 운명처럼 받아

---

54) 신원철, 「강원도 영동 남부지역의 해양문학」, 『해양과 문학』 2007년 여름호, 21-22쪽 참조.

55) 김영준은 현 삼척지역문학의 모태라 할 '동예문학회'의 창립회장(1961)을 맡은 인물로서 1972년 『풀과별』에 「거리」, 「하늘을 향하여」 등이 추천되어 등단한다.

56) 정일남, 「비정과 부정의 시학—김영준 시인의 작품세계」, 『두타문학』 19집, 두타문학회, 1996, 35쪽.

57) 남기택, 「삼척지역문학의 양상 고찰」, 앞의 글, 372-273쪽.

58) 김영준, 『누가 무엇을 숨길 수 있으랴』, 혜화당, 1997, 24쪽.

들여야 했던 지역민들의 노고를 상징하고 있는 것이다.

한국문학에 있어서 민족문학이란 단순히 혈연적, 문화적 동질성뿐만 아니라 일종의 정치적 지향을 내용으로 지닌다. 민족문학이라는 용어가 '국민문학'과의 대타적 개념 층위를 형성하며 정립된 역사적 범주라는 사실이 단적인 예이다. 따라서 한국의 민족문학은 제국주의, 외세, 분단 등의 외부적 모순 이외에도 민주화, 계층, 여성, 지역 등의 내부적 모순에 대한 고민 역시 그 내용으로 담보해 왔다. 이를테면 민족이 처한 내적 모순에 문학적 진정성으로 대응해 온 것이 민족문학의 주요 역사인 것이다. 강원영동지역의 분단문학, 탄광문학, 해양문학, 그리고 천혜의 지리 환경으로부터 비롯되는 생태문학의 양상 등은 이곳 지역문학의 정체성을 구성하는 동시에 소수문학으로서의 지역문학을 실현하는,[59] 나아가 민족문학의 새로운 지평이자 대안적 범주를 형성하는 차원에서 주목해야 하리라 본다.

5. 전망과 과제

이 책은 강원영동지역문학장의 형성 및 특성과 관련하여 상징적 의미를 지니는 텍스트를 제시하고, 이로부터 문학적 정체성을 추론하였다. 그 결과 리리시즘, 모더니티, 민족문학 등과 관련된 중층적 양상을 주요 특징으로 도출하였다. 특히 기존에 제대로 알려지지 않았던 이곳 지역문학장의 전형적 텍스트를 주목함으로써 학술적 공론장에 제시하고자 했다. 이는 문학적 정체성에 대한 학술적 접근이 부족했던 이 지역의 일차적인 문학사적 정리 작업이라는 의미를 지닌다.

---

59) 소수문학의 개념, 지역문학과의 관련성 등은 질 들뢰즈·펠릭스 가타리, 이진경 역, 『카프카—소수적인 문학을 위하여』, 동문선, 2001, 43쪽, 48쪽; 송기섭, 「지역문학의 정체와 전망」, 『현대문학이론연구』 24집, 현대문학이론학회, 2005, 20-22쪽 참조.

이러한 결론이 기타 지역과 변별되는 특수한 성격이라고 보기는 어렵다. 어느 지역이든 위와 같은 문단 구조의 분포는 일반화된 경향이기도 하다. 한편 그 같은 사실은 지역문학 연구에 있어서 중요한 차원이 문학 범주의 일반화나 분류보다는 그에 이르는 구체적 과정에의 천착에 있음을 반증하기도 한다. 또한 이 책은 강원영동지역문학의 리리시즘이 구성되는 데 있어 장소성과 길항하는 요소, 모더니티의 특수성을 형성하는 이주와 이산의 양상, 민족문학의 대안적 차원을 마련하는 분단・탄광・해양의 기제 등을 이곳 지역문학의 변별적 자질로 제시하였다. 요컨대 모더니즘과 리얼리즘 등의 양상이 존재한다는 사실이 중요한 것이 아니라 그 구체적 양태를 학술적으로 정리하는 과정과 그로부터 제시된 논거 자체에서 지역문학 연구의 의미를 찾아야 하리라 본다.

그럼에도 불구하고 이 책은 여러 한계를 지니는 것이 사실이다. 우선 이 책은 지역문학사 전체를 조감하다보니 개별 작가와 작품에 대한 심층적 접근을 유보할 수밖에 없었다. 개별 텍스트에 관한 정치한 각론이 앞으로의 과제라 하겠다. 또한 전반적으로 시문학에 치우친 분석이 되고 말았다. 시장르에 경사된 접근은 이 책이 지닌 분명한 한계이겠지만 역으로 강원영동지역문학장의 지배적 장르가 시문학이라는 구조적 사실을 반증하는 결과이기도 할 것이다.[60]

본론에서 제시한 이 지역의 전형적 사례들은 기존 학계나 평단에서 본격적으로 조명되고 있지 못하는 실정이다. 이는 문학적 함량의 부재로만 치부할 수 없는, 일종의 구조적 불균형을 반영하는 현상일 수 있다. 강원영동지역은 식민지 근대화의 볼모지로서 산업화가 진행되었다. 근대 문명의 세례가 곧 수탈을 위한 수단이었던 것이다. 근대적 기술이 선착한 곳이지만 정치적, 지리적 여건으로 인해 문명의 수혜와

60) 시 분야에 집중되어 있는 강원지역문학장의 매체 및 장르 현황에 대해서는 남기택, 「강원지역문학과 매체의 사회학」, 앞의 글, 214-218쪽 참조.

는 거리가 멀었다. 그 결과 이곳에서 근대문학의 선도적인 면모를 찾아보기는 어렵다. 그럼에도 불구하고 이곳 지역문학의 정체성에 해당되는 요소들은 민족문학의 새로운 위상은 물론 한국문학의 다양성과 관련하여 대안적 의미를 파생하고 있다. 이 책에서는 그에 관한 전형적 사례를 주목해 보았다. 이에 관한 개별적이고 깊이 있는 후속 연구가 뒤따라야 할 시점이다.

찾 아 보 기

【ㅂ】

【ㅅ】

【ㅇ】

논 문 출 처

이 책에 실린 글들은 아래 논문에 근거하였으며, 모든 글들은 수정・재구성되었다.

「소수자로서의 지역문학」 : 남기택 외, 『경계와 소통, 지역문학의 현장』, 국학자료원, 2007.; 『비교한국학』 17권 1호, 국제비교한국학회, 2009. 4.
「강원영동지역문학 연구의 방향」 : 『한어문교육』 24집, 한어문교육학회, 2011. 5.
「글로컬리즘 시대의 지역문학」 : 『비교한국학』 16권 2호, 국제비교한국학회, 2008. 12.
「강원지역문학의 탈식민적 고찰」 : 『인문학연구』 78호, 충남대학교 인문과학연구소, 2009. 12.
「한국전쟁과 강원지역문학」 : 『한국문학논총』 55집, 한국문학회, 2010. 8.
「탄광시와 강원영동지역문학」 : 『한국언어문학』 63집, 한국언어문학회, 2007. 12.
「강원지역문학과 매체의 사회학」 : 『비교한국학』 17권 3호, 국제비교한국학회, 2009. 12.
「강원지역 문학매체와 『두타문학』」 : 『영주어문』 19집, 영주어문학회, 2010. 2.
「'생태-지역시'의 모색과 전망」 : 『비평문학』 30호, 한국비평문학회, 2008. 12.
「심연수 시와 지역문학」 : 『어문연구』 62집, 어문연구학회, 2009. 12. 30.
「무위와 염결의 시학, 최인희 시」 : 『비평문학』 32집, 한국비평문학회, 2009. 6.
「삼척지역문학의 양상」 : 『한국언어문학』 67집, 한국언어문학회, 2008. 12.
「문학과 문화컨텐츠」 : 『비평문학』 34호, 한국비평문학회, 2009. 12.
「강원영동지역의 문학적 정체성」 : 『현대문학이론연구』 45집, 한국현대문학이론학회, 2011. 6.

저자 약력

남 기 택(南基澤)

- 1970년 대전 출생
- 충남대학교 국어국문학과 및 동 대학원 졸업
- 문학박사, 문학평론가
- 현재 강원대학교 교양학부 교수
- 주요 저서로는 『근대의 두 얼굴, 김수영과 신동엽』, 『경계와 소통, 한국문학의 다층성』 등이 있다

강원영동지역문학의 정체와 전망

저　자 / 남기택

인　쇄 / 2013년 2월 12일
발　행 / 2013년 2월 15일

펴낸곳 / 도서출판 청운

등　록 / 제7-849호

편　집 / 최덕임

펴낸이 / 전병욱

주　소 / 서울시 동대문구 용두동 767-1

전　화 / 02)928-4482,070-7531-4480

팩　스 / 02)928-4401

E-mail / chung928@hanmail.net
chung928@naver.com

값 / 22,000원

ISBN 978-89-92093-32-3